本书编写委员会

主　任：黄卫东　林辰芳　赵若焱　郭立德

副主任：王　嘉　黄　颖　宋聚生　杨晓春　杨　瑞　周曙光

委　员：沈默予　黄昕颖　白韵溪　甘欣悦　鄢鹿其　刘　嘉
张道琼　聂丹伟　张　燕　孙继鹏　许文桢　于光宇
杜　菲　曾小瑱　陈锦全　宋佳骏　陈子宁　路镕菲
卢媛媛　张晓飞　朱于嘉　闫　闫　梅冬欣　李志兵
周彦吕　郑灿杰

丛书前言

城市自诞生之日起，更新改造便伴随其发展的全过程。城市更新的内涵在不同时期侧重不同，并随着社会经济的进步而不断丰富，涉及文化传承、经济振兴、社会融合等不同目标，也涵盖保护修缮、局部改建、拆除重建等不同手段。当前，随着我国城镇化进程迈入后半程，经济社会发展和城乡空间建设面临日益复杂的挑战：全球气候变暖带来资源与环境保护的新要求、科技变革带来生产生活方式的信息化转变、人口结构调整带来社会需求的不断多元……这无疑对城乡发展方式转型和治理变革提出了新诉求。

因此，在新的存量规划时代，城市更新作为一种综合性的城乡治理手段，其以物质空间的保护和再利用等为基础，逐步担负起了优化资源配置、解决城乡问题、推进功能迭代、提升空间品质等诸多责任。2020年，国家面向“十四五”时期提出“实施城市更新行动”的全面战略部署，使得城市更新在城乡建设和城乡治理中的地位更为突显，成为助推国家与地方高质量发展的关键领域。

然而城市更新不同于新建项目，更新实践需要处理和应对更为复杂的现状制约、更加综合的改造诉求、更趋多元的利益关系等，因此在我国空间规划体系改革和经济社会转型的特殊时期，探索适应现阶段实际需求的城市更新理论、政策和实践路径势在必行。总体来看，尽管我国城市更新的实践开展日趋广泛，但依然存在系统性不足、症结问题多等困境亟待破解，对城市更新制度设计、体制机制保障、分级分类施策、精细化规划设计等的深入探究及经验总结供不应求。

首先，由于自然地理条件、经济发展水平、规划治理方式等差异，我国不同城市的更新发展阶段、制度演进与运作方式等呈现出不同特征，如深圳城市更新强调市场参与动力的激发，上海城市更新突出城市空间的综合治理，北京城市更新重在服务首都职能等。研究不同城市的更新历程与实操经验，明确不同发展阶段城市更新面临的差异化挑战，对于不同城市的更新活动推动具有实践指引意义。其次，工业用地、老旧小区、老旧商办等空间历来是城市更新的重要关注对象，随着乡村振兴战略的深入开展，村镇地区的更新改造也成为助力城乡融合和存量盘活的重要手段，因此根据这些具体更新对象探寻“针对性”的改造策略和盘活出路是城市更新战略的重中之重。不同空间对象由于功能类型、产权关系、建设特点的差异，在更新中需要处理迥异的利益博弈关系、产权转移方式、功能升级方向和空间改造需求等，导致分级、分类的更新手段和工作模式提供变得尤为重要。再者，随着广州、深圳、上海、成都等各地城市更新条例或者管理办法的相继出台，我国的城市更新进一步迈入制度化和规范化的新阶段。同时在城市更新乃至社会发展的整体过程中，正规化的制度引领和非正规化的包容性行动历来相辅相成，两股力量共同推动城市更新实践和社会治理手段的螺旋进步。

综合上述思考，立足中国实践，紧扣时代脉搏，我们组织策划了本套城市更新丛书，期望能够在梳理我国城市更新理论与实践发展状况的基础上，针对我国城市更新工作存在的“关键痛点”和“重要议题”展开讨论并提出策略建议，为推动我国存量空间的提质增效、城市更新的政策制定、国家行动的部署落地等给出相应思考。丛书从“城市治理、制度统筹、历史保护、住区更新、非正规行动、存量建筑再利用”等维度进行基于实证基础的科学探讨，主要包括《城市更新的治理创新》

《城市更新制度与北京探索：主体—资金—空间—运维》《城镇老旧小区改造实践与创新》《包容性城市更新：非正规居住空间治理》《存量更新与乡土传承》等卷册，特色不一。

丛书已经成稿的各卷，选题聚焦当前我国城市更新领域的重点任务和关键问题，对促进我国城市更新行动开展具有参考意义。分卷《城市更新的治理创新》在推进国家治理能力和治理体系现代化的背景下，从城市治理角度综合研究城市更新的行动实施和路径落地；分卷《城市更新制度与北京探索：主体—资金—空间—运维》侧重“主体—资金—空间—运维”导向下的城市更新制度建设框架结构，剖析北京城市更新从制度建设到实践运作的多方面进展；分卷《城镇老旧小区改造实践与创新》针对国内老旧小区改造实践开展系统化分析，揭示问题、探寻理论与技术支撑、总结经验并提出做法建议；分卷《包容性城市更新：非正规居住空间治理》阐述了非正规城市治理理论，采用“准入—使用—运行”分析框架，对国内外多个大城市非正规居住空间治理实践案例进行剖析，提出面向包容性城市更新的对策建议；分卷《存量更新与乡土传承》分析研判了城乡更新中存量建筑再利用的可行性、必要性，以及其中蕴含的文化价值，从设计学维度阐述了传承乡愁与乡土文化的更新改造策略。

整套丛书由清华大学、中国城市规划设计研究院、中国建筑设计研究院、深圳市城市规划设计研究院等一线科研、实践机构共同撰写，注重实证，视野开阔。各卷著作基于统筹、治理、保护、利用等思考，系统化地探讨了当下社会最为关注的北京、上海、深圳等前沿城市，以及老旧街区、老旧工业区、老旧小区、老旧村镇等多类型城乡空间的综合更新与治理问题。著作扎根实践又深入理论，融合了城乡规划、社会学、管理学、经济学、建筑学等不同学科知识，围绕存量盘活与提质增效、空间规划改革、乡村振兴等重点方向开展探讨，展现了国内外城市更新的新近成果及其经验，并剖析了我国城市更新的发展趋势及关键议题。

衷心感谢为丛书出版给予不断支持和帮助的撰写单位、行业专家及出版编辑们。丛书是响应国家号召和服务社会所需而进行的探索思考，望其出版可对我国城市更新的实践发展和学科进步作出应有的绵薄贡献，同时囿于时间、精力和视野所限，本书存在的不足之处也有待各位同行批评指正。

丛书编者于清华园
2022年6月

本书序

中国城市发展正在面临重大历史性转型。城市是一个生命体。城市更新本来就是城市持续不断的、常态化的生命活动，是城市永恒的状态和不变的主题。过去几十年里，中国经历了人类历史上史无前例的大规模快速城镇化过程。从城市更新的角度看，这是一种大拆大建式的更新活动，也被称为“旧城改造运动”。这场人类城市建设史上罕见的城市改造与建设活动为中国城市带来了摧枯拉朽、脱胎换骨式的历史巨变，同时也带来了一系列的城市问题。这种非常态发展方式作为一个特殊的阶段有其历史必然性和现实必要性，但却不可能长期持续下去。手术式的更新改造只能是在极特殊情况下的短期和暂时的行为。城市建设与发展亟须从非常时期逐步转向正常轨道，即从以粗放型增量发展走向精致型存量发展的有机更新轨道。这种城市有机更新更多地表现为城市功能的不断优化，城市空间品质的不断提升和城市日常运行、维护和管理水平的持续提高。从客观规律上说，城市的增量型发展阶段是城市的初步建设阶段，城市的存量型发展阶段是城市的维护和提升阶段。就城市发展的全生命周期而言，增量型发展阶段是短期的、非常态化的，而存量型发展阶段是长期的、常态化的。

如果说，过去那种城市发展模式主要表现为城市建设活动以及由此带来的城市形象和城市空间的快速塑造，那么，常态化的城市有机更新则更多地表现为城市治理的主要组成部分。

正是在这样一个人背景下，本书从治理创新的角度对我国当下城市更新问题进行了全面而深入的探索。作者敏锐地找到我国城市更新中最为突出也是最为迫切的问题，即政策制度体系、规划技术方法和治理实施机制的严重匮乏。并以此为切入点和突破口，从制度构建、规划创新和实施机制三个方面深入探讨了我国城市更新治理体系的建构。

作者来自我国城市更新工作的第一线，在近年大量实践基础上形成了对于城市更新问题的深入思考，其中不乏极富创新性和批判性的思考。带着这些前沿思考，作者对全国各地近年来的城市更新实践进行了全面调查和总结。正是基于对大量实践案例的分析，书中提出的系统性和创新性构想才具有了极强的理论启发意义和实践指导价值。

本书非常及时地响应了时代发展的叩问，相信一定会让读者产生雪中送炭、大漠解渴的感受，给我国当下的城市更新工作送来了非常及时和极为实用的重要研究成果。

当然，城市发展方式的彻底转型和城市更新行动的全面实施将会是一个相当长时间的历史过程，相信以后还会有更多经验总结和更多理论成果的出现。

中国城市规划学会副理事长
上海市城市规划学会理事长
同济大学建筑与城市规划学院教授

本书前言

2020年党的十九届五中全会审议通过《中共中央关于制定国民经济和社会发展第十四个五年规划和二〇三五年远景目标的建议》，明确提出“实施城市更新行动”，实施城市更新已成为国家推动城市高质量发展的重大战略部署。随着我国经济由高速增长逐步转向高质量发展，城市建设重点也逐渐由快速扩张的增量建设转向以品质提升为主的存量改造和增量结构调整并重。城市更新成为我国城市实现长期可持续发展的客观需要和重要途径，城市更新的概念内涵和实践范畴也不断拓展。然而，与新城建设不同，城市更新极具复杂性和多元性，面临着经济、社会、产权、历史文化传承等全方位的城市治理挑战，亟须推动面向空间治理的城市更新制度体系改革，通过治理创新促进城市更新实施，助力“以人为核心”的高质量发展。

城市更新与空间治理之间存在着深刻的辩证关系，两者既源自共同内涵的延伸发展，又互为彼此实现的手段支撑。一方面，随着我国土地资源趋紧和存量转型发展，城市更新成为空间治理的重要载体和手段；另一方面，面对存量土地上附着的各类权属和多元利益诉求，通过空间治理实现多元主体的协同合作与空间资源再分配，成为城市更新的核心内容。可以说，新时期城市更新是典型的空间治理过程，空间治理则充分体现了城市更新的本质和内涵。

立足空间治理的视角，面对愈加复杂的更新目标和参与主体，城市更新需要有效协调政府、市场和社会的关系，搭建协商平台凝聚发展共识，并协同多元主体推进更新实施。这其中，如何形成科学有效的制度体系，如何制定凝聚共识的更新规划，如何建立更加长效的实施机制，成为推动城市更新治理创新的关键命题。

本书的酝酿和撰写，源自深圳市城市规划设计研究院股份有限公司近年来在全国众多城市的更新实践和经验总结，也来自自然资源部、住房和城乡建设部一系列城市更新课题中的理论思考和政策研究。正是基于全国城市更新实践的广泛调研、切身参与和深入研究，我们才得以立足国家视野，探讨城市更新治理创新的关键要素与可能的改革方向，为我国高质量发展阶段波澜壮阔的城市更新实践提供参考和借鉴。

本书也是规划设计机构与高校开展“产研”合作的有益尝试。我院与深圳大学建筑与城市规划学院杨晓春教授、宋聚生教授、白韵溪助理教授、甘欣悦助理教授深度合作，在书稿的起草和修改过程中，来自不同背景、机构的编写人员对城市更新治理开展了广泛交流，共同撰写，在相互启发下形成了本书最终的成稿。

在此，感谢清华大学建筑学院庄惟敏教授、唐燕副教授的邀请，促成了本书的立项，并被纳入“存量时代 · 城市更新丛书”。

最后，由于时间、条件和水平所限，本书难免存在不足之处，敬请读者不吝指正。

2023年11月

目录

第 1 章

城市更新与空间治理

广义而言，城市更新是城市作为一个有机体在其发展过程中的新陈代谢过程，是一种自我调节的机制。城市更新的具体内涵随着时代背景、城市发展阶段和城市治理情况的不同而不断地演替、被丰富。当前，要想准确认知我国新型城镇化发展阶段城市更新的内涵与特征，需要我们从国内外城市更新发展演变的历程回顾中，总结经验，辨别差异，研判趋势。城市更新是典型的空间治理，空间治理充分体现了城市更新的本质和内涵，因此有必要从空间治理的视角认知和解析城市更新。在当前城市发展阶段，研究适应城市现有治理水平、治理结构和治理文化的城市更新治理创新的核心要素，进而探索新时期转型背景下城市更新治理创新的内涵、路径和方法，这对于国土空间治理体系与治理能力现代化建设，促进城市更新与空间治理协同发展具有重要意义。

1.1 城市更新概念与内涵的演进

1.1.1 西方城市更新的概念与演进

城市更新的概念起源于西方，相关术语经历了将近一个世纪的演变。在各学者对城市更新相关案例的研究中可以发现，现代意义上的城市更新开始于19世纪，并在二战结束后以城市重建的方式达到高潮，当时的城市更新是为了振兴战后衰败的城市区域，尤其是应对衰败的内城中不断上升的不平等、贫困和失业问题[①]。伴随着城市发展以及人们对城市更新的日益关注和更新中问题与矛盾的日益突出，各国学者对城市更新也有了更为深刻的认识与理解，主要从物质空间变化、建筑用途变化等实体空间更新转变为依托空间更新的经济、生态、社会等综合整体性改造。在西欧国家，不同历史时期的城市更新概念和内涵均有差别。根据不同时期城市更新的对象、目标、方式和模式的差异，先后出现以下几种表述：城市重建（Urban Reconstruction）、城市更新（Urban Renewal）、城市再开发（Urban Redevelopment）、城市再生（Urban Regeneration）、城市复兴（Urban Renaissance）[②]。即便在同一时期，西方各国家之间由于发展背景和治理水平的差异，城市更新的具体行动和内涵也会有一定的差异。为把握发展规律，理清演变脉络，本书按城市更新的主要特征将其划分为以下三个阶段。

1. 二战后到1970年代：从城市重建到城市更新，战后城市的物质空间重建

二战后，许多城市遭到了战争的严重破坏，大量住宅的破坏以及人口在大城市的聚集与迅速增长，引起了城市快速膨胀[③]。战后重建时期的城市更新以大规模拆除重建的方式为主。然而，到了1960年代，大规模拆建的城市改造并没有如预料的那样取得成功，反而引发了尖锐的社会问题和激烈的讨论。单纯地铲除城市中心的贫民窟，同时向郊区扩散人口已不能解决内城发展的实质性问题。很多

① 丁凡，伍江. 城市更新相关概念的演进及在当今的现实意义［J］. 城市规划学刊，2017（6）：87-95.

② 阳建强. 西欧城市更新［M］. 南京：东南大学出版社，2012：224.

③ ENGLISH J, MADIGAN R, NORMAN P C. Slum Clearance : The Social and Administrative Context in England and Wales［M］. Croom Helm, 1976.

人批评这种方式极大地破坏了原有的邻里关系，对于相应出现的社会代价，也应该主要由政府来负责。这一现象揭示出：城市更新要解决的问题不仅包括物质的老化与“衰败”，还包括地区、社会和经济等方面的“衰退”。于是，学界开始从不同立场和不同角度对传统的城市规划思想及其指导下的大规模城市改造方式进行严肃的思考和探索，“人本”思想由此产生。

在经历了大量贫民窟清除、住宅区建设、城内土地开发再利用、人口重新分配以及新城开发等一系列城市规划实践后，西欧各国开始进入更加敏感的住房革新和整个旧城复苏提升的重要阶段①。城市更新的重点转向社区环境的综合整治、社区经济的复兴以及居民参与下的社区邻里自建。“邻里复兴”的实质是强调社区内部自发的“自愿式更新”，既给衰败的邻里输入新鲜的血液，又可避免原有居民被迫外迁造成的冲突，同时还可强化社区结构的有机性②。

2. 1980 ~ 1990 年代：城市再开发（Urban Redevelopment），地产开发导向的旧城改造

1980年以后，由于经济的快速重组，城市作为制造业中心的功能已经完结，而代之以服务业和消费中心，城市中心和内城的许多功能迁向了外围的卫星城镇。受1970年代开始的全球范围内的经济下滑和1980年代全球经济调整的影响③，以制造业为主导的城市衰落，导致城市中心聚集着大量失业工人，中产阶级纷纷搬出内城，造成内城的持续衰落，出现了严重的逆城市化现象④。西方城市更新政策转变为以地产开发为主导的市场导向型旧城开发模式，政府和私人部门深入合作是这个时期城市更新的显著特点⑤。这一时期的更新方式牢固地建立在私有化意识形态的基础上，它强调私人部门在再开发中的首要角色，以及公共部门在创造有利的投资条件方面的重要作用⑥，突出的特点是强调私人部门和部分特殊部门的参与，培育合作伙伴，以私人投资为主，尝试社区自助式开发，政府有选择地介入。在这一时期，城市更新主要是以房地产开发为导向的城市再开发，目的是增

---

① 阳建强. 西欧城市更新 [M]. 南京：东南大学出版社，2012：224.

② 丁凡，伍江. 城市更新相关概念的演进及在当今的现实意义 [J]. 城市规划学刊，2017（6）：87-95.

③ ZOLBERG R A, SASSEN S. The mobility of labor and capital: a study in international investment and labor flow [J] . American Political Science Association, 1988（2）: 703.

④ 同①.

⑤ 同②.

⑥ LOFTMAN P, NEVIN B. Prestige Projects and Urban Regeneration in the 1980s and 1990s: A Review of Benefits and Limitations [J] . Planning Practice & Research, 1995, 10（3-4）: 299-316.

强旧城中心区的经济活力，实现经济增长。这一阶段尽管城市更新增强了旧城中心区的经济活力、实现了经济增长，但同时也带来了严重的绅士化和居民置换问题，贫富差距进一步扩大。

3. 1990 ~ 2000 年代：城市再生（Urban Regeneration），人本主义下的城市复兴

自1990年代开始，国际环境的转变、生产方式的变化、生活方式的转型等致使城市问题变得越来越复杂，已经没有任何一种理论、方法能被用来整体地认识城市、改造城市。城市更新的新思潮逐渐形成，人本主义和可持续发展理念逐渐深入人心，城市开发开始进入寻求更加强调综合和整体对策的更新发展阶段，城市开发的战略思维得以加强。城市更新的内涵不再是由房地产开发商主导的单一物质环境更新，通过空间更新实现城市衰退地区经济、社会、物质等多维度的综合复兴成为城市更新的主要目标①。同时，除继续鼓励私人投资和推动公私合伙之外，公、私、社区三个方面的合作伙伴关系也开始加强，出现了更多自下而上与自上而下相结合的更新运作模式。

4. 西方城市更新发展脉络小结

纵观西方国家的城市更新历程，随着时代背景、城市发展阶段和城市治理情况的发展，城市更新的具体内涵不断地演替和被丰富，可以看作以城市空间为载体，城市社会、经济、文化等多要素的“进化过程”。目前，在西方城市更新领域，普遍认同的概念是由罗伯茨在2000年提出的。罗伯茨将“城市更新”定义为：“用一种综合的、整体性的观念和行为来解决各种各样的城市问题；应该致力于在经济、社会、物质环境等各个方面，对处于变化中的城市地区作出长远的、持续性的改善和提高。”罗伯茨认为，城市更新正是诸多因素（物质、社会、自然、经济环境等）相互作用的结果，也可视为针对城市衰败提供的机会与挑战作出的回应②。

具体而言，可以从城市更新的目标、对象、方式和实施模式四个维度进行解读，摸清其中的发展脉络。从城市更新的目标来看，逐渐从以提升城市物质环境为主转向恢复振兴社区邻里活力、调整提升城市功能结构以及全面复兴城市社会

---

① 张更立. 走向三方合作的伙伴关系：西方城市更新政策的演变及其对中国的启示［J］. 城市发展研究，2004（4）：26-32.

② PETER R. The Evolution, Definition and Purpose of Urban Regeneration［M］// PETER R, HUGH S, RACHEL G. Urban Regeneration: the evolution, definition and purpose of urban regeneration. SAGE Publications Ltd, 2016: 9-43.

经济文化的综合目标的实现；从城市更新的对象来看，逐渐从专门针对贫民窟和特定的物质衰败地区的更新转向对城市区域整体范围内的各类要素进行更新；从城市更新的方式来看，逐渐从大量贫民窟的清理和拆旧建新的物质空间改造转向社区邻里环境的综合复兴；从城市更新的实施模式来看，经历了从1970年代政府主导、具有福利主义色彩的内城更新，到1980年代市场主导、公私伙伴关系为特色的城市更新，之后于1990年代向以公、私、社区三向伙伴关系为导向的多目标综合性城市更新的转变[①]。城市更新逐渐由政府的“一元治理”、政府与开发商共同决策形成的“增长联盟”转向政府、开发商与社会的“多元治理”[②]。从城市更新政策制度来看，21世纪初以来，西欧国家城市更新面临新的发展趋势和挑战，各个国家和地区通过丰富的政策与制度供给来积极应对和处理这些挑战。越来越多的地区在国家和地方层面不断重新审视其城市政策，通过完善或出台新的城市更新法律法规等来保障更新实践的落地[③]。

1.1.2 中国城市更新的概念与演进

与西方发达国家相比，我国城市更新有自身的复杂性和特殊性。我国城市更新的发展历程大体上可以总结为：中华人民共和国成立初期，以解决城市居民基本生活环境和条件问题为主；改革开放后，随着市场经济体制的建立，以大规模的旧城功能结构调整和旧居住区改造为主；快速城镇化时期则以旧区更新、旧工业区的文化创意开发、历史地区的保护性更新为主；当前，城市更新更加强调以人民为中心和高质量发展推进，更加重视城市综合治理和社区自身发展[④]。在学术研究领域，对城市更新概念和内涵的认识随着城市发展和城市更新历程的演进不断丰富和加深。

1. 1949 ~ 1988 年：解决基本生产生活问题的旧城改造

从1949年到改革开放前，计划经济时期，围绕恢复国民经济建设，我国旧城改造规划总的思想在于充分利用旧城开展城市物质环境的规划与建设，更新改造对象主要为旧城居住区和环境恶劣地区。该阶段的城市更新重点是以工业建设

① 张更立. 走向三方合作的伙伴关系：西方城市更新政策的演变及其对中国的启示 [J]. 城市发展研究，2004 (4)：26-32.

② 张磊. “新常态”下城市更新治理模式比较与转型路径 [J]. 城市发展研究，2015，22 (12)：57-62.

③ 唐燕，范利. 西欧城市更新政策与制度的多元探索 [J]. 国际城市规划，2022，37 (1)：9-15.

④ 阳建强. 西欧城市更新 [M]. 南京：东南大学出版社，2012：224.

主导城市建设，在旧城内填空补实、见缝插针，市内兴办街道工厂。旧城改造主要依靠国家投资，资金匮乏，改造速度缓慢，标准较低。旧城建设量不断增加也在一定程度上加剧了旧城环境的恶化，为以后的更新改造工作留下了许多隐患①。

1980年代开始，为了满足城市居民改善居住条件、出行条件的需求，解决城市住房紧张等问题，偿还城市基础设施领域的欠债，北京、上海、广州、南京、沈阳、合肥、苏州等城市相继开展了大规模的旧城改造。

2. 1989 ~ 2008 年：市场经济下大规模的旧城功能结构调整

1990年代之后，受扩大开放、加快改革的背景影响，沿海和内陆城市都积极利用外资进行大规模的城市开发建设，伴随国有土地的有偿使用以及住房商品化改革，为过去进展缓慢的旧城更新提供了强大的政治经济动力，并释放了土地市场的巨大能量和潜力。各大城市借助土地有偿使用的市场化运作，通过房地产业、金融业与更新改造的结合，推动了以“退二进三”为标志的大范围旧城改造。随着各地城市更新的推进，城市更新涉及的一些深层社会问题开始涌现，暴露出不恰当的居住搬迁导致社区网络断裂、开发过密导致居住环境恶化、容量过高导致基础设施超负荷等问题。

在这一时期，面对大规模的旧城改造，相关学术研究对城市更新的概念和内涵进行了一系列的深入研究和反思，有机更新的思想开始出现，提倡小规模、渐进式更新开始逐渐进入学术研究的视野。1990年代初，吴良镛提出“有机更新”，即采用适当的规模、合适的尺度，依据改造的内容与要求，妥善处理目前与将来的关系——不断提高规划设计质量，使每一片地区的发展都达到相对的完整性，这样集无数相对完整性之和，即能促进城市整体环境得到改善，达到有机更新的目的②。2000年，阳建强提出城市更新应由过去注重单纯的城市物质环境的改善转向对增强城市发展能力、实现城市现代化、提高城市生活质量、促进城市文明、推动社会全面进步的更广泛和更综合的目标的关注，应由目前急剧的突发式转向更为稳妥和更为谨慎的渐进式③。2005年，吴晨提出“城市复兴”，认为“城市复兴”是用全面及融汇的观点与行动来解决城市问题，寻求对一个地区

---

① 阳建强．中国城市更新的现况、特征及趋向［J］．城市规划，2000（4）：53-55，63-64.

② 吴良镛．北京旧城与菊儿胡同［M］．北京：中国建筑工业出版社，1994.

③ 同①.

在经济、体形环境、社会及自然环境条件上的持续改善[①]。2007年，于今提出“城市更新”是对城市中某一衰落的区域进行拆迁、改造、投资和建设，使之重新发展和繁荣。它包括两方面的内容：一方面是客观存在实体（建筑物等硬件）的改造；另一方面为各种生态环境、空间环境、文化环境、视觉环境、游憩环境等的改造与延续，包括邻里的社会网络结构、心理定势、情感依恋等软件的延续与更新[②]。

3. 2009 ~ 2014 年：注重利益平衡的多元化城市更新

2009年后，城市更新的原则目标与内在机制均发生了深刻转变，城市更新开始更多地关注城市内涵发展、城市品质提升、产业转型升级以及土地集约利用等重大问题。城市开始进入多元化、综合化、多主体的城市建设与更新时期，“自下而上”的城市更新诉求开始显现。在这一时期，城市更新的概念、内涵得到进一步丰富，从国家到地方，针对不同城市更新对象出台了各类更新政策，如2009年广东省的“三旧改造”政策、2019年深圳市的《深圳市城市更新办法》、2012年的《国务院关于加快棚户区改造工作的意见》，相对应的各种类型的城市更新项目开始涌现，由此逐渐形成了各种类型的城市更新模式。从城市更新的实施模式来看，主要包含政府和市场结合的改造模式以及政府主导的改造模式。在政府和市场结合的改造模式中，比较典型的包括广东省的“三旧改造”以及深圳市的城市更新。在政府主导的改造模式中，比较典型的是棚户区改造。

在这一时期，学界对城市更新的概念和内涵有了更为多元的认识。关注的重点包括城市更新中政府和市场的关系辨析以及如何通过城市更新挖掘存量空间资源。例如，王世福提出“城市更新”是一种利益格局重组、持续渐进的经济和社会进程，是一项社会过程属性显著的公共管理行为，其基本职责是维育建成环境，拓展职责是协调城市再开发[③]。陈浩提出“城市更新”的本质是以空间为载体进行资源与利益再分配的政治经济博弈[④]。尹强等指出要通过城市更新挖掘存量空

① 吴晨.“城市复兴‘理论辨析’城市的未来就是地球的未来。”——肯尼斯·鲍威尔［J］. 北京规划建设，2005（1）：140-143.

② 于今. 城市更新进入新阶段后的诸多问题. https://www.docin.com/p-1472600569.html.

③ 王世福，沈爽婷. 从“三旧改造”到城市更新——广州市成立城市更新局之思考［J］. 城市规划学刊，2015（3）：22-27.

④ 陈浩，张京祥，吴启焰. 转型期城市空间再开发中非均衡博弈的透视——政治经济学的视角［J］. 城市规划学刊，2010（5）：33-40.

间效益，释放更多城市发展动力①。田莉提出“城市更新”是重塑城市空间结构、解决城市问题、提升城市竞争力的重要战略②。

此外，城市更新带来的社会公平、可持续等一系列问题，引起学界的反思，有机更新的思想进一步发展。阳建强提出“城市更新”是指针对城市现存环境，根据城市发展的要求，为了满足城市居民生活的需要，对建筑、空间、环境等进行的必要的调整和改变，既不是大规模的拆建，也不是单纯的保护，而是对城市发展的一种适时的“引导”③。张京祥、胡毅提出以房地产驱动的城市更新损害了社会的可持续发展，社会空间正义应该成为城市更新过程中所遵循的核心价值观④。赵民等人提出在经历了多年“翻天覆地”的大开发后，对城市开发方式作必要调整已刻不容缓，引入渐进式的城市更新模式，减少大拆大建，不仅是为了合理利用存量资产，更是为了体现社会价值⑤。

4. 2015 年至今：内涵与质量提升的城市更新

2015年，中央城市工作会议提出了“要坚持集约发展，框定总量、限定容量、盘活存量、做优增量、提高质量”的城市建设目标，标志着我国城市建设转入“存量为主，内涵提升”的新常态，引发了对城市更新议题的广泛关注以及从国家到地方对城市更新制度的多元探索。

2016年，中央全面深化改革领导小组第三十一次会议审议通过的《中共中央 国务院关于加强和完善城乡社区治理的意见》提出：“加强和完善城乡社区治理要以基层党组织建设为关键，以居民需求为导向，健全完善城乡社区治理体系……全面提升城乡社区治理法治化、科学化、精细化水平。”后续还有一系列相关政策出台，相应地，各地也在陆续开展社区治理实践，逐渐丰富了社区治理的理论与实施路径，如清华大学的“新清河实验”⑥，李郇等⑦结合在城中村、旧城

① 尹强，王佳文，吕晓蓓．新型城市发展观引领深圳城市总体规划［J］．城市规划，2011，35（8）：72-76．
② 田莉．摇摆之间：三旧改造中个体、集体与公众利益平衡［J］．城市规划，2018，42（2）：78-84．
③ 阳建强．西欧城市更新［M］．南京：东南大学出版社，2012：224．
④ 张京祥，胡毅．基于社会空间正义的转型期中国城市更新批判［J］．规划师，2012，28（12）：5-9．
⑤ 赵民，孙忆敏，杜宁，等．我国城市旧住区渐进式更新研究——理论、实践与策略［J］．国际城市规划，2010，25（1）：24-32．
⑥ 陈宇琳，肖林，陈孟萍，等．社区参与式规划的实现途径初探——以北京“新清河实验”为例［J］．城市规划学刊，2020（1）：65-70．
⑦ 李郇，彭惠雯，黄耀福．参与式规划：美好环境与和谐社会共同缔造［J］．城市规划学刊，2018（1）：24-30．

区和乡村社区的实践等，提出美好环境与和谐社会共同缔造的参与式规划实践。

2017年，住房和城乡建设部在《关于加强生态修复城市修补工作的指导意见》中提出“城市双修”，以三亚作为第一批试点，通过政府主导、市场运行的模式，针对老旧城区与工业区、历史街区与建筑、公共空间、基础设施和道路、城市水体、绿地和废弃地开展生态修复、城市修补，从而缓解城市病，保护和修复城市生态空间，改善城市功能和景观风貌。

2019年我国常住人口城镇化率为60.6%，已经步入城镇化较快发展的中后期，城市发展进入城市更新的重要时期，由大规模增量建设转为存量提质改造和增量结构调整并重，过去的“大量建设、大量消耗、大量排放”和过度房地产化的城市开发建设方式已经难以为继。此外，在经济高速发展和城镇化快速推进过程中，一些城市发展注重追求速度和规模，城市规划建设管理“碎片化”问题突出，城市的整体性、系统性、宜居性、包容性和生长性不足，人居环境质量不高，一些大城市的“城市病”问题突出。在此背景下，2021年，《中华人民共和国国民经济和社会发展第十四个五年规划和2035年远景目标纲要》中提出实施城市更新行动，以此推动城市结构调整优化和品质提升，转变城市开发建设方式，对于全面提升城市发展质量、不断满足人民群众日益增长的美好生活需要、促进经济社会持续健康发展具有重要而深远的意义[①]。从国家层面出台的相关政策文件中可以看出，城市更新的概念和内涵进一步丰富。在《中华人民共和国国民经济和社会发展第十四个五年规划和2035年远景目标纲要》中，将城市更新行动定义为：“对旧城区内功能偏离需求、利用效率低下、环境品质不高的存量片区进行功能性改造，打造成为新型生产生活空间，以推进老旧小区、老旧厂区（图1–1）、老旧街区（图1–2）、城中村等‘三老一村’改造为主要内容。”其中，

图1–1　北京市首钢工业园区改造
（来源：图虫网）

图1–2　北京前门社区改造
（来源：图虫网）

① 王蒙徽. 实施城市更新行动［J］. 中国勘察设计，2020（12）：6-9.

老旧小区改造重在改善小区居住条件，完善配套公用设施和公共服务设施。老旧厂区改造重在通过转换建设用地用途、转变空间功能等方式，将“工业锈带”改造为“生活秀带”、双创空间、新型产业空间或文化旅游场地。老旧街区改造重在推动地方特色街区品质高端化、业态多元化，着力打造街区经济，使其发展成为新型文旅商业消费集聚区。城中村改造重在按照城市标准进行整体重建或修复修缮，成为城市社区或其他空间。

围绕实施城市更新行动，新时期城市更新的概念及内涵开始被学界广泛讨论。王凯指出：新时期城市更新是服务人民，提高城市发展质量的“大更新”，是系统性、全局性、战略性的一项工作①。边兰春指出：新时期城市更新需要在助力产业转型、提升城市品质、实现对历史环境的积极保护利用以及不断促进基础设施的更新，以保证城市系统的有效运转方面发挥积极和重要的作用②。王富海指出：城市更新行动是“推动城市开发建设方式转型、促进经济发展方式转变的有效途径”，其本质就是打破土地金融模式下畸形的发展路径，寻求城市各领域更为均衡、协调的发展以及形成更加可持续的政府财政模式③。胡双梅指出：新时期城市更新是在合理规划的基础上，基于城市（城镇）已建设（开发利用）的土地及土地上房屋（不动产）所附着的各种既有权利关系（满足特定利益而享有的权利和利益），对因城市发展而产生的社会价值进行利益再分配并创造出新价值的过程④。

近两年，各地围绕城市更新行动纷纷出台了地方性城市更新相关法律法规，并对城市更新进行了定义（表1–1）。

新时期地方城市更新法律法规中对城市更新的定义 表1–1

省/市	颁布机构	颁布时间	文件名称	城市更新的定义
上海市	上海市第十五届人民代表大会常务委员会	2021年	《上海市城市更新条例》	在本市建成区内开展持续改善城市空间形态和功能的活动

① 王凯. 城市更新：新时期城市发展的战略选择［J］. 中国勘察设计，2022（11）：17-20.
② 杜雁，胡双梅，王崇烈，等. 城市更新规划的统筹与协调［J］. 城市规划，2022，46（3）：15-21.
③ 王富海. 城市更新行动新时代的城市建设模式［M］. 北京：中国建筑工业出版社，2022.
④ 同②.

续表

省/市	颁布机构	颁布时间	文件名称	城市更新的定义
广州市	广州市住房和城乡建设局	2021年	《广州市城市更新条例（征求意见稿）》	对市人民政府按照规定程序和要求确定的地区（历史文化遗产需保护利用；城市公共服务设施和市政基础设施急需完善；环境恶劣或者存在安全隐患；现有土地用途、建筑物使用功能或者资源利用方式明显不符合经济社会发展要求）进行城市空间形态和功能可持续改善的建设和管理活动
北京市	北京市人民政府办公厅	2022年	《北京市城市更新条例》	对北京市建成区内城市空间形态和城市功能的持续完善和优化调整
深圳市	深圳市城市更新和土地整备局	2021年	《深圳经济特区城市更新条例》	对城市建成区内具有下列情形之一的区域（城市基础设施和公共服务设施急需完善；环境恶劣或者存在重大安全隐患；现有土地用途、建筑物使用功能或者资源、能源利用明显不符合经济社会发展要求，影响城市规划实施；经市人民政府批准进行城市更新的其他情形）根据本条例规定进行拆除重建或者综合整治的活动

5. 中国城市更新发展脉络小结

纵观我国城市更新历程和发展趋势，经历了从解决城市住房紧缺、以土地增值收益为核心的经济效益提升到注重“调结构、促转型、提质量、重人本”的多元目标实现的过程。城市更新的对象从过去的旧城、旧村、旧厂和棚户区逐渐向全要素拓展，覆盖了城市建成区中的各类设施用地。从城市更新的方式来看，随着传统大拆大建的更新改造方式的弊病的显现，城市有机更新逐渐成为未来城市更新的发展方向。从城市更新的模式来看，从政府主导向多元协同的转变以及从单纯注重物质环境建设向建设、管理、运营并重的转变是未来城市更新模式的主要发展趋势。

1.1.3 新时期城市更新的内涵与特征

基于城市更新行动，当前城市更新承担着存量发展时代的发展新动力的重大使命，并在城市更新目标、对象、方式、模式等方面呈现出与以往不同的新的内涵与特征。新时期城市更新的目标逐渐从单纯追求土地增值收益的经济维度转变为城市多元时空有机体的可持续完善；城市更新的对象从过去的旧城、旧村、旧厂和棚户区逐渐向全要素拓展，覆盖了城市建成区中的各类设施用地；从城市更新的方式来看，随着传统大拆大建更新改造方式弊病的显现，城市有机更新逐渐成为未来城市更新的发展方向；从城市更新的模式来看，从政府主导向多元协同的转变，从单纯注重物质环境建设向建设、管理、运营并重的转变，是未来城市更新模式的主要发展趋势（图1–3）。

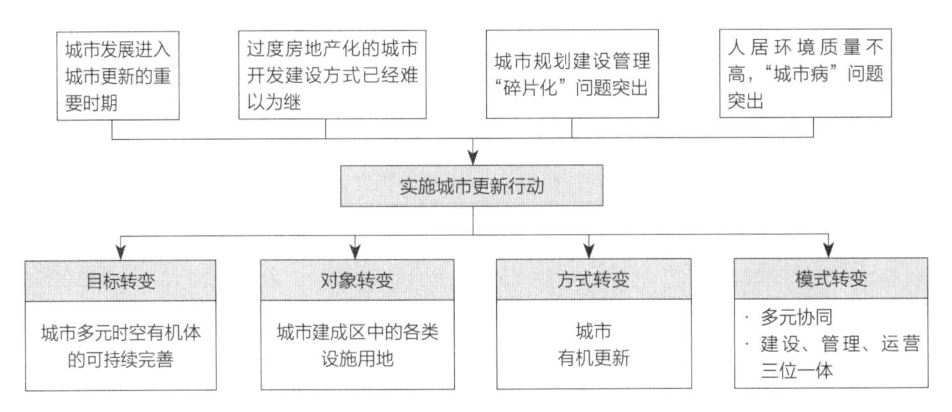

图1-3 基于城市更新行动，新时期城市更新的内涵与特征转变

1. 目标转变：城市有机体的可持续完善

从城市更新的理论探索和实践经验来看，不论是欧美还是我国的城市更新，都从一开始的单一维度，即以追求土地增值收益的经济维度为更新的目标，逐渐走向多维度（经济、社会、文化、生态）的目标实现。在我国，在以往以房地产开发为导向的城市更新中，城市更新主要通过实现政府、开发商、产权人各自的利益诉求来达到空间增值及其带来的一系列收益的目标，例如提升土地利用效率和产业结构、增加税收和土地出让收益、追求更高的容积率和增值空间更大的房地产开发。而在新时期的城市更新中，由于前一阶段城市再开发所积累的金融风险、社会风险、环境风险需要重点治理，城市更新目标开始从“促增长”向“重质量、重公平”转变，从重点关注空间增值收益分配转变为强调综合提升城市生活品质[①]。

在中央提出实施城市更新行动后，学界对实施城市更新行动的目标有了进一步解读。王蒙徽指出：实施城市更新行动，总体目标是建设宜居城市、绿色城市、韧性城市、智慧城市、人文城市，不断提升城市人居环境质量、人民生活质量、城市竞争力，走出一条中国特色城市发展道路。核心任务包括完善城市空间结构、实施城市生态修复和功能完善工程、强化历史文化保护、塑造城市风貌、加强居住社区建设、推进新型城市基础设施建设、加强城镇老旧小区改造、增强城市防洪排涝能力、推进以县城为重要载体的城镇化建设[②]。杨保军指出：在实施城市更新行动中，要为人民群众创造高品质的生活空间；要坚持统筹发展和安全，使城市安全风险治理和防控贯穿城市更新、城市发展的全过程，提高城市安全保障水平；要统筹

① 葛天任，李强. 从“增长联盟”到“公平治理”——城市空间治理转型的国家视角［J］. 城市规划学刊，2022（1）：81-88.
② 王蒙徽. 实施城市更新行动［J］. 中国勘察设计，2020（12）：6-9.

城市历史文化的保护、利用、传承，防止大拆大建；要推进绿色化更新，落实碳达峰、碳中和目标任务，建设海绵城市、绿色城市[①]。边兰春指出，新时期城市更新的主要目标任务包括：通过城市更新实现产业转型中的空间品质优化和利益主体转换，实现更新赋能，提升竞争力；在建设幸福城市、完整社区、健康邻里的过程中，通过资源挖潜实现持续更新，推动居住社区走向管理有序、安全便捷、健康宜人的可持续新型社区；在新的政策机制引导下，通过城市更新进一步实现城市历史文化的传承，注重对城市传统空间和建成环境的价值发现，通过精细化的有机更新，实现对历史环境的积极保护利用以及与现代生活的有机统一；通过城市更新，促进基础设施的更新，以保证城市系统的有效运转[②]。

2018年至今，中央政府陆续出台了一系列更加注重社会公平导向的新政策，地方政府相应地推动城市更新向社会公平型治理转型，对此前城市再开发过程中遗留的各种问题进行系统性的城市体检。承接国家对新时期城市更新总体目标和任务的要求，各地在城市更新政策中均结合地方实际情况明确了城市更新的目标（表1–2）。

新时期地方城市更新法律法规中对城市更新的目标阐述 **表1–2**

文件名称	城市更新的目标
《上海市城市更新条例》	加强基础设施和公共设施建设，提高超大城市服务水平
	优化区域功能布局，塑造城市空间新格局
	提升整体居住品质，改善城市人居环境
	加强历史文化保护，塑造城市特色风貌
《广州市城市更新条例（征求意见稿）》	建设宜居城市、绿色城市、韧性城市、智慧城市、人文城市，不断提升城市人居环境质量、强化城市功能、优化空间布局、弘扬生态文明、保护历史文化，实现产城融合、职住平衡、文化传承、生态宜居、交通便捷、生活便利
《北京市城市更新条例》	保障房屋安全，提升居住品质
	推动存量空间资源提质增效
	完善区域功能，补齐公共服务、市政基础和公共安全设施短板
	延续历史文脉，留住乡愁记忆
	发挥绿色建筑集约发展效应，打造绿色生态城区
	提高城市防涝、防疫、防灾等能力
	提升绿色空间、滨水空间、慢行系统等环境品质
	统筹存量资源配置，优化功能布局，实现片区可持续发展

① 杨保军．实施城市更新行动的核心要义［J］．中国勘察设计，2021（10）：10-13.
② 杜雁，胡双梅，王崇烈，等．城市更新规划的统筹与协调［J］．城市规划，2022，46（3）：15-21.

续表

文件名称	城市更新的目标
《重庆市城市更新管理办法》	完善生活功能、补齐公共设施短板，完善产业功能、打造就业创新载体，完善生态功能、保护修复绿地绿廊绿道，完善人文功能、积淀文化元素魅力，完善安全功能、增强防灾减灾能力
《深圳经济特区城市更新条例》	加强公共设施建设，提升城市功能品质
	拓展市民活动空间，改善城市人居环境
	推进环保节能改造，实现城市绿色发展
	注重历史文化保护，保持城市特色风貌
	优化城市总体布局，增强城市发展动能

注：《重庆市城市更新管理办法》于2021年6月由重庆市人民政府发布。

综上所述，新时期城市更新承担着优化城市发展格局、全面提升城市发展质量、补齐城市资源短板、不断满足人民群众日益增长的美好生活需要、促进经济社会持续健康发展的重要作用和使命。从国家到地方，新时期城市更新的目标重点强调了改善居住环境品质、加强历史风貌保护、加强公共服务设施和基础设施建设、促进产业转型等几个重要方面，突出了宜居、安全、历史文化、绿色、韧性等在各地城市更新目标设定中的首要位置。

未来城市更新的目标不仅仅是物质空间的提升，还要把城市视作经济、社会、文化、空间、时间多个维度相统一的有机体。城市更新是城市维持自身活力、实现持续发展的重要途径，是城市这一有机生命体发展的内在需求，也是城市化进程和发展阶段的现实响应，呼唤多元价值导向的空间治理目标体系的形成，促进城市有机体的可持续完善。

2. 对象转变：面向建成环境全要素

城市更新行动本身是针对城市整体的综合性、系统性的战略行动，不仅涵盖了建成环境中的建构筑物、公共服务设施、公园绿地、市政设施、交通设施等所有的物质环境资源，还包括各类规划或自发生长的城市功能组团和社会空间产物。这其中既涉及建成环境的全要素，也受各类非物质空间要素影响，是一个复杂多元的存量巨系统，是对各类要素进行盘整、激活、调度和优化利用，实现综合价值的最大化。

随着更新政策与法规的不断完善，从国家到地方出台的政策文件中对于城市更新对象的类型划分日益全面。在国家层面，国家发改委《2021年新型城镇化和城乡融合发展重点任务》中指出："推进以老旧小区、老旧厂区、老旧街区、城中村等‘三区一村’改造为主要内容的城市更新行动。”在地方层面，许多城市结合城市高质量发展和新旧动能转换的要求，依据城市不同功能区的现实情况和成熟程度，开展老旧小区改造、老工业基地更新改造、老中心区再开发、历史街区保护性更新、城中村改造、棚户区改造、危旧房改造、老码头地区更新再开发、工业园区更新、城市滨水区更新再开发和轨道交通基础设施改造等存量更新（表1-3）；微观尺度上，更加注重与群众日常生活息息相关的社区营造和街道环境提升。

新时期地方城市更新法律法规中对城市更新对象的分类 表1-3

文件名称	城市更新的对象分类	
《上海市城市更新条例》	潜力发展区	“一江一河”地区、各级公共中心地区、轨道交通站点周边地区等
	改善提升区	老旧小区、历史文化风貌区等地区
《重庆市城市更新技术导则》	老旧小区（街区）改造提升	
	工业片区转型升级	
	传统商区提档升级	
	公共服务设施与公共空间优化升级	
《北京市城市更新条例》	老旧平房院落、危旧楼房、老旧小区	
	老旧厂房、低效产业园区、老旧低效楼宇、传统商业设施	
	老旧市政基础设施、公共服务设施、公共安全设施	
	绿色空间、滨水空间、慢行系统等公共空间	
	需要统筹存量资源配置、优化功能布局、实现片区可持续发展的区域	
《深圳经济特区城市更新条例》	城市基础设施和公共服务设施急需完善的地区	
	环境恶劣或者存在重大安全隐患的地区	
	现有土地用途、建筑物使用功能或者资源、能源利用明显不符合经济社会发展要求，影响城市规划实施的地区	

注：《重庆市城市更新技术导则》于2022年3月由重庆市住房和城乡建设委员会印发。

综上所述，新时期城市更新在更新对象上逐渐涵盖了城市建成环境全要素，公共空间、市政和公共服务设施、建筑物等一系列与提高人民生活质量紧密相关的要素被纳入城市更新对象。因此，在新时期，广义的城市更新的对象指的是：存在重大安全隐患，公共服务设施和基础设施急需完善，现有土地用途、建筑物使用功能、资源利用方式等不符合社会经济发展要求，以及在历史风貌保护、人居环境品质、城市活力魅力等方面需要改善及提升的城镇建成区。如果将城市更新对象按类型进行划分，结合近年来国家和地方出台的一系列更新政策与法规，以及各地涌现出的城市更新实践，城市更新对象的类型主要包括老旧小区、老旧街区（含历史文化街区、老旧商业办公街区等）、老旧厂区、老旧设施、公共空间等。

3. 方式转变：城市有机渐进更新

在以往的学术研究和各地实践中，关于城市更新方式的划分和定义存在诸多差异。在学术研究中，城市更新主要分为重建、整治/改建、保护三种方式。叶耀先最早提出城市更新包括重建、改建和维护三种类型①。吴良镛在"有机更新"理论中提出小规模改造、整治的城市更新方式②。李贵才以广东"三旧"改造为背景，认为城市更新包括拆除重建、综合整治与功能置换三种类型。查君按照城市空间、城市服务同需求的匹配程度不同，将城市更新分为拆除重建、整旧复兴以及保存维护三类③。

近年来，各地的更新实践主要按"拆除重建/全面改造""综合整治/微改造/微更新""混合改造/复合更新"等进行划分（表1–4）。

新时期地方城市更新法律法规中城市更新的方式分类　　表1–4

文件名称	城市更新的方式分类	
《深圳经济特区城市更新条例》	拆除重建	通过综合整治方式难以改善或者消除城市建成区面临的问题，需要拆除全部或者大部分原有建筑物，并按照规划进行重新建设的活动
	综合整治	在维持现状建设格局基本不变的前提下，采取修缮、加建、改建、扩建、局部拆建或者改变功能等一种或者多种措施，对建成区进行重新完善的活动
《广州市城市更新条例（征求意见稿）》	全面改造	以拆除重建为主的更新方式，主要适用于城市重点功能区以及对完善城市功能、提升产业结构、改善城市面貌有较大影响的城市更新项目
	微改造	在维持现状建设格局基本不变的前提下，通过建筑局部拆建、建筑物功能置换、保留修缮，以及整治改善、保护、活化，完善基础设施等办法实施的更新方式
《成都市城市有机更新实施办法》	保护传承	在符合保护要求的前提下对建筑进行保护修缮、综合整治和功能优化
	优化改造	在维持现状建设格局基本不变的前提下，对建筑进行局部改建、功能置换、修缮翻新，以及对建筑所在区域进行配套设施完善等建设活动
	拆旧建新	将原有建筑物进行拆除，按照新的规划和用地条件重新建设

注：《成都市城市有机更新实施办法》于2020年4月由成都市人民政府办公厅发布。

① 叶耀先．城市更新的原理和应用［J］．科技导报，1986（2）：48-51．
② 吴良镛．迎接新世纪的来临——论中国城市规划的学术发展［J］．城市规划，1994（1）：4-10，58-62．
③ 查君，金旖旎．从空间引导走向需求引导——城市更新本源性研究［J］．城市发展研究，2017，24（11）：51-57．

综上所述，按物质空间改造程度的差异可将城市更新方式划分为微更新与重建更新两大类。其中，微更新指的是在不改变建筑主体结构的基础上，对建筑进行维护修缮、局部改扩建、功能改变，对设施进行完善，对环境进行整治的更新方式。在各地城市更新方式分类中出现的诸如“保护传承”等针对特定类型地区的更新方式，只要不涉及建筑主体结构的改变，都可以归类到微更新这一类更新方式中。重建更新指的是根据城市发展需要，在通过微更新难以实现更新目标的城市建成区，对原有建筑进行拆除，按照规划进行重新建设或者实施生态修复、土地复垦的更新方式。各地城市更新方式分类中出现的“混合更新”“复合更新”等更新类型，是在特定地区内重建更新和微更新的有机综合。

当前，“高成本、高投资、高强度”的拆除重建类更新方式难以为继，更新方式从“拆、改、留”式城市重建向“留、改、拆”式微更新转变，提倡推行小规模、渐进式有机更新，更加强调历史文化资源的保护，坚持保护优先，严守底线，防止大拆大建，通过稳妥、适度、有序、分步实施的方式实施渐进式有机更新。

从新时期各地城市更新实践和出台的相关政策法规来看，微更新中涉及的充分评估现状，保留建筑基本格局，进行小规模、谨慎式更新的方式充分体现了有机更新的思想，将作为未来城市更新的主要方式在城市更新项目中优先选择。对于一部分无法通过微更新实现城市更新目标的地区，也应审慎采用重建更新方式。

4. 模式转变：面向全生命周期的多方共治

从国内外的城市更新经验来看，单靠政府或市场导向的政策难以解决更新中出现的种种社会、经济问题，建立多元化的城市更新模式有助于避免这些问题的出现。以多方合作的伙伴关系为取向，注重社区参与和社会公平，建立多元化和综合化的城市更新模式是国内外城市更新的主要趋势[①]。我国的城市更新模式从早期政府主导的旧城改造，到后来逐渐形成了政府与市场结合的“增长联盟”模式，其对应的城市更新方式以大规模拆除重建为主，城市更新目标则是经济利益优先，而城市更新的对象也集中在旧城中心区、城中村等未来土地增值收益较大的地区。

① 叶磊，马学广．转型时期城市土地再开发的协同治理机制研究述评［J］．规划师，2010，26（10）：103-107.

当前，随着城市更新目标、对象与更新方式的转变，城市更新进入复杂多元主体诉求和利益平衡问题的存量发展阶段，传统的规划和管理方式难以有效适应，存量土地、财税等政策未形成合力，多元主体难以协同合作，更新项目推进困难。应在尊重既有产权及合理平衡各方利益的基础上，针对城市更新项目改造、建设及运营的可持续问题一体化考虑，积极探索多元主体利益平衡路径。同时，提高多方主体参与的积极性，做好政策引导，加强更新项目的经济效益评估与核算，鼓励社会资本、社会力量参与改造运营，探索面向全生命周期的多方共治的城市更新模式。

1.2 城市更新与空间治理的关系

1.2.1 治理、城市治理与空间治理

1. 治理：多元协调合作，实现多赢目标

治理作为空间治理的概念源头，起源于1930年代。治理概念的提出主要是为了应对当时的经济危机，即“凯恩斯主义”的失败。到了1980年代中期，里根-撒切尔新政宣告了新自由主义经济的开始。新自由主义经济对西方的政治经济、社会发展，乃至城市发展都产生了深远的影响。一时间，“企业家政府”“市场导向公共行政”等新的城市治理理念应运而生。1990年代后，在经济全球化与信息化浪潮的背景下，国际形势和西方国家内部都发生了深刻变化。为了更加有效地进行城市管理，城市治理研究作为公共管理研究领域的一个分支获得了较快发展。

根据全球治理委员会1995年的报告中的定义，治理指的是在管理同一项事务时，各类公共的或私人的机构所采用的各种合作与协商方式的总和。其强调的是不同主体间通过采取联合行动来协调各方利益、避免相互冲突的持续过程。为了达到最大程度的资源调动，补充自由市场和政府调控的不足，并最终实现社会发展“多赢”的目标，治理鼓励各类社会集团的对话、协调与合作。从治理的定义中可以看出，各类公共或私人的个人和机构是治理的主体，治理强调主体之间权力运行的多元互动。与传统意义上的统治或者管理不同，统治的主体只包含国家权力机关，而在治理中，公共机构和私人机构既可以单独作为治理的主体，还可以通过合作的方式成为治理的共同主体。此外，相比于管理的权力运行方向是自上而下，治理的权力运行是上下互动的多元向度。

中、西方治理现代化建设的目标都是促进社会权力的均衡与协调行使，调动社会的各种积极因素，达到社会共治的最终目的。西方国家提出治理，主要是为了打破当时由新自由主义所主导的单一语境，利用非政府组织来弥补政府的社会职能被削弱的影响，从而建立起政府、市场、社会多元协调合作的模式。如今中国提出治理现代化，所面临的经济社会发展环境与西方国家并不相同，主要是为了从强政府推动走向社会合作互动，着力解决政府对市场干预过度、对社会组织管制过度而服务不足等问题。对比而言，西方的治理，主要目的是纠正政府弱势的问题，而中国的治理则是为了修正政府过强干预的问题，可谓殊途同归[①]。

2. 城市治理：治理运用于城市运行决策的过程

“城市治理”指的是“将治理运用于城市公共事务运行决策的过程”。由于1980年代以来新自由主义对西方政治经济产生的深远影响，以及1990年以后迎来的经济全球化和信息化浪潮，面对城市这样一个复杂的巨系统，传统的城市管理思维难以适应。于是，城市治理研究作为公共管理研究领域的一个分支在西方国家得到了快速发展[②]。2000年以来，城市治理研究在我国逐步得到关注。在新时期，城市治理是推进国家治理体系和治理能力现代化的重要内容。新发展阶段的城市治埋需要统筹规划、建设、管理和生产、生活、生态等各方面，转变治理手段、治理模式、治理理念，推动实现现代化和人的全面发展[③]。

3. 空间治理：基于空间资源的多元主体协调合作过程

根据治理的定义，孙施文指出，空间治理是在国家和社会治理中，以一定空间范围为单元所开展的综合治理，从治理的基本概念上讲，政府、市场、社会的交互作用也主要发生在这样的范畴之中。具体而言，空间治理是在特定的空间范围内，各领域、各部门的治理工作的统合，是对各类要素、各类行动关系的统筹协调，是当代治理理念的核心，也是治理过程中的重心所在[④]。葛天任、李强指出，城市空间治理指的是针对城市空间资源博弈而进行的治理行为与治

① 张京祥，陈浩. 空间治理：中国城乡规划转型的政治经济学 [J]. 城市规划，2014，38（11）：9-15.

② 田莉，陶然，梁印龙. 城市更新困局下的实施模式转型：基于空间治理的视角 [J]. 城市规划学刊，2020（3）：41-47.

③ 周岚，丁志刚. 新发展阶段中国城市空间治理的策略思考——兼议城市规划设计行业的变革 [J]. 城市规划，2021，45（11）：9-14.

④ 孙施文. 为空间治理的规划：《规划 · 治理2》[M]. 北京：中国建筑工业出版社，2021.

理过程[①]。综上，建议将空间治理定义为以空间资源与要素的使用、收益和分配为核心的系统协调过程，其不仅体现了以政府、市场和社会为代表的多元主体的利益诉求，还要在空间资源的利益分配中协调公共利益、部门利益和私人利益。简而言之，空间治理是一种基于空间资源分配的多元主体的协调与合作过程[②③]。

4. 城市更新与空间治理的辩证统一

城市更新与空间治理之间存在辩证关系，既源自共同内涵的延伸发展，又互为彼此实现的手段支撑。一方面，既有治理方式已无法协调存量语境下的复杂空间问题，城市更新成为空间治理的重要手段。随着对土地资源短缺问题的认识的不断提高和对增长主义发展方式的反思，我国城市发展从“增量扩张”向“存量优化”的转型已得到政府及社会各界的广泛重视，复杂的空间治理关系也逐渐成为城市更新的一个重要特征，也是城市更新规划需要解决和协调的内容。另一方面，对城市空间治理的关注反过来也成为城市更新发展的必然趋势。城市更新工作的主要对象不再是增量用地，而是以空间为基础，附着了各类城市功能和各种权属的十分复杂的城市存量空间系统[④]，涉及城市社会、经济和物质空间环境等诸多方面，是一项综合性、全局性、政策性和战略性很强的系统工程。而城市更新过程就是对城市存量空间的控制、干预、影响和再分配，这个过程涉及各类城市功能的转变，以及与此相关的地方政府、市场和地方居民多方利益的重划，需要各方不断沟通、共同协作，以推动城市更新的实施[⑤]。因此，新时期城市更新过程是典型的空间治理，空间治理充分体现了城市更新的本质和内涵。

1.2.2 城市更新的治理创新

在新时期的城市更新中，面对复杂的存量空间系统，具有不同利益诉求的多元主体之间如何通过各种政策引导、激励机制、资金运作模式和协商手段寻求空

---

① 葛天任，李强. 从“增长联盟”到“公平治理”——城市空间治理转型的国家视角［J］. 城市规划学刊，2022（1）：81-88.

② 陈易. 转型期中国城市更新的空间治理研究：机制与模式［D］. 南京：南京大学，2016.

③ 田莉，陶然，梁印龙. 城市更新困局下的实施模式转型：基于空间治理的视角［J］. 城市规划学刊，2020（3）：41-47.

④ 阳建强. 走向持续的城市更新——基于价值取向与复杂系统的理性思考［J］. 城市规划，2018，42（6）：68-78.

⑤ 张磊. “新常态”下城市更新治理模式比较与转型路径［J］. 城市发展研究，2015，22（12）：57-62.

间资源的重新分配和利益关系的新平衡，实现多维度的城市更新目标成为推动城市更新的关键。结合以上对空间治理内涵的阐述，可以认为新时期的城市更新需要通过治理的创新才能应对更加综合的更新目标、更加复杂的产权主体、更加多元的利益诉求以及更加广泛的政府部门之间和多元主体之间的协调。而如何建构科学有效的制度体系，如何科学合理地编制更新规划，以及如何建立更新实施的长效机制和政策保障是进行城市更新治理创新的关键（图1–4）。

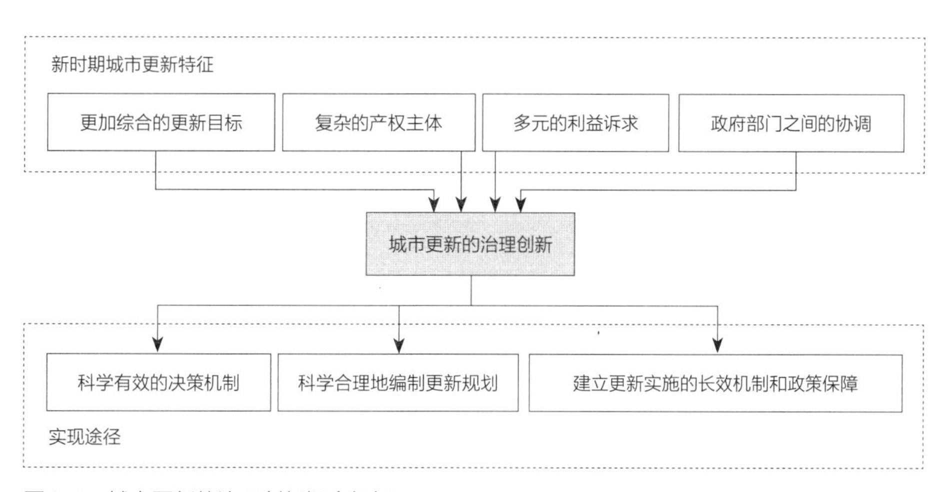

图1–4　城市更新的治理创新概念解析

①更科学的制度体系。科学有效的城市更新制度体系不仅能够实现各主体的核心利益诉求，还能在城市更新中协调和保障公共利益、部门利益和私人利益三者之间的平衡，对城市更新项目的成功、社会公平与经济效应的兼顾起着重要作用。新时期的城市更新面对多元利益主体的复杂诉求，更加强调从国家到地方的城市更新制度体系的形成，更加强调因地制宜的政策工具创新，更加强调政府各部门、各主体之间协同的高效，以及构建多方参与平台和多元融资渠道的重要性。因此，建构科学有效的城市更新制度体系是实现新时期城市更新的治理创新的前提。

②更综合的规划统筹。我国城乡规划基本属性从“空间营造技术工具”到“公共政策”的转变，意味着城乡规划治理现代化的转向[①]，城乡规划过程逐渐成为极

① 张京祥，陈浩. 空间治理：中国城乡规划转型的政治经济学［J］. 城市规划，2014，38（11）：9–15.

其复杂的空间治理过程，城乡规划作为空间治理的重要组成部分及其施行的方式和手段，就是要通过预先安排和协调，通过对空间使用行为的引导和控制，保证目标能够得到实现[①]。城市更新规划作为城乡规划领域的重要分支，面对存量地区的复杂权属、多元诉求等特征，传统城市更新的规划体系和方法作为"空间营造技术工具"重点解决城市物质空间环境的难题，而在应对新时期城市更新中的多样的要素类型、多元的参与主体、多元的融资渠道、复杂的空间信息、脆弱的历史遗存、敏感的空间环境等挑战时，传统的物质性规划因其在公共政策属性方面的薄弱，故而难以协调更新过程中的多元利益诉求。因此，新时期城市更新规划的核心是要从产品和蓝图走向政策和过程。在这一过程中，应强调规划引领以及规划体系的构建，加强更新统筹，强化规划的科学性，同时坚持立足地方实际，因地施策，强化公众参与，尊重权利主体的诉求，以此实现城市功能的完善，提高城市公共服务能力和空间品质，持续保障城市的公平正义，化解和消除城市冲突，促进社会和谐。

③更长效的实施机制。新时期城市更新对象和项目类型日益多元，大量更新面对的是一些产权归属相对多元的微小细碎空间，更新的实施需要转向通过多元参与、过程设计、共商共治等机制运作来实现卓有成效的空间改造[②]。此时，更新实施既可借助政府主导的力量，也可通过第三方来引领，一般有参与主体多元的属性[③④]。其过程不仅要关注物质空间的改善，还需协调复杂的社会利益矛盾，因此往往面临较大挑战[⑤-⑦]。因此，如何通过治理的手段协调多方利益，充分调动各方参与城市更新的积极性，是保证新时期城市更新项目实施的关键。

---

① 孙施文. 规划·治理Ⅱ［M］. 北京：中国建筑工业出版社，2021.
② 唐燕. 城市更新制度建设——顶层设计与基层创建［J］. 城市设计，2019（6）：30-37.
③ 单瑞琦. 社区微更新视角下的公共空间挖潜——以德国柏林社区菜园的实施为例［J］. 上海城市规划，2017（5）：77-82.
④ 毕鹏翔，王云. 城市微更新的动力机制和价值观研究［J］. 建筑与文化，2018（2）：54-55.
⑤ 李郇，彭惠雯，黄耀福. 参与式规划：美好环境与和谐社会共同缔造［J］. 城市规划学刊，2018（1）：24-30.
⑥ 马宏，应孔晋. 社区空间微更新 上海城市有机更新背景下社区营造路径的探索［J］. 时代建筑，2016（4）：10-17.
⑦ 叶原源，刘玉亭，黄幸. "在地文化"导向下的社区多元与自主微更新［J］. 规划师，2018，34（2）：31-36.

1.3 城市更新治理创新的核心要素

城市更新的成功与否有赖于建立一个高效协同的空间治理框架，即：通过城市更新的制度建构对更新项目进行方向性把控；有效的城市更新规划体系和技术手段；协调与合作的城市更新实施机制。上述三个方面构成了城市更新治理创新的核心要素。当前，我国城市更新面临更新目标的重大转变，由此带来了更新制度建构、规划方法体系和实施机制的一系列变化。因此，有必要厘清我国城市更新治理创新的核心要素的基本内涵，以及新时代背景下城市更新核心要素转变的基本特征。

1.3.1 城市更新的制度建构

城市更新的制度建构是影响城市更新运作、核心价值导向以及更新的收益分配等的至关重要的因素。无论在西方还是中国的城市背景下，城市更新的制度建构都得到了广泛的探讨。在以前的城市更新中，由于缺乏系统性的制度建构，导致城市更新过程中的资金来源、土地或建筑使用权限的取得、居民或企业物产的拆迁与补偿、建筑或用地的功能改变、旧建筑改造的消防审核与工商注册等一系列相关行动的落地经常举步维艰或成效不佳，或者要经历复杂的规划调整或项目审批流程，或者要投入高昂的时间、资金和机会成本，或者造成利益主体间的权益分配不均，或者造成社会矛盾加深、历史文化与邻里关系断裂等问题。另一方面，在行政管理上，传统的发改、规划与国土（自然资源）、民政等部门分别从各自领域出发开展工作，不同部门之间缺乏有效联动，使得行政审批、公共资金使用等城市更新配套措施无法实现跨部门的有机衔接，导致更新政策难以落地。因此，在我国城市建设从增量发展转向存量提质的过程中，急需通过以协同为导向的系统性制度重构来保障城市更新的有序开展[①]。

在新时期城市更新的制度建构中，建立从中央到地方的城市更新政策框架、根据不同的决策主体以及他们的行为和互动模式形成有效的治理结构是理解城市更新制度建构的重点和关键。

① 唐燕. 我国城市更新制度建设的关键维度与策略解析［J］. 国际城市规划，2022，37（1）：1-8.

1. 政策框架

城市更新的政策框架可分为国家层面和地方层面的政策框架。其中，中央政府以及各部委通过政策出台建立国家层面的政策框架；省、市级政府为城市更新确立法律框架与规章流程，一方面结合地方发展实际，通过地方城市更新政策框架的建立解决地方发展中面临的问题，另一方面，地方也积极响应新时期国家层面的城市更新指导思想，不断创新政策工具。

就我国城市更新政策框架演进的历程来看，地方层面的政策框架建立早于国家层面的顶层制度设计。以广州、深圳、上海为代表，这些城市近 10 年来持续推进城市更新政策与体制的改革创新，涉及机构设置、资金来源、法规建设、规划编制、审批流程等多方面。这些城市基本都专设了城市更新管理机构（通常由住房建设管理部门或规划和自然资源部门主管，联合其他部门协同工作），出台了城市更新管理办法（或条例）和一系列配套政策法规。在国家出台一系列新时期城市更新的政策文件后，地方也积极响应新时期国家层面的城市更新指导思想，不断进行政策工具的创新。例如，2020年底，深圳在《深圳市城市更新办法》的基础上发布了具备更高法律地位的《深圳经济特区城市更新条例》，创造了我国城市更新制度建设的新里程碑；2021 年，广州市住房和城乡建设局就《广州市城市更新条例（征求意见稿）》征求意见 ；2021 年，上海市十五届人大常委会第三十四次会议表决通过《上海市城市更新条例》。通过条例的出台，这些城市基本都明确了城市更新从规划编制到实施落地的具体流程和要求，通过多主体申报（政府、业主、开发商等）等程序来确定更新项目，并探索差异化引导推进更新实践。

在国家层面，2023年11月，自然资源部发布《支持城市更新的规划与土地政策指引（2023版）》，提出在“五级三类”国土空间规划体系内强化城市更新的规划统筹，将城市更新要求融入国土空间规划体系，针对城市更新特点，改进国土空间规划方法，完善城市更新支撑保障的政策工具。该文件为地方因地制宜地探索和创新支持城市更新的规划方法和土地政策、依法依规推进城市更新提供了指引，也进一步完善了从国家到地方的城市更新政策框架。

2. 治理结构

在城市更新中，根据不同的决策主体以及他们的行为和互动模式形成的治理结构是理解城市更新制度建构的关键。在城市更新的治理结构中，核心决策主体包括政府、市场和社会。

其中，政府指的是各级地方政府以及各相关政府部门共同构成的“条块”。

“条”是指相对应的部门之间形成的上下级关系，部门分别是各级政府的组成部分，它与上下对口的部门组成专业性的“条”；“块”是指各级政府。因为“条”的性质和功能的不同，与“块”结合，形成了复杂的条块关系①。由于城市更新是涵盖了不同类型的改造对象的系统工程，同时涉及多元利益主体和复杂的利益矛盾，对政府统筹和执行能力的要求较高②。在以往的城市更新中，这种条块关系会切割城市更新的整体目标，影响城市更新项目实施的效率，出现“来回审、交叉审”的问题，而部分关键的管理环节却未能得以有效的控制，还会进一步加剧“政出多门”的矛盾。因此，城市更新制度建构的一个重要内容就是在理清治理结构中政府内部“条块”之间的相互关系和权力边界的同时，建立政府内部各级、各部门间沟通协商的平台，从而有效传导城市更新政策、推进城市更新项目。例如，目前一些城市更新项目在市、区级政府的督导下，设立与各部门都相关的临时更新专项部门，一般称为“指挥部”。由“指挥部”与各主管部门协调推进项目，从而形成有效的政府内部沟通协商平台③。

虽然一个地区城市更新的治理结构总是在不断地调整与变化，但是总体而言，无论是欧洲和北美等发达国家还是中国，城市更新的治理结构都逐渐由政府的“一元治理”、政府与市场共同决策形成的“增长联盟”转向政府、市场与社会的“多元治理”。城市更新中的多元治理结构是指由政府、市场主体、社会主体（包括社区、居民、物业公司、社会组织和设计师等）就城市和社会公共事务等进行广泛交流、磋商和思考决策，进而调整各方利益、达成行动共识的城市治理结构。因此，在城市更新的制度建构中，需要通过政策设计，建立参与主体多元化、角色关系平等化、决策方式协商化、利益诉求协同化的治理机制；需要改变以往以政府、市场为主的城市建设利益博弈关系，使得社会主体不再只是被动地接受规划管理与城市建设的结果，而能充分参与、知悉和共同分担相关责任与义务④。

---

① 谢庆奎. 中国政府的府际关系研究［J］. 北京大学学报（哲学社会科学版），2000（1）：26-34.

② 吕晓蓓，赵若焱. 对深圳市城市更新制度建设的几点思考［J］. 城市规划，2009，33（4）：57-60.

③ 唐燕，杨东. 城市更新制度建设：广州、深圳、上海三地比较［J］. 城乡规划，2018（4）：22-32.

④ 唐燕，张璐. 从精英规划走向多元共治：北京责任规划师的制度建设与实践进展［J］. 国际城市规划，2023，38（2）：133-142.

1.3.2 城市更新的规划方法

从世界发达国家的普遍经验来看，空间规划作为一种重要的公共政策，是政府进行空间治理的重要手段。而新时期城市更新规划作为空间规划体系的重要分支，需要有效适应城市更新的实际需求，充分融入空间治理体系，调整政府—市场—社会的利益格局，统筹政府、市场和社会多元权利主体的诉求，对存量空间资源的使用和收益进行综合分配，以促进共建共治共享的现代化治理格局构建[①]。新时期城市更新中面临的空间功能属性多样、建筑产权属性多样、更新改造目标需求多元，以及参与主体特别是资金投入产出方式的差异，都需要在城市更新过程中逐步形成多层次规划、多维度目标、多部门系统、多学科参与和多路径实现的城市更新规划体系与技术框架[②]。

因此，在更新规划体系方面，应体现价值导向定原则、既有特征划区域、综合实施编方案。更新规划的编制要通过空间落位实现增长过程中的内涵式有机更新，要通过时间有序地体现出城市有机体更新发展的全生命周期、健康循环过程，要依托社会网络，实现城市更新的价值共识、机制共治和成果共享。以此才能体现城市更新规划的统筹与协调，形成面对未来时序与空间安排的总体计划、面向不同类型和主体特征的专项规划、面向城市治理和社会参与的实施行动计划。

1. 城市更新规划体系的构建是治理能力现代化的必然要求

现行规划体系难以有效指导新时代的城市更新工作。一方面，宏观层面的总体规划与发展战略缺乏传导至更新项目的有效途径，更新过程中出现了项目碎片化、城市整体效益被忽视、公共设施落地难、历史文化保护不到位等方面的问题，急需加强统筹把控和传导。新时期城市更新规划体系的构建，既要实现诸多技术层面的整合、创新，更要促使国家达到治理体系与治理能力现代化的要求，需要统筹城市更新中涉及的多元目标和多方利益。

规划体系应强调多层次传导，加强更新统筹。首先，应加大国家层面对地方城市更新的技术指导。2023年11月，自然资源部出台《支持城市更新的规划与土地政策指引（2023版）》，指导城市更新融入国土空间“五级三类”规划体系，

① 张京祥，夏天慈．治理现代化目标下国家空间规划体系的变迁与重构［J］．自然资源学报，2019，34（10）：2040-2050.
② 杜雁，胡双梅，王崇烈，等．城市更新规划的统筹与协调［J］．城市规划，2022，46（3）：15-21.

明确总体规划要提出城市更新目标和工作重点，详细规划要面向城市更新的规划管理需求，专项规划要因地制宜、多措并举适应城市更新，规划许可要有效保障城市更新实施。该政策指引为对接国土空间规划体系，搭建多层次城市更新规划架构提供了依据。在下一阶段工作中，在宏观层面，以国土空间总体规划和人居环境中长期战略发展规划为总领，结合地方实际需求制定城市更新专项规划，进行宏观统筹和指导；在中观层面，强化片区层面的更新规划单元统筹，与国土空间详细规划及相关专项规划紧密衔接，作为城市更新规划管理的核心；在微观层面，结合城市更新项目实际情况制定面向实施的详细规划方案，形成多方协同的平台，有效推进更新实施。同步加强城市更新计划的编制与管理，以更新年度实施计划为抓手有序推进城市更新工作。再次，针对存量地区的详细规划应划分为管控型和实施型两类。管控型详细规划编制中应为实施型详细规划适当预留弹性空间。在片区或规划单元层面有效落实上位规划要求，结合评估进行更新方式分区，明确建设总量，以规划单元为基本管控单元确定其主导功能、公共服务设施数量及规模、公共空间等刚性管控边界，指导实施层面详细规划的编制，并实施适当预留弹性空间。实施型详细规划应结合城市更新实际情况，协调多方诉求，细化、深化规划管控内容，以地块为管控单元，明确具体的地块划分、用地性质和建设指标等要求，并纳入规划管理的“一张图”，作为下阶段行政许可的依据。

2. 城市更新规划的编制应发挥统筹多元利益主体诉求的作用

城市更新的基本职责是维护和提升城市存量空间。而存量空间作为城市经济、社会活动开展的物质载体，实际承载了地方政府、市场、社会、个人等众多主体的不同利益诉求，因而同时具有资产与资本属性、人文社会属性等多重价值属性。而新时期城市更新规划作为一项重要的公共政策，意味着其作用已经从原先以空间管控为主的技术工具转变为对空间资源的使用和收益进行统筹配置的复杂治理活动[①]。这就要求城市更新规划在面对政府、市场、社会等多元主体各自的利益取向时，不能仅仅追求单一的目标，而是需要调和不同利益主体之间的矛盾，实现对多元化目标的统筹平衡。

因此，新时期城市更新规划应从物质空间营造转向社会人文关怀，直面人民的需求以及多元主体的诉求。城市更新是基于社会治理的空间治理，人的需

① 张京祥，陈浩. 空间治理：中国城乡规划转型的政治经济学 [J]. 城市规划，2014，38（11）：9-15.

求决定了更新改造的目标和方式。为此，规划不仅要有关注城市的宏大视角，还需有关注居民日常的微观视角，进而从产品或蓝图走向政策和过程。在城市更新规划中，需要尊重现有产权基础，合理平衡各方利益，尊重现状土地、建筑产权与权利人的诉求。加强城市更新规划方案的经济测算，合理设定城市更新项目的开发强度、功能构成和公共利益用地用房配置比例，有效保障城市公共利益、权利人合法权益和开发主体合理收益，促进城市更新项目资本投入阶段和运营阶段的财务平衡。积极探索合理的开发权置换、奖励和转移规则，引导多元主体通过城市更新推动高品质城市空间的营造。在城市更新规划过程中，必须厘清政府、市场、社会的权益与行为边界，统筹好集权与分权的有机结合关系，既不能简单延续传统的管控思维，也不能放任自由市场经济的无序失控。

3. 城市更新规划技术方法的科学性决定空间治理的水平

城市更新规划过程充分体现了城乡规划是政府实施空间治理的重要手段，因此，城市更新规划的科学性、合理性将直接决定空间治理的水平。过往的规划技术方法主要针对增量开发建设，对于城市更新的技术支撑相对不足，亟待创新工作思路和方法。同时，传统的相对封闭的规划编制模式也难以适应存量的复杂特征，急需加强多专业协同和多维度数据支撑，并通过更加开放的规划编制组织模式，强化公众参与、尊重权利主体诉求，从而有效推动城市更新的实施。

在技术方法层面，城市更新应面向存量特征，探索精细化规划编制方法。首先，强化多专业协同，推动多主体参与。合理优化城市更新规划工作组织，整合产业、规划、建筑、交通、市政等相关专业团队，形成相互协同的工作方式，紧密衔接产业策划、投融资、规划设计、建设运营等各环节，进行一体化精细设计。其次，充分对接政府部门、基层街道和社区、权利主体、开发建设主体等城市更新相关主体，及时收集公众意见，激发业主和公众参与城市更新的积极性，合理协调和落实各方诉求。再次，加强信息技术支撑，建立数字城区，获取与决策管理支持的技术体系，将城市物理空间信息和人的大数据信息整合进一个系统内，以此加强城市人口、功能业态、配套设施等方面的现状评估和问题识别，从而有效指导城市更新规划和实施。

1.3.3 城市更新的实施机制

实施城市更新的过程是多个权利主体利益分配、调整、博弈的过程，利益分配实质上是土地产、权、责的界定与分配，体现着丰富多样的城市治理形态和权力结构。在实施管理层面，在保障城市公共利益的前提下，坚持市场化公平交易的原则，构建利益协调机制，坚持合法、合情、合理，兼顾公平、包容性和效率，实现资源再分配过程中的利益平衡、合作治理下的共享裁量权配置①。从近十年来各地推行城市更新的经验来看，通过自上而下的法规政策供给和规划管理体系变革，以及多种基层力量推动具体实践以形成多元合作的实施路径成为新时期保障城市更新实施的重要路径②。

1. 自上而下的实施路径

自上而下的城市更新实施路径具体可分为两类：第一类是政府主导的城市更新，第二类是“政府+市场”主导的城市更新。在政府主导的城市更新中，实施路径主要表现出“企业由政府派，资金由政府拨，价格由政府定，盈亏由政府担，政企高度合一”的特点。具体而言，政府或其所属公有制企业主持立项；政府主动编制或调整规划，调整用地功能，确定开发强度，调整租金和税费，平衡改造收益，吸引意向产业入驻；政府财政与公有制企业投入占相当比重。在一级开发中，政府投资建设基础设施、公共服务设施，满足地区设施承载力的需要，政府独自或部分合作进行拆迁、土地整理与重新建设；在二级开发中，政府直接进行旧建筑、旧设施和公共空间的翻新修缮，参与建成项目的运营与管理③。此外，在一些城市，政府主导的城市更新实施一般由各级地方政府以行政命令的方式层层下达更新的任务，然后由政府内部多部门联合协调，国有企业作为实施主体，推动城市更新。在这个过程中，公共服务设施、市政基础设施、绿地等城市配套均由政府主导建设④。

以房地产开发为导向的城市更新主要采用政府+市场主导的实施路径。在这一类城市更新的实施中，首先由市场主体申请立项，或在申领政府发布的改造计划中获得主导权；而后，市场主体委托编制更新项目的详细规划，取得政府许可，出资方为市场主体；在一级开发中，市场主体委托动迁实施单位进行拆迁与土地整理；在二级开发中，市场主体主持建设，进行建成项目的运营与管理⑤。这种自上而下的模式往往忽略了生活在社区中的居民的真实需求，虽然在效率上具

① 杜雁，胡双梅，王崇烈，等. 城市更新规划的统筹与协调［J］. 城市规划，2022，46（3）：15-21.
② 唐燕. 城市更新制度建设——顶层设计与基层创建［J］. 城市设计，2019（6）：30-37.
③ 周显坤. 城市更新区规划制度之研究［D］. 北京：清华大学，2017.
④ 陈易. 转型期中国城市更新的空间治理研究：机制与模式［D］. 南京：南京大学，2016.
⑤ 同③.

有明显的优势，但是有失公平。

2. 多元合作的实施路径

近年来，随着城市更新项目类型的日益多元化，传统全能型、封闭式、垂直决策的政府管理模式，难以应对人口复杂化、空间碎片化、高流动性的治理对象[①]。多元合作的实施路径包括建立更加开放的城市更新公众参与体系，强化包括企业部门、公共部门、专业机构与客户群在内的多样的利益角色参与的过程，通过多元参与、过程设计、共商共治等机制运作来实现卓有成效的空间改造，强调以基层社区群众参与为核心，以政府、规划师和市场为主要参与主体，推进社区层面的更新，保障城市更新顺利实施[②③]（图1-5）。

在城市发展的新阶段，在各地的城市更新实践中，越来越多地涌现出多元合作的更新实施案例。在这个时期，公众参与的创新形式在萌芽，出现了由下至上、公众主导、专家指导、政府协调、企业参与的小规模更新。城市更新朝着渐进式的、针灸式的“有机更新”模式发展[④]。尽管如此，从多元治理的角度看，急需建立的是受益者共同决策的机制，其逻辑是使城市更新形成增值的

图1-5 深圳市岗厦河园片区改造工作座谈会和拆迁协商会
（来源：李江龙）

① 刘佳燕，张英杰，冉奥博. 北京老旧小区更新改造研究：基于特征-困境-政策分析框架［J］. 社会治理，2020（2）：64-73.

② 阳建强，杜雁. 城市更新要同时体现市场规律和公共政策属性［J］. 城市规划，2016，40（1）：72-74.

③ 唐燕，杨东. 城市更新制度建设：广州、深圳、上海三地比较［J］. 城乡规划，2018（4）：22-32.

④ 丁凡，伍江. 城市更新相关概念的演进及在当今的现实意义［J］. 城市规划学刊，2017（6）：87-95.

受益者应该各自付出相应的成本，并共同负担因城市更新形成外部影响的消除成本及对相关利益受损者的补偿，指向政府、社会、市场协同发展的地方治理能力①。

1.4 本章小结

随着新时期城市更新对象、目标与方式的转变，以往的城市更新规划技术方法、制度体系与实施路径均面临转型。从空间治理的视角认知和解析城市更新，进而探索新时期城市更新转型背景下的治理创新内涵、路径和方法，对于在国土空间治理体系与治理能力现代化建设的宏观语境下，促进城市更新与空间治理协同发展具有重要意义。

通过对城市更新概念内涵的梳理发现，无论是在西方国家还是在我国，在城市化进程和城市发展转型的过程中，城市更新的概念内涵均从强调单纯的物质环境的改善逐渐走向强调物质环境、社会、经济、文化的整体复兴。随着我国城市从高速发展逐渐转向高质量发展，城市建设重点逐渐由房地产主导的增量建设转向以提升城市品质为主的存量提质改造，城市更新的概念内涵在近两年我国出台的相关政策文件以及各地城市更新实践中进一步丰富：在更新内涵上，更加强调以人为本，更加重视人居环境的改善和城市活力的提升；在更新目标上，更加注重社会公平和高质量发展等多元目标的实现；在更新对象上，逐渐覆盖建成环境全要素；在更新方式上，由“拆改留”转向“留改拆”的有机渐进更新；在更新模式上，探索面向全生命周期的多方共治。

通过对城市更新与空间治理的概念辨析，可以看出城市更新过程是典型的空间治理，空间治理充分体现了城市更新的本质和内涵。新时期城市更新涉及更加多元的目标实现，更加复杂的产权主体，更加多元的利益诉求，更加广泛的政府部门之间的协调，以及更加多样化的资金来源，因此需要进行城市更新的治理创新。在城市更新的治理创新中，如何形成科学有效的制度体系，如何科学合理地编制更新规划，以及如何建立更新实施的长效机制十分关键。因此，本章将城市更新的制度建构、城市更新的规划体系和技术方法以及城市更新的实施机制作为

① 王富海，阳建强，王世福，等. 如何理解推进城市更新行动［J］. 城市规划，2022，46（2）：20-24.

空间治理视角下城市更新的核心要素，建立空间治理视角下城市更新的分析框架。

具体而言，在城市更新的制度建构方面，本章将其分为政策框架的建立和治理结构的形成。政策框架的建立分为国家层面和地方层面，地方层面的政策框架建立早于国家层面的顶层制度设计，一方面结合地方发展实际，通过地方城市更新政策框架的建立解决地方发展中面临的问题，另一方面，地方也积极响应新时期国家层面的城市更新指导思想，不断进行政策工具的创新。在城市更新的治理结构中，核心决策主体包括政府、市场和社会。政府作为城市更新的决策主体，在决策过程当中，涉及众多“条块”，如何有效协调政府各部门间的决策事项、划定权力边界、搭建有效的沟通议事平台是政府内部城市更新制度体系建构的关键。在三者相互作用形成的治理结构中，上一阶段城市更新主要是以“政府+市场”主导的治理结构推动地方经济增长，近年来以多方合作的治理结构为取向，注重社区参与和社会公平。建立政府、市场、社会多元化和综合化的治理结构是新时期城市更新制度建构的主要趋势。

在城市更新的规划方法方面，新时期城市更新体系的构建是治理能力现代化的必然要求。因此，在规划体系层面，应强调多层次传导，加强更新统筹。新时期城市更新规划应该发挥统筹多元利益主体诉求的作用，并且规划的科学性决定了空间治理的水平，因此，在技术方法层面，应面向存量特征，探索精细化规划编制方法。

在城市更新的实施机制方面，随着城市更新项目类型的日益多元化，传统的全能型、封闭式、垂直决策的自上而下的实施路径已经难以应对人口复杂化、空间碎片化、高流动性的治理对象，建立更加开放的城市更新公众参与途径和平台，强化包括企业部门、公共部门、专业机构与客户群在内的多样的利益角色参与的过程，通过多元参与、过程设计、共商共治等机制运作实现多元合作的实施路径已成为城市更新实施的必然趋势。

第 2 章 我国城市更新的发展与治理挑战

城市更新中的空间治理具有一元、二元和多元等多种模式，并随经济社会的变迁呈现出不断演进的特征，在我国城市更新的历程中亦有典型呈现。本章将从空间治理的视角出发，回顾我国城市更新探索与实践的总体发展历程，分四个阶段梳理中华人民共和国成立以后城市更新的阶段性实践情况与治理特征。理清我国城市更新发展历程，详细探析我国城市更新中治理演进的逻辑，从更新目标、治理模式、制度建设、实践探索、学术研究和突出问题六个方面分析我国城市更新四个阶段的治理特征。最后总结我国城市更新中面临的治理困境与挑战。

2.1 我国城市更新的发展历程

中国城市更新自1949年开始发展至今，在城市更新自身的政策制度建设、规划体系构建和实施机制完善等方面，取得了巨大的成就，推动了我国城市的产业升级转型、社会民生发展、空间品质提升和功能结构优化[①]。伴随着城镇化进程的不断推进，我国城市更新的空间治理模式也日益完善和丰富。由于不同时期我国城市的发展背景、面临问题、更新动力以及制度环境都存在差异，城市更新中空间治理的目标和模式也不断演进，呈现出不同阶段的治理特征[②]。本章从空间治理的视角出发，依据城市更新的治理特征和实践情况，将1949年以来我国城市更新的探索和实践历程划分为四个阶段（图2–1）。第一阶段为1949～1988年，是解决最基本的民生问题的城市更新。早期的城市规划和更新活动以改善城市居民居住和生活环境为重点，采用政府主导下的一元治理模式，呈现出突出的政府主导特征。第二阶段是1989～2008年，是支撑城市经济快速发展的城市更新。随着土地和住房制度的改革，市场力量不断增加，采用政企合作下的二元治理模式，政企合作强有力地推动城市更新发展。第三阶段是2009～2014年，是支持城市发展由速度向质量转变的城市更新。政府与市场、权利主体多元互动，充分保障权利主体的权益，关注三方利益平衡，采用三方协商下的多元治理模式，快速推进城市更新发展。第四阶段是2015年至今，是推进以人为核心的高质量发展的城市更新。随着我国城镇化率突破50%，城市建设着重于高质量发展，公共利益日益获得重视，采用多方协同下的多元共治模式，呈现出政府、企业、社会多元参与和共同治理的新趋势。从治理目标、治理模式和突出问题三个方面，深入分析和梳理我国城市更新四个阶段的治理发展脉络（表2–1），能够清晰地了解历史、把握当下，理清以人为核心的高质量城市更新未来的发展方向。

① 阳建强，陈月. 1949—2019年中国城市更新的发展与回顾［J］. 城市规划，2020，44（2）：9-19，31.

② 王嘉，白韵溪，宋聚生. 我国城市更新演进历程、挑战与建议［J］. 规划师，2021，37（24）：21-27.

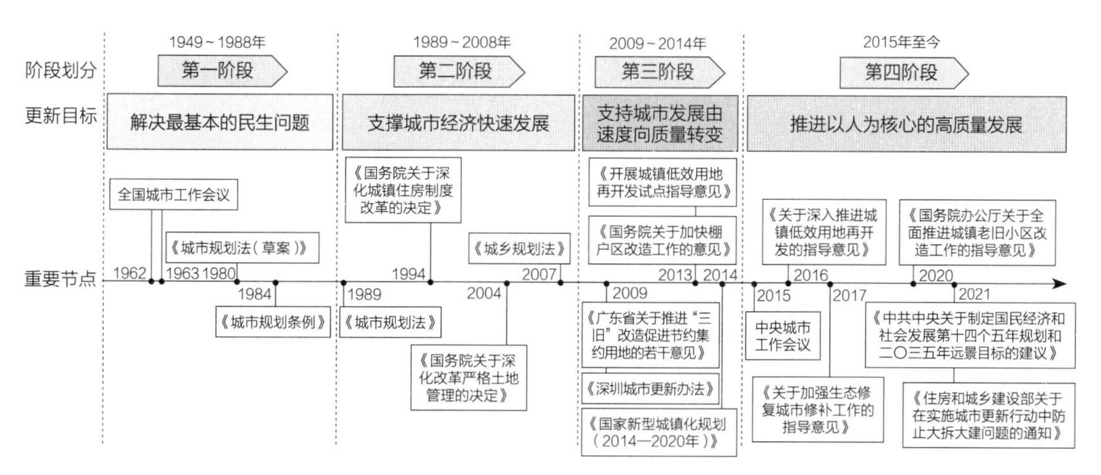

图2-1 中国城市更新的空间治理阶段划分

中国城市更新治理发展脉络总结　　表2-1

阶段 特征	第一阶段 （1949~1988年）	第二阶段 （1989~2008年）	第三阶段 （2009~2014年）	第四阶段 （2015年至今）
治理目标	解决最基本的民生问题	支撑城市经济快速发展	支持城市发展由速度向质量转变	推进以人为核心的高质量发展
治理模式	一元治理——政府主导	二元治理——政企合作	三元协商——利益博弈	多元治理——多方参与
突出问题	管理体制不完善，忽视社会和市场力量	着重经济利益，权利主体利益保障不力	更新缺乏统筹，公共利益难以落实	多元治理亟待完善，公众参与仍不够充分

2.1.1　1949—1988年：政府主导下解决最基本的民生问题

中华人民共和国成立初期，在财政匮乏的背景下，旧城改造的重点着眼于最基本的卫生、安全和合理分居问题[①]。改革开放后，随着国民经济日渐复苏和不断发展，城市更新重点解决住房紧张和偿还基础设施欠债等问题。第一阶段的城市更新旨在解决国民最基本的民生问题，主要采用政府主导的一元治理模式。城市更新治理机制还不成熟，政府财政资金有限，大多是政府通过强制性政令安排推动城市更新工作。存在管理体制不完善、忽视社会和市场主体的力量等问题。

① 阳建强，陈月．1949—2019年中国城市更新的发展与回顾［J］．城市规划，2020，44（2）：9-19，31．

1. 更新目标：解决最基本的民生问题

中华人民共和国成立初期，国内大部分城市不同程度地呈现出计划分配、自足自给的封闭式城市结构。由于连年战争的影响，城市基础设施破败，经济基础薄弱，生活条件困苦[①]。因此，“治理城市环境与改善居住条件成为当时城市建设中最为迫切的任务”。旧城改造主要着眼于棚户和危房简屋的改造，同时增添一些最基本的市政设施，以解决居民的卫生、安全、合理分居等最基本的生活问题[②]。十一届三中全会后，国家的经济体制由计划经济向市场经济转变。总体来说，这一时期旧城区的改造与建设“具有全面规划、分批改造、加强立法，实行综合开发、对旧住房进行整治和修缮”等特点[③]。旧城改造的重点转向还清30年来生活设施的欠账，解决城市职工住房问题，并开始重视修建住宅[④]。此阶段主要以新城建设为主，旧城改造工作数量较少。城市的发展建设依然受到计划经济思想的影响，城市更新政策环境的缺失和过去城市建设的问题在一定程度上限制了城市的发展，以求用最低的成本解决最多人的居住问题。

2. 治理模式：一元治理——政府主导

城市更新治理机制开始出现，大多是通过政府强制性政令来达成。通过全面规划、分批改造来满足城市居民改善居住条件、出行条件的需求，解决城市住房紧张的问题，偿还城市基础设施领域的欠债[⑤]。这一阶段，一元城市更新的主体主要是政府，政府通过重建、整治和维修等多种方式进行改造，这种模式可以有效集结当时有限的社会资源，在政府主导下开展城市更新，推进城市化进程，促进城市经济快速发展，一定程度上改善了居民住房紧张的困境，但是存在部分地区破坏旧城风貌和社区关系的问题。尤其是中心区，受时代限制，对未来发展的预测不准确，削弱了中心区持续发展的弹性。

3. 制度建设：政府管制下城市规划与土地制度逐步建立

第一阶段是我国城市规划制度确立初期，城市规划制度倾向于探索增量发展，以新区建设和工业区发展为主要方向，针对城市旧区，在国家层面对改建工作提出了“加强维护、合理利用、适当调整、逐步改造”的原则性指导要求。地

① 王君. 城市改造问题研究［D］. 大连：东北财经大学，2002.
② 费跃. 高速城市化期城市更新发展整体策略研究［D］. 南京：东南大学，2005.
③ 翟斌庆，伍美琴. 城市更新理念与中国城市现实［J］. 城市规划学刊，2009（2）：75-82.
④ 阳建强. 中国城市更新的现况、特征及趋向［J］. 城市规划，2000（4）：53-55，63-64.
⑤ 阳建强，陈月. 1949—2019年中国城市更新的发展与回顾［J］. 城市规划，2020，44（2）：9-19，31.

方层面，以解决民生问题为目标，上海、广州、北京和西安等大城市在城市总体规划中提出了推进危旧住房改造、完善基础设施、开展历史古城保护等旧城改造思路与工作安排。

（1）国家层面

这一阶段我国城市规划政策制度刚刚开始建立，城市发展主要着重于新城建设和工业区建设，针对旧城改建提出“逐步改造”的原则（表2-2）。

第一阶段国家城市更新相关法律法规　　表2-2

颁布机构	颁布时间	文件名称
国务院	1984年	《城市规划条例》
全国人民代表大会	1988年	《中华人民共和国宪法修正案》
全国人民代表大会常务委员会	1989年	《中华人民共和国城市规划法》

1984年颁布的《城市规划条例》是我国第一部有关城市规划、建设和管理的基本法规，其中对于当时还处于恢复阶段的城市规划及其更新工作的开展，具有重大指导意义。1988年，《中华人民共和国宪法修正案》中加入“土地的使用权可以依照法律的规定转让”，城市土地使用权的流转获得了宪法依据[①]。其后，1989年实施的《中华人民共和国城市规划法》进一步细化了“城市旧区改建应当遵循加强维护、合理利用、调整布局、逐步改善的原则，统一规划，分期实施，并逐步改善居住和交通条件，加强基础设施和公共设施建设，提高城市的综合功能”的要求。

（2）地方层面

这一阶段我国地方层面以解决居民的居住、生活和生产问题为目标，推进危旧住房改造，完善基础设施和开展历史古城保护，在部分大城市的城市总体规划中针对旧城改造作出相关规定。推进危旧住房改造，提出“居住区新建与旧城居住区改造”相结合的发展方针；完善基础设施，关注重要公共活动空间、道路和市政基础设施的改造和完善；开展历史古城保护，开始加强对历史文化名城保护的认识（表2-3）。

① 阳建强，陈月．1949—2019年中国城市更新的发展与回顾［J］．城市规划，2020，44（2）：9-19，31．

第一阶段地方城市更新相关法律法规　　表2-3

省/市	颁布机构	颁布时间	文件名称
上海市	上海市人民政府	1953年	《上海市城市总图规划》
		1959年	《上海市城市总体规划》
		1986年	《上海市城市总体规划方案》
广州市	广州市人民政府	1982年	《广州市城市总体规划（1982—2000）》
北京市	北京市人民政府	1953年	《北京市城市总体规划方案》
		1983年	《北京城市建设总体规划方案》
西安市	西安市人民政府	1978年	《西安市城市总体规划》

在推进危旧住房改造方面，地方政府提出新建和改造相结合的方针。1980年，上海市政府提出“将住宅建设与城市建设、新区建设与旧区改造、新建住宅与改造修缮旧房相结合”的号召。在此号召下，上海开启了为期20年的大规模住房改善活动，采用新建和改造相结合的方式。1982年，广州市政府在《广州市城市总体规划（1982—2000）》中提出通过近郊（规划扩大的市区用地）改造调整城市用地规模，居住区新建与旧城居住区改造共同作用，促进旧城居住环境的改善。

在完善基础设施方面，地方政府关注重要公共空间、道路和市政基础设施的完善。上海市在总体层面先后编制了《上海市城市总图规划》（1953年）和《上海市城市总体规划》（1959年），在规划导向上提出了“逐步改造旧市区，严格控制近郊工业区，有计划发展卫星城镇”的城市建设方针①。旧市区更新改造的内容主要包括住宅的旧区改造、重要公共活动中心的初步改造和道路延伸、市政基础设施改造等。1963年，上海市“三五”计划提出了改善风貌、拆迁、加层等地段建设控制导向，以及改善道路与扩建市政基础设施的工作重点②。

在开展历史古城保护方面，部分具有重要历史价值的城市开始加强对历史文化名城保护的认识。中华人民共和国成立初期，《北京市城市总体规划方案》中针对古风建筑提出“拆、移、改建，区别对待”的意见，同时提出加快旧城改造速度的指令。1978年，西安市在总结过去二十余年城市建设经验教训的基础上，

① 彭再德，邬万里．城市更新与城市持续发展——兼论21世纪上海城市建设中的几个问题［J］．城市规划汇刊，1995（5）：56-61.

② 程大林，张京祥．城市更新：超越物质规划的行动与思考［J］．城市规划，2004（2）：70-73.

制定了《西安市城市总体规划（1980—2000年）》，其中明确提出“旧城区为保护改造区，对古城墙及历史文物、遗址、有价值的街坊加以保护、修整”，并提出了保护旧城格局和重要历史遗迹的战略方针，正确处理了保护与改造、传统与创新的关系[①]。1983年，北京市政府牵头成立北京市规划委员会，在《北京城市建设总体规划方案》中强调严控城市发展规模，加强对城市环境绿化、历史文化名城保护的认识。

4. 实践探索：危旧住房改造、基础设施完善和历史古城保护

这一阶段的城市更新实践大多为政府主导，以解决居民基本的生活和生产问题为目的，重点开展危旧住房改造、基础设施完善和历史古城保护等工作（表2-4）。在危旧住房改造方面，采用政府主导方式，旨在对危旧住房进行修建改造，以保障居民的居住问题。在基础设施完善方面，政府增加了对环境、交通、市政基础设施的投入，对旧城区进行综合治理，推动城市生活和生产环境的改善。在历史古城保护方面，政府制定了“保古城、建新城”的战略性总体规划，尽可能减少对古城的破坏，同时推动城市发展。

第一阶段典型城市更新实践 表2-4

案例名称	更新内容	治理模式
北京菊儿胡同改造	危旧住房改造	政府无偿划拨危房改造建设用地，并减免税收。单位提供周转、置换的房源
北京小后仓旧城改造		拆除重建，就地回迁。资金通过政府拨款加居民自筹获得
南京老城区更新	基础设施完善	增加市政公用设施投入，加速城市环境治理，城市环境面貌得到改善
合肥老城区更新		募集社会资金，联合合肥建设单位，对旧城进行综合治理
苏州古城区保护	历史古城保护	维持旧城原有风貌和肌理，逐步改造旧城区，在一定的范围内有计划、有步骤地进行持续性的更新
平遥县城古城保护计划		政府拨款，保护古城，建设新城，区域功能置换

（1）危旧住房改造

这一时期，面对破败的危旧住房，采用政府主导的方式进行救治改造，以解决城市居民的居住和生活问题。1980年代，北京为配合住房改革，多次实施新形

① 耿宏兵. 90年代中国大城市旧城更新若干特征浅析［J］. 城市规划，1999（7）：12-16，63.

式的“危房改造”试点项目，如菊儿胡同、小后仓等。在这些项目中，政府无偿划拨危房改造建设用地，并减免税收，单位提供周转、置换的房源或提供一定资助给职工，居民须交纳租赁保证金或以优惠价购买新住房。而负责改造的政府下属建设部门则通过出售余房来弥补建设资金的差额①。上海市政府在改革开放以后有序开展了棚户区改造、简屋区改造和危房改造等改造活动，制定了“23片地区改建规划”，有效整治了旧城区环境。改造地区的居民大多可以回迁，因而得到了单位和居民的广泛支持。

（2）基础设施完善

1949年以来，我国生产性建设与非生产性建设比例失调，为补足城市基础设施的欠账，政府加大了城市基础设施建设和环境治理力度。南京市政府增加市政公用设施投入，加速了对城市环境的治理，老城范围内污染严重、规模小、分布散的工业企业或搬迁，或改造，城市环境面貌得到了一定改善。另外，私营商业网点逐渐增多，街市商业得到复兴，城市商业面貌大为改观。合肥市政府为解决老城区设施落后的问题，从实际出发，制定了城内翻新、城外连片的近期城市建设方针，募集社会资金，联合合肥建设单位，对旧城进行综合治理②。长期坚持“统一规划、合理布局、综合开发、配套建设”的原则，从局部交通改善、市容美化扩展到“成街成坊”改造等方面。

（3）历史古城保护

随着我国城市经济不断发展，城市规划和建设不断加强，原有的历史古城已经不能满足经济建设和工业发展的要求，亟待拓展建设用地，但同时政府也认识到需要对历史古城进行保护，因此主要采用新区建设与旧城保护相结合的方式。如苏州在经济高速发展的压力下，古城面临房屋破旧、交通拥挤、人口饱和、水系污染和用地结构不合理等一系列问题③。对此，苏州市政府提出古城保护应首先从城市整体出发，在古城西侧开辟新区，实施高新技术、经济开发、新城区“三位一体”的新区建设构想，将政治、经济中心外迁至新区。维持旧城原有风貌和肌理，逐步改造旧城区，在一定范围内有计划、有步骤地进行持续性的更新，使之适应现代化生活的需要（图2-2）。平遥在改革开放后，随着经济、人口的不断

① 耿慧志．论我国城市中心区更新的动力机制［J］．城市规划汇刊，1999（3）：27-31，14-79.

② 阳建强，陈月．1949—2019年中国城市更新的发展与回顾［J］．城市规划，2020，44（2）：9-19，31.

③ 吴炳怀．我国城市更新理论与实践的回顾分析及发展建议［J］．现代城市研究，1999（5）：46-48.

图2-2　苏州山塘老街保护与利用
（来源：图虫网）

图2-3　平遥古城保护
（来源：图虫网）

快速发展，其城市发展由于老城区而陷入瓶颈。为推动城市进一步发展，平遥编制了“保护老城、建设新城”的战略性总体规划，对平遥古城进行总体保护，机关、企业、医院、学校被搬迁到城外，原址大多改造成为旅游景点。1986年，平遥古城被认定为国家级历史文化名城，并于1997年被联合国教科文组织列为世界文化遗产（图2-3）。

5. 突出问题：管理体制不完善，忽视社会和市场力量

1990年代以前，在国家的计划和经济社会组织工作中，城市建设和管理长期没有得到应有的重视，积累了大量的城市问题。由于管理体制和经济条件的限制，以及城市环境和历史文化保护观念的淡薄，建设项目存在各自为政、标准偏低、配套不全、绿地受侵占、历史文化环境遭破坏等问题[①]。市中心地段由于人口密集、建筑密度较高，改造时往往无人问津。如由于没有理顺新、旧区之间的关系，缺乏有力的地租、地价等经济杠杆，新区建设并没有起到降低旧城区密度的调节作用。老城区人口疏散不出去，工厂搬迁缓慢，既拖延了旧区改造，也抑制了新区发展[②]。

这一阶段，学术研究层面多处于起步阶段，较多地借鉴国外旧城改造经验，普遍认为城市功能变迁和城市更新政策是一个动态变化的过程。早期城市功能和城市政策均以政府为导向，即政府根据时代发展目标或上级政策对城市的定位来确定城市功能，进而制定相对应的城市更新政策。

① 阳建强，陈月．1949—2019年中国城市更新的发展与回顾［J］．城市规划，2020，44（2）：9-19，31.

② 谈锦钊．试论城市的更新和扩展［J］．城市问题，1989（2）：12-18，6.

2.1.2 1989~2008年：政企合作下支撑城市经济快速发展

随着改革开放后市场经济体制的建立，土地和住房制度相继改革，市场力量不断加强，城市化进程不断加快，部分大城市开始探索城市更新和旧城改造。第二阶段城市更新着重于支撑城市经济快速发展，主要采用政企合作下的二元治理模式。地方政府与市场主体加强联系和合作，有效解决了存量改造所需资金规模庞大、完全依靠政府投入难以持续的问题，然而也存在过度注重政府和市场的经济利益、对权利主体利益重视不足等问题。

1. 更新目标：支撑城市经济快速发展

这一时期，我国处于总体增量发展、局部存量开发的阶段。1987年12月1日，深圳经济特区土地使用权首次公开拍卖，是我国土地使用制度的重要改革，标志着我国土地无偿、无限期使用时代的终结。随着改革开放后市场经济体制的建立，城市经济实力不断增长，“土地有偿使用和住房商品化改革，为过去进展缓慢的旧城更新提供了强大的政治和经济动力，释放了土地市场的巨大能量和潜力”[①]。这一阶段，国家以经济建设为中心，加速推动城市建设和城市扩张。我国一些较为发达的城市和地区开始逐步探索城市更新与旧城改造，城市中心区土地价值凸显，城市更新主要集中在区位条件较好的城中村、旧工业区等。同时，将更新改造政策与市场化运营模式相结合，通过社会资本注入等市场化方式，有效地解决了存量改造所需资金规模庞大、完全依靠政府投入难以持续的问题。政府和企业合作，通过拆除重建、提高开发建设强度等方式开展城市更新，既提升了城市整体品质和风貌，又获得了高额利润，可有效支撑城市经济快速发展。

2. 治理模式：二元治理——政企合作

政企合作是土地市场化、市场资本进入城市更新的一种标志性合作模式。这种模式可以有效地通过市场机制寻求利益最大化，在政府监管下开展城市更新，推进城市化进程，促进城市经济快速发展。在具体实施过程中，政府的优势在于具有社会责任、远景规划和协调能力，但对市场的灵敏度和应变能力较弱；企业具有突出的创新精神、管理效率、融资渠道和市场敏锐性[②]。这一阶段，二元城

---

① 阳建强，陈月. 1949—2019年中国城市更新的发展与回顾［J］. 城市规划，2020，44（2）：9-19，31.

② 静然. 算得有多巧，融资就有多快——中小企业融资操作36式与精品案例解析［M］. 南昌：江西人民出版社，2015.

市更新的主体主要是政府和市场，二者在城市更新中扮演着不同的角色，通过政企合作发挥各自优势以实现城市更新目标。在主体分工方面，依据不同的更新模式、土地财政、现阶段地块开发需求等多方面的共同影响，大体可分为“政府引导，市场运作”与“政府主导，市场参与”两大类型。“政府引导，市场运作”类城市更新一般由政府部门监督指导，市场主体可通过拆除重建、综合整治、持有运营等方式参与项目。

3. 制度建设：市场机制下土地住房改革政策不断完善

随着土地所有权制度的重大改革，社会主义市场经济体制建立，我国土地和住房改革政策不断完善。国家层面，国有土地使用权可以出让、转让、出租、抵押、划拨，为国有土地出让提供了依据，拉开了市场化经济推动下城市更新的序幕。深化城镇住房制度改革，促进了住房商品化和住房建设的发展。地方层面，各地依据中央相关要求，结合自身发展情况与问题，针对土地市场化、工业化转型以及城中村改造等方面，出台了城市更新相关政策规定，达到了指导转型、满足城市更新制度需求的目的。

（1）国家层面

第二阶段以加快经济增长为目标，建立社会主义市场经济体制，随着改革开放的不断深化，国家在土地、住房、监管等方面提出了一系列重大决策，深刻影响和助推了城市更新发展（表2-5）。推进土地制度改革方面，允许国有土地使用权出让和转让，揭开了国有土地市场化的大幕。促进住房制度改革方面，明确提出深化城镇住房制度改革，促进住房商品化和住房建设的发展。加强监管制度完善方面，维护所有者合法权益，合理合法推动市场化进程。

第二阶段国家城市更新相关法律法规 表2-5

颁布机构	颁布时间	文件名称
全国人民代表大会	1988年	《中华人民共和国宪法修正案》
全国人民代表大会常务委员会	1988年	《中华人民共和国土地管理法》
国务院	1990年	《中华人民共和国城镇国有土地使用权出让和转让暂行条例》
中共十四届三中全会	1993年	《中共中央关于建立社会主义市场经济体制若干问题的决定》
国务院	1994年	《国务院关于深化城镇住房制度改革的决定》
国务院	1998年	《国务院关于进一步深化城镇住房制度改革加快住房建设的通知》

续表

颁布机构	颁布时间	文件名称
全国人民代表大会常务委员会	1999年	《中华人民共和国招标投标法》
国务院	2004年	《国务院关于深化改革严格土地管理的决定》
全国人民代表大会常务委员会	2007年	《中华人民共和国物权法》
全国人民代表大会常务委员会	2007年	《中华人民共和国城市房地产管理法》

推进土地制度改革方面，明确规定国有土地使用权可以出让、转让、出租等，推进土地市场化改革，为城市更新工作提供了政策基础，促进了我国经济的快速发展。1988年第七届全国人民代表大会第一次会议通过《中华人民共和国宪法修正案》(1988年)，规定："任何组织或者个人不得侵占、买卖或者以其他形式非法转让土地。土地的使用权可以依照法律的规定转让。"这标志着土地所有权和使用权分离，开启了土地市场，提高了土地要素的使用频率，为之后的大规模基建与城市更新开辟了资金渠道。其后，《中华人民共和国土地管理法》(1988年修订）和《中华人民共和国城镇国有土地使用权出让和转让暂行条例》相继出台，明确了国有土地和集体土地都可以依照法律规定流转、转让，为土地市场化奠定基础。

促进住房制度改革方面，建立与社会主义市场经济体制相适应的城镇住房制度，实现住房商品化、社会化，加快住房建设，推动商品房开发，改善居住条件，满足城镇居民不断增长的住房需求。1993年，中共十四届三中全会提出《中共中央关于建立社会主义市场经济体制若干问题的决定》，指出要建立社会主义市场经济体制，重点发展包括房地产市场在内的多种市场，拉开了市场化经济推动下城市更新的序幕。此后，中央相继发布《国务院关于深化城镇住房制度改革的决定》和《国务院关于进一步深化城镇住房制度改革加快住房建设的通知》，深化城镇住房制度改革，逐步建立适应社会主义市场经济体制和我国国情的城镇住房新制度，有效促进住房商品化和住房建设的发展。

加强监管制度完善方面，国家在允许资本进入土地市场的同时，也逐步出台了相关政策维护土地所有者的合法利益，合理合法推进土地市场化。1999年第九届全国人民代表大会常务委员会第十一次会议通过《中华人民共和国招标投标法》，规范招标投标活动，保护国家利益、社会公共利益和招标投标活动当事人的合法权益，从而提高土地经济效益，保证项目质量。2004年，中央出台《国务院关于深化改革严格土地管理的决定》，以解决土地市场化过程中圈占土地、乱占滥用耕地等突出问题，以合理合法的方式推进土地价值市场化。随后，中央相继出台《中华人民共和国物权法》《中华人民共和国城市房地产管理法》，以保证在城市更新过程中，征收土地行为的合法性与被征收土地原权利人的合法利益。

（2）地方层面

第二阶段，地方省市开始逐步探索城市更新，随着城镇化率不断提高，各大城市土地资源紧缺问题不断加剧，为推动城市经济持续快速发展，解决土地资源紧缺问题，地方政府纷纷出台相关政策性文件（表2-6），鼓励市场资本投资城中村改造和房地产开发等，推动土地集约利用，促进城中村改造，加快产业“退二进三”工作，不断探索和推进城市更新。推动土地集约利用，深化土地管理改革，推动社会主义市场经济发展。促进城中村改造，鼓励市场参与合作，加快市中心再开发。加快产业“退二进三”工作，调整城市市区用地结构，发展第三产业，盘活国有资产，加快城市经济转型升级。

第二阶段地方城市更新相关法律法规 表2-6

省/市	颁布机构	颁布时间	文件名称
江苏省	江苏省人民政府	2004年	《江苏省政府关于切实加强土地集约利用工作的通知》
辽宁省	辽宁省人民政府	2005年	《辽宁省人民政府关于深化改革严格土地管理的实施意见》
四川省	四川省人民政府办公厅	2009年	《四川省人民政府办公厅关于印发四川省棚户区改造工程实施方案的通知》
深圳市	深圳市人民政府	2004年	《深圳市人民政府关于印发〈深圳市城中村（旧村）改造暂行规定〉的通知》
	深圳市人民政府	2006年	《深圳市人民政府关于进一步加强土地管理推进节约集约用地的意见》
广州市	广州市人民政府办公厅	2008年	《广州市人民政府关于推进市区产业“退二进三”工作的意见》

推动土地集约利用方面，完善土地要素市场，推动土地市场化，挖掘土地潜力。江苏省于2004年出台《江苏省政府关于切实加强土地集约利用工作的通知》，提出依靠市场配置土地资源，合理处置国有土地资产，鼓励投资旧城改造与城中村改造，挖掘土地潜力。2005年，辽宁省出台《辽宁省人民政府关于深化改革

严格土地管理的实施意见》，根据总体规划严控土地总体用量，完善征地补偿制度，推进土地集约高效利用，完善土地要素市场，运用地价杠杆调控土地市场，完善城市更新和新增建设用地控制制度。2006年，深圳市政府在《深圳市人民政府关于进一步加强土地管理推进节约集约用地的意见》中提出，通过地价手段鼓励新建工业用地高强度开发利用，对旧工业用地追加投资、转型改造、提高容积率，鼓励使用存量土地，促进节约集约用地。

促进棚户区和城中村改造方面，鼓励市场参与城中村和棚户区改造，加快房地产市场发展，支持经济快速发展。2004年，深圳市出台《深圳市人民政府关于印发〈深圳市城中村（旧村）改造暂行规定〉的通知》，提出坚持规划先行、整体开发、合理控制强度、完善功能配套的原则，并鼓励国内外有实力的机构通过竞标开发或者参与开发城中村改造项目。2009年，四川省出台《四川省人民政府 办公厅关于印发四川省棚户区改造工程实施方案的通知》，提出："积极推行市场化运作，鼓励以房地产开发方式实施棚户区改造；实施优惠政策，支持符合条件的棚户区采取职工集资合作建房或经济适用住房的方式加大改造力度；加大政府投入，积极推进城市、工矿企业、林区棚户区保障性住房建设项目实施。"

加快产业"退二进三"方面，为推动产业结构调整，优化城镇功能布局，加快发展现代服务业，以"退二进三"为重点，拉动城市经济转型升级。2005年广州市确定了市区"退二进三"的总体战略目标，2008年市政府下发了《广州市人民政府关于推进市区产业"退二进三"工作的意见》，提出分阶段推进广州市区产业"退二进三"工作，对列入"退二进三"范围的国有及国有控股企业，由其所在的投资主体根据企业实际情况、发展前景和产业结构调整方向，逐一制定"退二进三"处置方案。

4. 实践探索：城中村拆除重建、旧工业区改造和历史街区改造

随着土地制度和住房制度的改革，社会资本逐渐进入城市更新，通过市场化手段推动城市更新项目，重点开展城中村拆除重建、旧工业区改造和历史街区改造等工作（表2-7）。在城中村拆除重建中，地方政府利用政策调节、规划控制等手段保障更新项目的推进，国有企业具体负责居民拆迁安置、方案设计和运行管理。在旧工业区改造中，政府部门通过"退二进三"等政策开展改造提升工作，调整市区用地结构，将旧工业区改造为商业区或文创产业区等。在历史街区改造中，政府指导，国有企业投资，对历史街区进行市场化运作，以达到推动城市经济发展的目标。

第二阶段典型城市更新实践 表2-7

案例名称	更新类型	治理模式
深圳渔农村改造	城中村拆除重建	由政府指导、国企公司更新
深圳蔡屋围改造		由政府牵头、国企公司更新、市场化运营
珠海富华里改造	旧工业区改造	由政府指导、国企公司更新、市场化运营
上海思南公馆历史保护	历史街区改造	由政府指导、国企投资持有、市场化融资、市场化运营管理

（1）城中村拆除重建

采用“政府主导、市场运作、自上而下”的方式，政府与国有企业合作，对具有优势区位的城中村进行拆除重建。改造后，物业大幅度增值，政企获得了土地增值收益，促进了房地产市场的建立，推动了城市经济发展。深圳渔农村的更新始于2004年，由深圳市政府委托福田区政府牵头负责，金地旧城改造开发公司负责运作。总体来看，地方政府在渔农村更新中扮演了组织和管理的角色，充分发挥了主导作用。作为深圳城中村改造的第一例，渔农村更新面临无经验可循、村民抵触情绪高、测绘资料少、还原面积难等诸多难题。其改造过程伴随着抢建、制止、再抢建、再制止，推进改造、组织谈判、僵持与实施等多轮过程。面对僵局，深圳市政府赋予福田区政府改造的主体权，地方政府主动联合多个职能部门，通过详细的经济测算，制定整合土地、地价减免等优惠政策。同时，积极宣传更新的益处，采取住房补偿和租金补偿相结合的方式，争取村民的理解与配合①。

蔡屋围金融中心区改造重点项目采用“政府引导、市场主导”模式进行更新改造。政府在改造过程中以监督者和管理者的身份推动项目进行，在开展改造规划指导与审查工作的同时，保障更新目标的实施。京基集团作为开发主体，采用从拆迁、规划到建设的市场化模式，将拆除重建与综合整治相结合。在满足村集体与村民利益的同时，不仅使得居住环境得到改善，还实现了土地高度集约利用，片区物业价值大幅度提升②（图2-4）。

（2）旧工业区改造

这一阶段的旧工业区改造项目大多采用政企合作方式，通过商业化手段，将

① 司南，阴劼，朱永．城中村更新改造进程中地方政府角色的变化——以深圳市为例［J］．城市规划，2020，44（6）：90-97．

② 王婳，王泽坚，朱荣远，等．深圳市大剧院—蔡屋围中心区城市更新研究——探讨城市中心地区更新的价值［J］．城市规划，2012，36（1）：39-45．

图2-4 正在建设中的深圳蔡屋围金融中心区
（来源：图虫网）

原有工业功能改造为商业、现代服务业功能，采取收回、改建、拆建、收购等多种方式推进，以“退二进三”为土地开发结构调整方向，促进城市经济发展。珠海富华里改造项目原址为珠海市富华复合材料有限公司厂区，为促进产业转型升级、完善城市功能，根据珠海市“三旧”改造政策，采用政府征收方式，将该厂整体搬迁至高栏港经济区，政府与业主签订补偿协议，收回该用地。其后该项目作为“三旧”改造土地公开挂牌出让，由珠海市永福通房地产开发有限公司取得土地使用权，并进行开发建设，改造为商业、办公、酒店和商务公寓等。

（3）历史街区改造

如果历史街区单纯由政府负责改造，财政压力较大，这一阶段政府与国企合作，采用市场化运营管理方式，将多种商业业态引入历史文化街区，推动历史文化街区更新。上海市思南公馆历史风貌片区更新项目是一个较为成功的案例。思南公馆位于黄浦区，是上海惟一一个成片花园洋房保留保护项目。本项目采用“政府指导、国企投资持有、市场化融资、市场化运营管理”的方式开展城市更新。其中，上海永业集团在完成修缮改造后成为思南公馆的长期运营管理方，负责招商租赁、酒店经营、建筑保养维护、客服接待、品牌推广及文化传播等工作。同时，永业集团对保护住宅进行测绘、质量检测、商业分析等，根据区域整体规划原则，结合住宅特征数据，提出了修缮和保护性开发的设计方案。更新后的思南公馆历史片区形成了容纳酒店、办公、商业、居住等多种功能的高品质综合社区[①]（图2–5）。

① 朱晓君. 从“新天地”到“思南公馆”谈上海特色街区的发展与未来［J］. 中国园林，2019，35（S2）：24-27.

图2-5 上海思南公馆保护
（来源：图虫网）

5. 突出问题：着重经济利益，权利主体利益保障不力

这一阶段，城市建设以大规模城市扩张为主，城市更新主要围绕老城中心区的城中村、旧工业区和历史文化街区改造开展。为了追求城市经济快速发展，地方政府对土地财政依赖，政府通过大量出售土地使用权增加公共财政收入，而开发商通过土地的再开发获取丰厚的利润①。政府掌握行政资源，开发企业掌握市场资本，政府和开发商共同组成城市更新的“经济增长联盟”。在经济利益的驱动下，老城中心区的城中村、老工业区、文化街区等由于土地价值较高，得到了市场更多的关注。城中村改造后的高房价迫使原有居民搬迁到城市外围，原有的社会网络和工作岗位都受到较大影响。老工业区的“退二进三”虽然推动了市中心商业、服务业的快速发展，但也导致了城市工业用地功能不平衡。历史文化保护没有得到足够的重视，造成了历史文化街区的破坏。此外，强拆现象时有发生，忽视了部分土地所有者的利益。如北京大栅栏、广州永庆坊、深圳大冲村等更新项目在初期阶段的“拆除重建”模式对于原住居民以及社会公众的利益重视不足，双方协商困难较大，城市更新项目迟迟无法推动。改造对象的原使用者和产权所有者作为原权利主体，缺少参与城市更新讨论和决策的路径，公众参与程度不高。

在学术研究层面，多数研究仍旧过于偏重“自上而下”的视角，普遍从更新制度演进、更新策略优化以及政府角色转变的角度来探究城市更新的进步，忽视了其他更新主体，如企业、居民、社会团体等在城市更新演进中的角色和定位。

---

① 赵燕菁. 土地财政与政治制度［J］. 北京规划建设，2013（4）：167-168.

另外，学界大多数研究主要针对北上广深等一线城市，而缺乏对于同样经历城市更新的二、三线城市的研究。

2.1.3 2009～2014年：三方协商下支持城市发展由速度向质量转变

随着我国城市化进程不断加速，城市新增用地供应大大降低，我国城市建设逐步由增量发展转向存量发展，国家和地方城市更新支持政策相继出台，大规模城市更新项目不断涌现。第三阶段我国城市更新旨在支持城市发展由速度向质量转变，主要采用政府、企业、原社会业主共同参与的三元协商模式。这一时期，我国逐渐推动政府、市场主体和原权利主体三方的利益平衡，积极推动大规模城市更新工作，呈现出体量大、项目多、以拆建为主的特点。由于城市更新政策和规划体系不完善，大量城市更新项目缺乏统筹，社会和公共利益较难落实。

1. 更新目标：支持城市发展由速度向质量转变

2011年末，我国的城镇化率超过了50%，过去数十年迅猛的城市化发展造成了生态环境危机、社会矛盾加剧、空间资源匮乏等现实问题，城市更新成为存量规划时代的必然选择[①]。2012年，党的十八大提出“走中国特色新型城镇化道路”，我国城镇化开始进入规模和质量并重的新阶段。伴随着我国城市化进程的不断加快，转变经济发展方式、提高经济发展质量是这一时期的核心理念。存量发展得到越来越多的重视，更新市场化运作机制步入常态化，契约精神作为市场化的基础愈发得到重视。全国范围内强行征收拆除的现象大量减少，与之对应的是原权利人获得了与市场主体公平谈判的机会，原权利人作为重要参与主体介入并打破了政企二元治理的框架。伴随着新的治理框架的逐步形成，各地城市更新相关管理机制和政策体系也逐步完善，尤其是深圳、广州、上海等城市，为我国地方城市更新政策管理体系的构建与完善进行了大胆的探索和创新。

2. 治理模式：三元协商——利益博弈

该模式的博弈核心是对土地新增价值分配的协商，空间价值潜力则主要通过提高强度、改变功能、提升品质等更新方式实现[②]。在机制运作层面，针对政府的诉求，通过明确公共利益用地和用房配置要求，鼓励公共责任捆绑等方式，

① 阳建强，陈月．1949—2019年中国城市更新的发展与回顾［J］．城市规划，2020，44（2）：9-19，31.
② 赵燕菁，宋涛．城市更新的财务平衡分析——模式与实践［J］．城市规划，2021，45（9）：53-61.

强化城市公共价值的政策引导和措施落实。针对市场主体，制定激励、奖励政策，如明确功能调整与容积率奖励转移机制，提供税费减免与资金支持等手段，满足市场的合理利润要求，调动市场参与动力。针对社会主体，通过货币补偿和物业补偿等方式，保障原权利人利益。城市更新行动得到了迅猛发展，对城市的产业转型、改善人居等需求进行了积极的响应。这一阶段，我国城市更新三元协商治理博弈的基本框架逐渐形成，与之配套的法律法规体系和管理机制也快速形成，原权利人对空间的使用和所有权被充分尊重。三元协商使得过去因缺乏沟通机制导致的更新项目推进缓慢的情况大大缓解。该时期，我国城市更新的市场化运作机制已趋于成熟，市场活力被进一步激发，曾经较难推动的城中村改造项目和低效工业用地开发项目也在该阶段大量上马，城市更新自此步入快车道。

3. 制度建设：三方协商下城市更新制度探索颇具成效

在这一阶段，我国在城市更新政策体系完善方面取得了较大发展。在国家层面，中央政策主要聚焦于棚户区改造和城镇低效用地盘活，国务院连续数年印发相关文件，大力推动棚户区改造工作，保障棚户区改造高效有序推进。与此同时，完善利益激励机制，深入推进城镇低效用地再开发。在地方层面，各地城市更新政策体系逐渐建立，各地政府积极探索三方协商的城市更新模式，主要从三个方面完善政策制度：其一是通过制定一系列政策文件，搭建出三方协商下市场化运作模式的框架；其二是为了进一步平衡三方之间的利益冲突，对利益平衡工具进行创新；其三是通过政策设计充分尊重原权利主体的更新意愿。

（1）国家层面

该阶段，为提升城镇居民的生活条件，推动城市发展，国家在城市更新领域内的关注对象聚焦在棚户区改造以及低效用地开发上，中央出台了多项政策文件，展现出空前的重视（表2-8）。加大棚户区改造工作力度，有效拉动投资、消费需求，带动相关产业发展，推进以人为核心的新型城镇化建设，发挥助推经济实现持续健康发展和民生不断改善的积极效应。开展城镇低效用地再开发，力求做到土地集约利用水平明显提高，城镇建设用地有效供给得到增强；城镇用地结构明显优化，产业转型升级逐渐加快，投资消费有效增长；城镇基础设施和公共服务设施明显改善，城镇化质量显著提高，经济社会可持续发展能力不断提升。

第三阶段国家城市更新相关法律法规 表2-8

颁布机构	颁布时间	文件名称
住房和城乡建设部等部门	2009年	《关于推进城市和国有工矿棚户区改造工作的指导意见》
住房和城乡建设部等部门	2012年	《关于加快推进棚户区（危旧房）改造的通知》
国土资源部	2013年	《国土资源部关于印发开展城镇低效用地再开发试点指导意见的通知》
国务院	2013年	《国务院关于加快棚户区改造工作的意见》
国务院办公厅	2014年	《国务院办公厅关于进一步加强棚户区改造工作的通知》
国务院	2015年	《国务院关于进一步做好城镇棚户区和城乡危房改造及配套基础设施建设有关工作的意见》
住房和城乡建设部等部门	2016年	《住房城乡建设部 财政部 国土资源部关于进一步做好棚户区改造工作有关问题的通知》
国土资源部	2016年	《国土资源部关于印发〈关于深入推进城镇低效用地再开发的指导意见（试行）〉的通知》

推动棚户区改造方面，截至2009年，全国各类棚户区居民共1100多万户，其中在城市和国有工矿棚户区有860多万户①，为解决这一问题，住房和城乡建设部等部门相继出台了《关于推进城市和国有工矿棚户区改造工作的指导意见》《关于加快推进棚户区（危旧房）改造的通知》等文件，旨在改善民生，改善居民的居住环境，完善城市功能。历经数年的棚户区改造工作，得到了党中央的高度重视。为统筹全国棚户区改造工作，协调各部门职能范围，自2013年开始，国务院连续颁布《国务院关于加快棚户区改造工作的意见》等多个文件，从多个方面呼吁多方社会主体积极参与棚户区改造，其中既包括在资金筹措方面吸引民间资本，也提出了对棚户区中的居民进行积极引导，在成本控制、科学规划、产业发展、鼓励激励等方面作出了详细规定。

推进城镇低效用地再开发方面，随着我国城镇化率快速提高，我国各大城市经历了数次产业转型，出现了大量与发展阶段不相符的低效工业用地，亟待更新。在此背景下，"鼓励土地权利人自主开发，鼓励社会资本积极进入"成为新的应对路径。为积极推动各方参与，2013年，《国土资源部关于印发开展城镇低效用地再开发试点指导意见的通知》指出在低效用地再开发过程中，要充分尊重土地权利人的意愿，妥善解决群众利益诉求，协调好政府、改造方、土地权利人

① 柯善北. 改善民生的重大举措——解读《关于推进城市和国有工矿棚户区改造工作的指导意见》[J]. 中华建设，2010（2）：26-29.

等各方利益。2016年，由国土资源部印发，中央全面深化改革领导小组、国务院共同审定的《国土资源部关于印发〈关于深入推进城镇低效用地再开发的指导意见（试行）〉的通知》，系统总结了各试点地区的典型经验和成功做法，综合运用市场、经济和法律手段，明确激励政策，调动各方参与的积极性，对积极履行公共性、公益性义务，配建保障性住房或公益设施的改造开发主体，各地可进一步给予适当的政策奖励；鼓励、引导土地权利人和社会资本自主参与开发，鼓励集中成片开发[①]。充分尊重土地权利人的意愿，提高改造开发工作的公开性和透明性，保障土地权利人的知情权、参与权和收益权。

（2）地方层面

这一阶段地方政府在城市更新制度方面作出了较多的实践探索。一是搭建城市更新制度框架，采用三方协商的治理模式，强调市场化运作方式，对当地城市更新进行规范和管理。二是制定利益平衡政策工具，为平衡各主要参与主体之间的利益关系，鼓励市场主体和权利主体参与城市更新，各地方政府创新利益平衡工具，在追求“三赢”的前提下，推动城市存量发展。三是保障原权利主体的利益，通过政策制定落实多数权利人的意见，充分尊重原权利主体的改造意愿（表2-9）。

第三阶段地方城市更新相关法律法规　　表2-9

省/市	颁布机构	颁布时间	文件名称
广东省	广东省人民政府	2009年	《广东省人民政府关于推进“三旧”改造促进节约集约用地的若干意见》
深圳市	深圳市人民政府	2009年	《深圳市城市更新办法》
	深圳市人民政府	2012年	《深圳市城市更新办法实施细则》
	深圳市规划和自然资源局	2019年	《深圳市规划和自然资源局关于印发〈深圳市拆除重建类城市更新单元规划容积率审查规定〉的通知》
广州市	广州市人民政府	2012年	《广州市人民政府关于加快推进三旧改造工作的补充意见》
	广州市人民政府	2017年	《广州市人民政府关于提升城市更新水平促进节约集约用地的实施意见》
上海市	上海市规划和自然资源局	2017年	《关于印发〈上海市城市更新规划土地实施细则〉的通知》

① 中华人民共和国自然资源部.《关于深入推进城镇低效用地再开发的指导意见（试行）》出台的背景［OL］.［2021-05-03］. http://www.mnr.gov.cn/dt/zb/2016/czh/zhibozhaiyao/201806/t20180629_1964680.html.

搭建城市更新制度框架方面，《广东省人民政府关于推进“三旧”改造促进节约集约用地的若干意见》，对全省的“三旧”改造进行指导，指出“三旧”改造应在政府引导下充分调动各方积极性，吸引社会各方广泛参与，实现多方共赢。深圳市出台《深圳市城市更新办法》，作为深圳市城市更新的指导性文件，明确了以政府引导市场运作的方式进行城市更新，同时对拆除重建类、综合整治类、功能改变类城市更新进行了较为详细的规定。自此，深圳市开始了市场化城市更新阶段。

制定利益平衡政策工具方面，2012年，深圳市出台《深圳市城市更新办法实施细则》，通过在城市更新单元内无偿贡献公共利益项目独立用地等要求，保障公共利益。2019年，深圳市又出台了《深圳市规划和自然资源局关于印发〈深圳市拆除重建类城市更新单元规划容积率审查规定〉的通知》，旨在综合运用政府对容积率指标的调控能力，对开发商进行的公共事业给予容积率转移、奖励等。此外，广州、上海等城市也分别出台了《广州市人民政府关于提升城市更新水平促进节约集约用地的实施意见》《关于印发〈上海市城市更新规划土地实施细则〉的通知》等政策，创新性地通过评定旧村改造安置面积、划定土地出让金补偿标准、提供公共空间奖励建筑面积等方式，平衡原权利人与市场主体、市场主体与政府之间的利益矛盾。

保障原权利主体利益方面，为尊重和保障原业主、原村民等原权利人的合法权益及改造意愿，广州市在《广州市人民政府关于加快推进三旧改造工作的补充意见》中提出，“城中村”改造方案、拆迁补偿安置方案、实施计划以及股权合作、土地转性等重大事项决策应当充分尊重村民的意见，经“村集体经济组织90%以上成员同意方可生效”。《深圳市城市更新办法》提出，在项目申报阶段，要求三分之二的原权利人同意进行改造；在项目实施阶段，要求所有权利人与开发商达成一致后方可实施。针对市场化运作路径，建立了政府、市场、物业权利人三方利益平衡机制。

4. 实践探索：棚户区改造、城中村改造和低效工业用地盘活

该阶段我国城市更新项目如雨后春笋般不断涌现，在以拆除重建为主要更新模式的背景下，大量市场主体和社会资方的积极性被激发，通过三元协商模式，原物业权利人的利益也得到了充分尊重，许多过去难以推动的城市更新项目迅速上马，强行征收和钉子户的现象减少，城市更新导致的社会矛盾得到缓解。该阶段的城市更新实践主要采用拆建的更新方式，重点围绕城中村改造、棚户区改造和低效工业用地盘活等方面（表2-10）。

第三阶段典型城市更新实践 表2-10

案例名称	更新类型	治理模式
深圳南山区大冲村改造	城中村改造	政府在基准地价和缴纳方式等方面提出优惠政策，推动城市更新，企业负责承担城市更新实施，原住居民接受补偿，设计院在技术层面编制规划
深圳湖贝村旧改		通过区政府、办事处、创建单位联合出资的方式保障更新整治经费，通过拆除重建与综合整治相结合的方式实施城市更新
兰州市棚户区改造	棚户区改造	政府牵头与企业签订采购合作协议，授权市场开发主体承担城市更新工程，政府通过行政、资金等支持、辅助开发企业推动城市更新行动，并负责与原权利主体协商提供安置服务和赔偿
深圳赛格日立工业区改造	低效工业用地盘活	政府牵头，引进有实力的企业以市场化的方式承接老旧工业区，并对区域进行改造更新，最终实现产业换代升级
上海上生·新所城市更新		根据上海市相关政策获取奖励容积，采用PPP模式对既有空间进行运营管理

（1）城中村改造

这一阶段城中村改造项目更加注重保障原社会业主的利益，为积极平衡政府、开发商与原社会业主之间的利益关系，政府通过政策手段引导开发商为原社会业主提供各类基础设施、公共服务设施和保障性住房等。通过容积率奖励、财政奖补等方式激发开发商参与更新的动力。开发商通过货币补偿和物业置换等方式对原住居民进行补偿。深圳市南山区大冲村旧改项目历经四轮改造规划调整：政府主导的改造规划难以落地，容积率较低导致市场主体不愿参与；2002年，深圳市城市规划设计研究院（简称深规院）开始编制《南山区大冲村旧村改造详细规划》，探索以改造规划为平台协调多元主体利益；2008年，大冲村原住居民对拆赔补偿有较高预期，但同时高额的赔偿金额与金融危机导致市场主体难以平衡利益；第四轮博弈中，华润集团作为实施主体，与政府就基准地价的确定和地价缴纳方式等方面达成一致，至此南山区大冲村旧改项目基本实现政府、开发主体和物业权利主体之间的利益平衡[①]，体现出城市的发展需求，兼顾多元业主诉求，完善了片区配套服务（图2-6）。

（2）棚户区改造

作为重要的民生问题，这一阶段棚户区改造主要采用拆除重建方式，产生

① 深圳市城市规划设计研究院，司马晓，岳隽，等. 深圳城市更新探索与实践［M］. 北京：中国建筑工业出版社，2019.

图2-6 深圳南山区大冲村旧村改造
（来源：图虫网）

了一系列社会问题，亟待完善相关制度建设，推动棚户区有机更新。兰州市政府为积极推动棚户区改造事宜，于2009年全面开启棚户区改造工作，针对棚户区居民的拆迁安置，兰州市主要通过实物安置、产权调换和货币补偿相结合的方式实施。但由于兰州市的棚户区改造主要采用拆除重建的方式，因此也产生了较多的社会问题，对于完善违建审查机制、棚改相关政策法规、精细化治理等方面提出了更高的要求①。

（3）低效工业用地盘活

针对低效工业用地改造困难、参与动力较弱等问题，通过容积率奖励、转移，地价优惠政策，混合用地功能，易地腾挪搬迁等多种激励政策手段，激发权利主体和市场主体参与低效工业用地改造的热情，推动城市产业转型升级，带动片区经济发展。赛格日立工业区是深圳经济特区成立30周年二十大城市更新项目之一，同时也是深圳市第一批12个“工改工”试点项目之一。伴随着深圳市的快速发展，赛格日立因无法承担其较高的运营成本而不得不迁出。在深圳市政府的牵头下，深业集团以市场化的方式承接了该宗用地，并在赛格日立工业区原址进行了大规模的城市更新，开创了地价计收、销售面积分割等先例。改造后的深业上城集总部办公、企业加速器、创投广场等多项定位于一身，成为全新的商业综合体。

① 雷雅涵. 社会福利视野下棚户区改造现状——兰州棚户区改造调研分析［J］. 青春岁月，2013（14）：465.

5. 突出问题：更新缺乏统筹，公共利益难以落实

伴随着城市更新市场化运作的深化，政府与开发企业和原社会业主形成了增长联盟，往往通过提升更新项目的开发强度来使项目增值，从而将压力转嫁给城市承载力，对公共利益造成损害。同时，部分城市更新项目带来的空间私有化也剥夺了全体市民对于空间的使用权利和使用范围。此外，开发企业往往会选择更新难度低、改造成本小的地块实施更新项目。这种“挑肥拣瘦”的做法一方面会增大剩余区域的更新难度，另一方面也导致了地区发展不平衡，加剧了城镇内区域二元对立的矛盾。市场化的城市更新行为基于对法律和契约精神的充分尊重，往往导致被更新业主坐地起价，而开发商为顺利拆迁不得不进行妥协，其结果是“钉子户”层出不穷，造成“反公地悲剧”①。目前的城市更新管理往往以单一的更新项目为核心进行规划，缺乏对外部性的预判和处理手段，且市场化对短期效益的追求与城市更新发展的综合目标之间存在矛盾，导致城市更新行动缺乏统筹管理，部分地区的更新难以推动②。

在学术研究层面，研究多关注于政府、开发企业和原业主之间的博弈关系，内容主要包括三元协商中的博弈模型构建、协商结果模拟、博弈内容梳理、博弈策略分析以及利益协商背后的经济政治基础等方面，对三元协商博弈模式自身的反思较为欠缺，缺少对三元协商治理模式在环境、历史保护等方面的外部性影响的研究以及对社会弱势群体的关注。

2.1.4 2015年至今：多元共治下推进以人为核心的高质量发展

伴随着城镇化率的不断提高和城市的大规模建设，环境、交通、历史保护等社会问题不断凸显。在此背景下，我国城市更新逐渐开始关注城市内涵发展，进一步强调以人为本，更加重视人居环境的改善和城市活力的提升。第四阶段我国城市更新着重于促进以人为核心的高质量发展，主要采用多方参与下的多元治理模式。通过建立政府、专家、投资者、市民等多元主体共同构成的行动决策体系，利用多种治理工具应对复杂的城市更新系统，不断推动城市更新精细化治理模式，更为审慎。“有机更新”成为这一阶段的主要理念。但在实践中公众参与仍然不够充分，多元治理机制亟待完善。

---

① 田莉，陶然，梁印龙．城市更新困局下的实施模式转型：基于空间治理的视角［J］．城市规划学刊，2020（3）：41-47.

② 缪春胜，邹兵，张艳．城市更新中的市场主导与政府调控——深圳市城市更新“十三五”规划编制的新思路［J］．城市规划学刊，2018（4）：81-87.

1. 更新目标：推进以人为核心的高质量发展

2015年中央城市工作会议提出“要坚持集约发展，框定总量、限定容量、盘活存量、做优增量、提高质量”的城市建设目标，标志着城市建设转向推进高质量发展。2019年，中国共产党第十九届五中全会通过了《中共中央关于制定国民经济和社会发展第十四个五年规划和2035年远景目标的建议》，明确提出“实施城市更新行动”，是党中央对进一步提升城市发展质量作出的重大决策部署。这一阶段，我国城市更新开始越发关注城市内涵发展，更加强调以人为本，更加重视人居环境的改善和城市活力的提升。《自然资源部办公厅关于印发〈支持城市更新的规划与土地政策指引（2023版）〉的通知》中指出应坚持“以人民为中心”的发展思想，以“高质量发展、高品质生活、高效能治理”为目标。重点关注于改善生态环境质量、补齐城市基础设施高短板、提高公共服务水平，转变城市发展方式，治理“城市病”，提升城市治理能力，打造和谐宜居、富有活力、各具特色的现代化城市。多元共治的治理模式有利于帮助不同的主体发出声音，在商讨和博弈中形成各方利益平衡的方案，消除隔阂，有利于社会整体的和谐发展。多元治理使民众和各类社会组织真正参与到城市更新中来，为城市更新决策提供更全面的意见和建议，使城市更新项目能够切合实际，更具有操作性，更系统、全面。

2. 治理模式：多元治理——多方参与

多方参与是社会各个群体表达诉求，制衡政府力和市场力的重要手段。有效的多元治理是参与主体在不同情境下，通过相应的途径和方法来表达观点并取得效力的行为。城市更新中的多元治理是指各类社会主体通过合作、协商、伙伴关系、确立认同等方式实施。其中，多元治理的主体除了上文提到的政府和市场主体外，还包括被更新地区的原社会业主、租户、公众、媒体、专家学者、非营利组织等多种社会主体。城市更新作为一项公共政策，对城市发展、周边环境以及各类社会组织和群体的利益均会产生较大的外部性。正因如此，在我国城市更新的发展过程中，除了原社会业主作为被更新主体参与到城市更新中之外，越来越多的社会团体、非营利组织、行业公会、高校机构等都逐渐主动或被动地参与到城市更新活动中，以平衡多方利益和维护公共价值，在整体上促进社会发展，缓解社会矛盾。

3. 制度建设：多元共治下的城市更新行动再提升

这一阶段，“十四五”规划的出台将城市更新行动提升到了一个全新的战略高度，标志着我国的城市更新正从过去追求经济增长的粗放模式向着统筹兼顾的精细化多元治理模式发展。国家层面加大对城市更新制度建设的投入力度，大力推进国家治理现代化建设，促进共建共治共享的城市更新政策制度构建，主要包括推进社区治理、推动老旧小区改造、开展城市修补和促进历史遗产保护等方面。在地方层面，各地积极响应国家政策，基于本地特点推动社区治理、老旧小区改造等制度建设。诸如深圳市、上海市等地均出台了城市更新条例，将城市更新政策上升到法律层面，进一步完善和提升了城市更新政策体系。

（1）国家层面

该阶段，“实施城市更新行动”正式成为我国的一项重要国策，经过数十年的探索与发展，城市更新行动正向着精细化、整体化、市场化、法制化、高质量、重保护的趋势全方位发展。新时期我国城市更新更加关注高质量发展和以人为本，加强和完善社区治理、城市修补、老旧小区改造、历史文化保护等方面的政策制度（表2-11）。

第四阶段国家城市更新相关法律法规　表2-11

颁布机构	颁布时间	文件名称
国务院	2016年	《中共中央 国务院关于加强和完善城乡社区治理的意见》
住房和城乡建设部	2017年	《住房城乡建设部关于加强生态修复城市修补工作的指导意见》
住房和城乡建设部	2018年	《住房城乡建设部关于进一步做好城市既有建筑保留利用和更新改造工作的通知》
国务院办公厅	2020年	《国务院办公厅关于全面推进城镇老旧小区改造工作的指导意见》
住房和城乡建设部办公厅	2020年	《住房和城乡建设部办公厅关于在城市更新改造中切实加强历史文化保护坚决制止破坏行为的通知》
住房和城乡建设部等部门	2020年	《住房和城乡建设部等部门关于开展城市居住社区建设补短板行动的意见》
全国人民代表大会	2021年	《中华人民共和国国民经济和社会发展第十四个五年规划和2035年远景目标纲要》
住房和城乡建设部	2021年	《住房和城乡建设部关于在实施城市更新行动中防止大拆大建问题的通知》
自然资源部	2023年	《自然资源部办公厅关于印发〈支持城市更新的规划与土地政策指引（2023版）〉的通知》
住房和城乡建设部办公厅等部门	2021年	《住房和城乡建设部办公厅 国家发展改革委办公厅 财政部办公厅关于进一步明确城镇老旧小区改造工作要求的通知》

推进社区治理方面，充分尊重居民参与城市更新的意愿，满足社会发展需求

是推动城市更新新阶段发展的重要途径之一。2015年末，《中央城市工作会议公报》提出，在社区治理方面应统筹政府、社会、市民三大主体，提高各方推动城市发展的积极性，尽最大可能推动政府、社会、市民同心同向行动。在推动社会各主体共同参与社区治理的基础上，基层政府在城市更新过程中的主导作用也不能忽视。在深入调研和广泛征求意见的基础上，面对二十余年社区治理探索的问题，2016《中共中央 国务院关于加强和完善城乡社区治理的意见》发布，指出在2020年前要基本形成基层党组织领导、基层政府主导的多方参与、共同治理的城乡社区治理体系。

开展城市修补方面，以改善生态环境质量、补齐城市基础设施短板、提高公共服务水平为重点，转变城市发展方式，治理“城市病”，提升城市治理能力，打造和谐宜居、富有活力、各具特色的现代化城市。为在全国范围内推进“城市双修”工作，2017年，《住房城乡建设部关于加强生态修复城市修补工作的指导意见》发布，强调应充分利用新闻媒体等社会组织提高公众对“城市双修”工作的认识，鼓励公众参与，着力解决群众反映强烈的问题，让群众在“城市双修”中具有更多参与感。

推动老旧小区改造方面，从人民群众最关心、最直接、最现实的利益问题出发，征求居民意见并合理确定改造内容，重点改造、完善小区配套和市政基础设施，提升社区养老、托育、医疗等公共服务水平，推动建设安全健康、设施完善、管理有序的完整的居住社区。2020年，《国务院办公厅关于全面推进城镇老旧小区改造工作的指导意见》以及《住房和城乡建设部等部门关于开展城市居住社区建设补短板行动的意见》相继发布，在充分考虑我国国情和地区差异的基础上，提出健全动员居民参与机制，推动建立“党委领导、政府组织、业主参与、企业服务”的居住社区管理机制，鼓励在资金筹集、建设改造、管理治理、宣传培训等不同方面吸引社会力量和社区居民的积极参与，以建立共建共治共享的健全社区建设机制。2021年，《国家发展改革委 住房城乡建设部关于加强城镇老旧小区改造配套设施建设的通知》和《住房和城乡建设部办公厅 国家发展改革委办公厅 财政部办公厅关于进一步明确城镇老旧小区改造工作要求的通知》相继发布，进一步推动老旧小区的改造工作和配套设施的建设工作。

促进历史文化保护方面，为加强对既有建筑的保护与活化，坚决制止历史文化破坏行为，建立健全城市建筑保护和更新改造的工作机制。2018年，《住房城乡建设部关于进一步做好城市既有建筑保留利用和更新改造工作的通知》发布，强调了对既有建筑的保护与活化是全社会共同的财富，同时对公共建筑的拆除进行了严格限制。为进一步加强相关领域专家在城市更新行动中的参与程度，2020年《住房和城乡建设部办公厅关于在城市更新改造中切实加强历史文化保护坚决制止破坏行为的通知》发布，使专家学者等社会力量能够参与到历史文化保护中，完善城市更新的多元共治机制。

实施城市更新行动方面，注重完善城市空间结构，实施城市生态修复和功能完善工程，加强历史文化保护，塑造城市风貌，加强居住社区建设，推进新型城市基础设施建设，加强城镇老旧小区改造，增强城市防洪排涝能力，推进以县城为重要载体的城镇化建设。2021年，在第十三届全国人大四次会议上，通过了《“十四五”规划纲要》。该文件明确了在“十四五”期间，实施城市更新行动是推动城市空间结构优化和品质提升的核心手段。城市更新未来将向着“由量转质”“由粗向细”“由外朝内”“由零变整”的趋势进一步发展。2021年8月，《住房和城乡建设部关于在实施城市更新行动中防止大拆大建问题的通知》发布，指出未来的城市更新行动应在统筹谋划、可持续更新模式探索、功能短板补足、城市安全韧性提高等方面进行进一步探索和加强。2023年11月，《自然资源部办公厅关于印发〈支持城市更新的规划与土地政策指引（2023版）〉的通知》发布，由深圳市城市规划设计研究院参与编制，在“五级三类”国土空间规划体系内强化城市更新的规划统筹，促进生产、生活、生态空间布局优化，实现城市发展方式转型，推动城市高质量发展，为地方因地制宜探索和创新支持城市更新的规划方法和土地政策提供指引。

（2）地方层面

各地因地制宜，完善地方城市更新政策体系，大力推进城镇老旧小区改造工作，加强和完善城乡社区治理，构建有机更新治理机制，体现出我国法制化建设已深入各地，呈现出全面开花的态势（表2-12）。

第四阶段地方城市更新相关法律法规 **表2-12**

省/市	颁布机构	颁布时间	文件名称
江苏省	江苏省城镇老旧小区改造工作领导小组	2020年	《关于印发〈关于全面推进城镇老旧小区改造工作的实施意见〉的通知》
浙江省	中国共产党浙江省委员会、浙江省人民政府	2018年	《中共浙江省委 浙江省人民政府关于加强和完善城乡社区治理的实施意见》
	浙江省人民政府办公厅	2020年	《浙江省人民政府办公厅关于全面推进城镇老旧小区改造工作的实施意见》
四川省	四川省人民政府办公厅	2020年	《四川省人民政府办公厅关于全面推进城镇老旧小区改造工作的实施意见》

续表

省/市	颁布机构	颁布时间	文件名称
广东省	广东省人民政府办公厅	2021年	《广东省人民政府办公厅关于全面推进城镇老旧小区改造工作的实施意见》
北京市	北京市规划和自然资源委员会等部门	2020年	《关于印发〈北京市老旧小区综合整治工作手册〉的通知》
	北京市人民代表大会常务委员会	2022年	《北京市城市更新条例》
南京市	南京市规划和自然资源局、住房保障和房产局、城乡建设委员会	2020年	《市规划资源局 市房产局 市建委关于印发〈开展居住类地段城市更新的指导意见〉的通知》
深圳市	深圳市人民代表大会常务委员会	2021年	《深圳经济特区城市更新条例》
上海市	上海市人民代表大会常务委员会	2021年	《上海市城市更新条例》
广州市	广州市住房和城乡建设局	2021年	《广州市城市更新条例(征求意见稿)》

大力推进城镇老旧小区改造工作方面，浙江省人民政府办公厅、四川省人民政府办公厅、广东省人民政府办公厅和江苏省城镇老旧小区改造工作领导小组等部门为积极落实《国务院办公厅关于全面推进城镇老旧小区改造工作的指导意见》，针对各省实际情况相继出台响应文件，涵盖了针对老旧小区实际需求建设智慧化管理系统、推动管理审批流程优化、建立小区自治联席会议机制、开展“美好环境与幸福生活共同缔造”活动、搭建沟通议事平台等内容，展现出了对多元共治模式和社区精细化治理的探索。

完善城乡社区治理方面，积极推动基层治理制度和公民参与机制。为充分尊重市民对城市规划的知情权、参与权、监督权，调动各方面参与和监督规划实施的积极性、主动性和创造性，北京市印发了《北京城市总体规划(2016年—2035年)》和《北京市老旧小区综合整治工作手册》，提出通过组织成立业主大会、业主委员会或物业管理委员会等自治组织进行物业管理。2020年，南京市也在《开展居住类地段城市更新的指导意见》中提出，通过工作流程民主化，建立自下而上的城市更新机制，通过实施主体与居民签订更新协议，自愿向管理部门申请参与城市更新项目，设立两轮征询相关权利人意见环节。成功的社区治理模式除了应纳入业主与政府共同决策外，还需要专业从业人员的引导和各社会市场主体的积极参与，上海延续了“社区规划师”和试点试行的制度优势，于2020年10月明确提出将在全市范围内推广“参与式社区规划”制度。

政策体系构建方面，该阶段我国以北上广深为代表的超一线城市均陆续出台了城市更新领域的纲领性文件。为进一步细化对城市更新行动的治理统筹，2021

年3月正式实施的《深圳经济特区城市更新条例》与7月发布的《广州市城市更新条例（征求意见稿）》均对城市更新活动进行了细化分类，对公共利益和历史文化保护领域也提出了重点要求。2021年8月，《上海市城市更新条例》经上海市第十五届人民代表大会常务委员会第三十四次会议通过，明确规定“坚持‘留改拆’并举，以保留保护为主”，并重点关注社会各界和专家的意见，保障公众的知情权、参与权、表达权和监督权。2022年12月《北京市城市更新条例》正式发布，在首都减量发展的大背景下开展城市更新，精准投放增量空间，平衡北京市城市更新动与静、新与旧、义与利之间的关系。

4. 实践探索：老旧小区改造、城中村综合整治、历史街区活化、产业转型升级和公共空间改造

这一阶段我国城市更新以高质量发展为目标，更加注重保障民生、改善人居环境、强调社会治理，实践重点围绕老旧小区改造、城中村综合整治、历史街区活化、产业转型升级和公共空间改造展开。民众对于城市更新的参与意愿更为强烈，对弱势群体的利益保护和对公共利益的关注成为实施城市更新行动的考量重点，更新手段也从以往的以大规模拆建为主逐步转变为以微更新、微改造为主要方式，注重地区更新后的持续发展与运营，治理颗粒度显著细化、深化，各地针对多元主体参与城市更新进行了大量的实践探索（表2-13）。

第四阶段典型城市更新实践 表2-13

案例名称	更新类型	治理模式
上海曹杨新村城市更新	老旧小区改造	围绕“15分钟社区生活圈”，推动多元参与，通过整治改造等手段，对社区内的居住环境、公共设施、历史文化等方面进行更新
成都新桂东改造		以“空间共享”为核心，通过对居民用户赋权、设施环境共建、社区服务共治，实现社区的长治发展
北京劲松社区旧区改造		通过治理网络向群众征集需求与改造意见；以市场化的方式引入社会资本全流程参与老旧小区的综合整治；政府适度扶持
北京民安小区微空间改造		规划师进入社区，与居民共同设计，反复沟通，吸纳居民意见
深圳水围村旧改	城中村综合整治	政府牵头，企业与村集体共同对原建筑进行改造，通过政府获得保障房、企业与村集体增加营收的分配方式实现长效运营
深圳元芬村旧改		政府主导综合整治市政设施，引入专业运营机构提供生活配套服务，吸引青年人才，激发地区活力
深圳清平古墟改造		引入影视文化产业作为发展支柱，围绕其配置空间资源，激活地区发展活力

续表

案例名称	更新类型	治理模式
广州永庆坊城市更新	历史街区活化	市-区-社区三级联动，多方共同成立共同缔造委员会
北京东四南历史文化街区改造		规划师进社区，基于公众参与活动汇集众多社会力量，开展各个项目，成立城市更新推动社会创新治理的专项基金
上海南昌路更新		成立自治会，建立协商和议事平台，设置理事会吸纳社会各界力量共同参与
深圳南头古城更新	历史街区活化	成立保护与利用工作领导小组，科学统租、清租，统租古城全部沿街建筑15~20年，引入万科公司等市场主体对文物建筑和历史建筑进行保护与修缮
顺德工业园区改造	产业转型升级	在拆除低效村级工业园区的同时，对入驻的低效污染小微企业进行了清退、整顿，为大规模、高新技术产业入驻腾挪空间
上海黄浦江沿岸贯通	公共空间改造	实施保持有机更新的理念，通过渐进式的更新，实现还江于民，通过综合性的、富有创意的更新规划设计策略，建设了高品质的公共开放空间体系
深圳百花儿童友好街区改造		由政府牵头，专业技术团队负责，依托新兴技术辅助，邀请目标人群代表共同参与方案设计，体现社区级公共空间多元共治特征

（1）老旧小区改造

目前，我国老旧小区改造主要通过激发居民参与改造的主动性、积极性，充分调动小区关联单位和社会力量支持、参与改造的方式进行。多元参与治理模式主要体现为由专家学者牵头或以党建为引领，引导、组织原土地权利人成立社区自治委员会，媒体舆论多方参与。同时，物业权利主体、政府和市场主体在社区微改造、微更新的流程、内容、验收等多方面进行讨论并决策。

上海曹杨新村位于上海市内环高架西侧，普遍存在住房产权混杂、房屋陈旧、违规搭建、公共服务设施和环境品质不高、市政设施老旧、停车困难等问题。2020年，曹杨新村响应上海“15分钟社区生活圈”行动要求，以其自身的“邻里单位”规划为基底，在更新前期通过线上、线下多种渠道收集居民的更新诉求，依托“红色议事厅”将居委会、商户、居民和规划专家、学者等多方代表进行串联；在方案设计期间，曹杨新村通过举办互动讲座、搭建社区营造工作坊等形式听取居民代表和居委会对更新规划的需求建议；方案出台后，则通过举办规划设计展览等方式公开展示并组织一系列创意设计竞赛征集设计方案。在最终实施方案上，曹杨新村城市更新主要通过结合旧住房综合修缮和成套改造行动对居住环境、卫生环境、服务设施、公共空间等方面进行了改造提升。

成都市新都区新桂东社区位于新都老城，里面包含多个彼此隔离的“单位制住区”，存在住区面积小、彼此封闭隔离、停车位难以布局、缺少交往休憩设

图2-7　成都市新都区新桂东社区改造
（来源：赵冠宁）

施、社区环境质量停滞式衰败等问题。在改造过程中，新桂东社区通过“拆墙并院”的方式对空间布局进行了重构。为帮助社区实现长期治理，新桂东通过空间支配权与使用权共享的方式，使社区内商家和居民团体主动承担起对使用空间和环境的建设，对街区进行形态改善与微更新改造，对原有绿化进行提升，实现对公共活动空间的持续性维护[①]（图2-7）。

北京劲松社区旧区改造项目在社区党委的带领下，通过“居委会—小区—楼门”治理网络向群众征集需求与改造意见。通过市场化的方式引入约3000万元的社会资本，从设计规划、施工到后期物业管理，全流程参与老旧小区改造。区房管局和劲松街道授权运营企业对社区闲置低效空间进行改造提升，在政府适度扶持的基础上，进一步帮助企业通过提供相关服务、运营闲置资源、收取物业费用等获取合理收益[②]。

北京民安小区微空间改造项目中，深规院的规划师深耕社区，与居民共同设计社区环境，设计方案得到反复沟通、公示和汇报，广泛吸纳居民意见，不断优化方案。居民与社区环境重新建立起紧密联系，左邻右舍之间、居民与政府之间重拾信任与欢笑（图2-8）。后续根据项目经验编制了北京“城市小微空间设计导则”，形成了可复制推广的城市更新改造方法。

① 赵珂，杨越，李洁莲．赋权增能：老旧社区更新的“共享”规划路径——以成都市新都区新桂东社区为例［J/OL］．城市规划，2022（8）：1-7［2022-07-28］．http://kns.cnki.net/kcms/detail/11. 2378.TU.20220421.1414.010.html.

② 北京日报．社会资本如何参与老旧小区整治？再访“劲松模式”改造成果［EB/OL］．［2021-05-06］．http://www.beijing.gov.cn/ywdt/gzdt/202005/t20200521_1904435.html.

图2-8　北京民安小区微空间改造

（2）城中村综合整治

随着居民和社会公众参与意识的不断加强，旧村改造过程中各社会主体和原业主对改造的参与愈发深入。改造模式更加多元，管理上也更加注重改造后的持续运营。例如在深圳水围村城市更新项目中，深规院对水围村价值要素进行挖掘和研判，重新认识了水围村的价值，提出水围村不应走当时城中村主流的拆旧建新的更新模式，而应探索出一条实现城中村社区发展和多元文化活力保留共赢的有机更新路径，进而确定了“整体综合整治+局部拆除重建”的更新模式。在长达六年的全过程更新规划过程中，项目组以社区规划师的身份介入原农村集体经济组织继受单位与福田区政府、市属深业集团之间的利益协调，通过过程式沟通、促进社区共荣、反哺公共利益等路径，培育水围原住居民的社会自治能力，以城中村的“空间共生、文化共生和社会共生”为规划目标，提出在保留和传承城中村的特色与多样性的前提下合理确定小规模拆除区域，并实现村落的新旧融合。

在水围村的综合整治区域，由福田区住房和建设局牵头，深业集团向水围股份公司承租村民楼，结合青年人才需求量身定制改造和运营方案，改造后出租给福田区政府作为人才公寓使用。政府联合深业集团与水围股份有限公司，对水围新村共29栋住宅楼进行了统一租赁，并升级改造成为504套优质的青年人才公寓（图2-9）。通过协商合作，摸索出一条城中村综合整治的新路径，不仅为解决历史遗留的住房问题提供了新思路，也为政府筹集保障性住房提供了新来源[①]。

① 深圳市城市规划设计研究院，司马晓，岳隽，等. 深圳城市更新探索与实践［M］. 北京：中国建筑工业出版社，2019.

图2-9　深圳水围村城市更新
（来源：图虫网）

（3）历史街区活化

历史文化遗产是全社会的宝贵财富。这一阶段更加重视社会公众的利益和诉求，构建了地方政府、社区、居民、专家和运营公司等组成的协商议事平台，以微更新为主要方式，保留和存续历史性和在地性成为该阶段对历史文化保护的主要手段。广州市永庆坊城市更新项目把握社会公众的多元诉求，形成“市-区-社区”三级联动，开展了从方案编制到实施阶段的共同缔造。广州市城市更新局等部门负责技术协调和组织统筹；区政府负责实施统筹，基于实际情况进行建设协调和后期运营管理；社区、居民及实施运营主体联合推动保护更新与微改造。恩宁路历史文化街区共同缔造委员会由区人大代表、区政协委员、社区规划师、居民代表、商户代表、媒体代表、专家顾问等成员共同组成。共同缔造委员会旨在完善矛盾纠纷调处机制，培育“美好恩宁”的社区精神[①]。协调居民、业主及运营方等各利益相关方参与、探讨建筑改造和基础设施建设方案，并协调和监督更新改造过程中出现的各种问题和矛盾。

北京东四南历史文化街区采用“规划师进社区”的方式，街道干部及社区

① 复杂历史建成环境下“蓝图”到“实景图”的实施机制——以恩宁路永庆坊为例［C］//中国城市规划学会．面向高质量发展的空间治理——2020中国城市规划年会论文集．北京：中国建筑工业出版社，2021：30-39.

居民一起寻找街区的问题，讨论对策并推动实施。经过多年的在地实践，基于公众参与，汇集众多社会力量，包括在地企业、高等院校、设计事务所、大数据机构、社团组织、主流媒体等，探索开展了众多项目，如传统建筑修缮、院落公共空间提升、菜市场环境品质提升、胡同微花园设计、胡同口述史收集、社区公约、小院公约构建等。同时，借助史家胡同博物馆为居民提供了丰富多彩的活动和展览，如老北京文化讲座与沙龙、传统戏曲表演与品鉴、“为人民设计”展、街区老照片展等，成立了国内首家以城市更新视角推动社会创新治理的专项基金——中社社区培育基金，汇聚多元主体，从人文、环境、宜居等多角度促进社区发展[①]。

上海南昌路街区城市更新于2018年在地方政府的支持、朱伟珏教授的牵头下，成立了环复—南昌路跨界自治会，希望以衡复风貌保留保护和多元治理为目标，动员社会多元主体参与社区自治，建立协商和议事平台。自治会的人员构成包括在地居民、商户代表、专家学者、律师、社会组织等。组织架构上，设置理事会，垂直成立了风貌保护保留自治小组、绿色生活小组、停车自治小组、商铺自治小组，横向成立了南昌路街区风貌振兴委员会，吸纳社会各界力量，共同参与南昌路的振兴与发展。

深圳市南山区委、区政府在2019年成立了南头古城保护与利用工作小组，由区文体局、城管局、规自局、南头街道办等组织开展，深规院负责规划统筹，万科负责南头古城保护项目的设计、施工、运营。南头古城保护与利用工作领导小组指挥部办公室明确战略综合研判，科学推进统租古城沿街建筑15～20年，引入万科等具有相关改造、运营经验的市场主体，对文物建筑和历史建筑进行保护与修缮，并体现不同历史发展时期建筑风格的原真性，打造特色历史文化街区，引入特色产业带动片区发展，同时最大限度地实现古城基础设施升级、社区景观环境和居住品质提升（图2-10）。

（4）产业转型升级

这一阶段产业转型升级是存量发展时代的重要实践重点。通过优化产业发展格局、供给高品质产业空间、完善基础配套设施、改善投融资环境，有效促进产业转型升级，实现城市经济稳步发展。

2018年，广东省委全面深化改革领导小组赋予顺德率先建设广东省高质量发

① 边兰春. 生根发芽——北京东四南历史文化街区责任规划师实践［J］. 世界建筑，2020（7）：123.

图2-10 深圳南头古城综合整治

展体制机制改革创新试验区的重大使命。顺德区过去主要依靠乡镇工业发展，以家用电器、机械装备、电子通信、纺织服装、精细化工等八大制造业为支柱产业。改革开放40多年来，顺德区承载了382个村级工业园，聚集了超过1.9万家小微企业。虽然村级工业园占地较大，但是存在工业产值较低、现代科技含量低、高消耗、低产出、管理落后、污染严重、工作环境差等问题，严重制约顺德开展产业升级和转型。因此顺德以村级工业园改造为切入点，以“工改商”作为支点平衡“工改工”和“工改绿”项目的投入，推动村级工业园转型升级。

自《深圳市城市更新办法》颁布实施后，深圳城市更新工作得到快速推进，大量旧工业区进行了更新改造，有效提升了城市产业活力，促进了产业转型升级。但随之而来的，是早期很多项目采取拆除重建的方式，城市记忆难以保留。深圳市金威啤酒厂城市更新探索了兼顾产业转型升级与工业遗产保护的更新方式。深规院在更新单元规划中协调多元主体诉求，提出保留部分有特色的现状建筑，将其划入历史工业建筑保护范围，其中土地及现状建筑物、构筑物及设备全部移交政府并永久保留，并由实施主体进行综合整治和运营。项目探索了按保留

图2-11 深圳金威啤酒厂城市更新

建筑的建筑面积及保留构筑物的投影面积之和，返还1.5倍建筑面积的规划容积奖励方式，激发市场主体对保护历史建筑的积极性，促进了深圳历史文化建筑保护容积奖励的制度化。金威啤酒厂的城市更新注重规划、建设、运营的一体化。2022年，金威啤酒厂成为第九届深港城市/建筑双城双年展（深圳）主展场，举办展览、论坛、体验活动，让原来的历史工业建筑成为城市里的热点公共场所，为市民提供富有特色的公共活动和艺术文化空间（图2-11）。

（5）公共空间改造

这一阶段，以人为本的城市更新理念使得关注重点从个体的居住条件拓展至群体的休闲娱乐和环境质量，治理重心从经济效益转变为对人民生活质量和健康的关注。为创造更宜居的生活环境，该阶段城市更新开始通过多种文化、产业、活动的引入，活化公共活动空间。在市级层面，上海市通过环境改造和功能重建，对黄浦江两岸的沿江空间资源进行优化，通过配置环境资源和历史文化资源，将江岸建设为健身休闲、观光旅游的公共空间和生活岸线。为保障公共空间向市民回归，将岸线全线24小时贯通开放，并将其划分为工业文明、海派经典、创意博览、文化体验等不同主题的区段，展现出了城市文脉的传承与生长。滨江45公里贯通项目开展过程中，制定了更精细、更务实的规划实施策略，通过整体统筹、分段实施，确保规划方案高效率、高品质地建设落地。一是以规划连接行动为导向，构建从顶层设计直达行动计划的全过程规划管控体系；二是充分利用市区两级管控和实施的优势，创新规划与行动的深度融合；三是搭建最广泛的、全过程的、多形式的众创众规平台，创新开门做规划、市民共参与的机制。

深圳市率先提出“建设中国首个儿童友好型城市”的目标，深规院编制了《深圳市儿童友好型城市公共空间和公共设施规划标准、建设指引和实施行动研究》等文件，协助政府政策落地。深圳的百花儿童友好街区在不改变原有空间属性的

图2-12　百花儿童友好街区

基础上，通过精确定位儿童需求，对老旧社区的环境进行了改造。在设计组织上，百花儿童友好街区采用设计师负责制全面保障项目落地品质，此外还邀请当地儿童参与街区设计，通过儿童熟知的方式呈现街景，满足儿童活动需求，在公共空间改造方面展现出了该阶段多元共治的特点（图2-12）。

5. 突出问题：多元治理亟待完善，公众参与仍不够充分

我国社会公众参与城市更新的程度较弱，主要原因在于：法律政策体系不完善，制度性公众参与欠缺；普通公众多为被动参与，参与层次较低；参与的开放性与互动性缺失。在法规制度方面，目前城市更新实施过程中的公众参与缺乏法律上的支持和制度上的保障。各城市虽然在城市更新政策中均对公众参与作出了指示，但内容普遍较为笼统，较少针对城市更新中的多元共治提出更进一步的指导意见和具体要求，公众参与的程序和组织机制亟待完善。整体来看，城市更新过程中依靠政策推动公众参与的相关内容仍较为薄弱。在参与形式和渠道方面，虽然目前在部分城市的城市更新政策和相关制度中，专家评审、规划公示、公众听证会及访谈调查等已被列入更新实施程序，但实践中公众参与的方式主要还是规划设计方案的公示和意见征求。虽然少数重点项目会召开公众听证会，但是专家学者作为社会组织中的一员，无法完全代表其他社会团体的利益诉求。另外，媒体作为社会团体中的一员，对于城市更新的相关报道较少，且涉及的内容较浅，提供的内容深度无法帮助民众对更新项目有更加全面的了解。

在学术研究层面，多数研究仍旧过于偏重政府视角，普遍从更新制度演进、更新策略优化及政府角色转变的角度来探究城市更新的进步，忽视了其他更新主体，如企业、居民、社会团体等在城市更新演进中的角色和定位。另外，目前学界大多数研究主要针对北上广深等一线城市，而缺乏对于同样经历城市更新的

二、三线城市的研究[①]。

2.2 我国城市更新的治理困境与挑战

“十四五”时期是我国全面建成小康社会、实现第一个百年奋斗目标之后，乘势而上，开启全面建设社会主义现代化国家新征程，向第二个百年奋斗目标进军的第一个五年。中国共产党第十九届中央委员会第五次全体会议深入分析国际国内形势，通过了《中共中央关于制定国民经济和社会发展第十四个五年规划和2035年远景目标的建议》，明确指出“实施城市更新行动”“推进以人为核心的新型城镇化”，是以习近平同志为核心的党中央站在全面建设社会主义现代化国家、实现中华民族伟大复兴中国梦的战略高度，准确研判我国城市发展新形势，对进一步提升城市发展质量作出的重大决策部署，为“十四五”乃至今后一个时期做好城市工作指明了方向，明确了目标任务。

我国经济已由高速增长阶段转向高质量发展阶段，面临着转换方式、优化结构、转换动能的新任务。以存量空间为对象的城市更新既是客观趋势，也是下一阶段带领城市实现内涵式集约发展的主要途径[②]。与新城建设不同，存量发展极具复杂性和多元性，面临着经济、社会、产权、主体等全方位的城市治理问题，急需创新面向空间治理的城市更新政策、规划和实施机制[③]。党的十九大报告强调，“发展是解决我国一切问题的基础和关键”，发展始终是我国的第一要务，面向空间治理的城市更新创新应能够大力推动我国城市发展。与此同时，城市更新还应坚持“以人民为核心”，支持历史文化保护和改善民生环境，在保障民生福祉的同时，谋求高质量发展。面对高质量发展的新时期新要求，我国城市更新仍存在以下治理困境与挑战。

2.2.1 系统化的城市更新政策制度体系还需完善

1. 国家层面还需制定配套政策支撑

城市更新是一个涉及规划、建筑、土地、社会、经济等方方面面的巨系统，

① 谢涤湘，谭俊杰，常江．2010年以来我国城市更新研究述评［J］．昆明理工大学学报（社会科学版），2018，18（3）：92-100.

② 阳建强，杜雁．城市更新要同时体现市场规律和公共政策属性［J］．城市规划，2016，40（1）：72-74.

③ 林辰芳，杜雁，岳隽，等．多元主体协同合作的城市更新机制研究——以深圳为例［J］．城市规划学刊，2019（6）：56-62.

是一项综合性、系统性极强的工作[①]。城市更新的政策制度建设、规划体系衔接和管理体系构建是一个十分复杂的话题，需要从顶层把控城市更新的整体发展方向，保障整体效益。《中共中央关于制定国民经济和社会发展第十四个五年规划和2035年远景目标的建议》明确提出"实施城市更新行动"，从国家层面指明了城市更新工作前进的方向，为我国城市更新提供了顶层保障。自然资源部办公厅发布的《支持城市更新的规划与土地政策指引（2023版）》在"五级三类"国土空间规划体系内强化城市更新的规划统筹，为地方因地制宜探索和创新支持城市更新的规划方法和土地政策、依法依规推进城市更新提供了重要指引。但各地面临的土地开发与供地等关键问题，还需要国家层面不断完善支持政策。

一是土地出让方式。可进一步探索多样化的土地出让模式，以适应不同城市的城市更新特点。多数城市更新项目现状用地与周边地块犬牙交错，从推进连片开发、土地规整的角度，将零散用地纳入城市更新进行统筹十分必要，但土地出让方面仍存在制度制约[②]。二是历史用地手续完善问题。目前城中村改造项目面临较多的历史用地手续完善的需求，如不少城市由于历史原因，农房规划、报建、审批、产权登记等手续缺失，农房乱搭乱建问题严重，需要完善处置政策指引。三是土地置换问题。城中村改造项目中普遍存在边界不规整、集体土地与已征国有土地交错等问题。集体土地与国有土地置换路径不清晰，制约了土地的集约节约利用和成片连片开发。四是土地利用规划建设用地指标问题。如多数城中村土地利用规划建设用地指标零散，难以保证项目的顺利实施。五是地价评估问题。城市更新土地出让需要综合考虑开发周期、拆迁难度等问题，而现行的土地评估政策并未完全考虑城市更新面临的综合问题，需要进一步完善土地价格评估的政策依据和技术标准。

2. 地方层面仍需完善城市更新政策体系

虽然我国部分城市，如深圳、广州、上海等已经出台了城市更新相关的地方性法规、政府规章、技术规范和操作指引等[③]，但纵观全国，我国大部分城市的城市更新制度建设仍然呈现出总体滞后于实践进程的状态。地方层面，基于各地面临的城市更新特征以及更新诉求，自发在实践过程中探索城市更新相关的政策规

① 阳建强，陈月. 1949-2019年中国城市更新的发展与回顾［J］. 城市规划，2020，44（2）：9-19，31.

② 田健. 多方共赢目标下的旧城区可持续更新策略研究［D］. 天津：天津大学，2012.

③ 唐婧娴. 城市更新治理模式政策利弊及原因分析——基于广州、深圳、佛山三地城市更新制度的比较［J］. 规划师，2016，32（5）：47-53.

定和制度机制。

更新动力强且深度市场化的城市，政策制定往往基于丰富的实践，面向市场公布层级分明的规则，有较成熟的利益协调机制和监管机制，且配套政策随着实践反馈持续进行调校与完善。如以《深圳经济特区城市更新条例》为核心，深圳已初步形成地方性法规—地方政府规章—技术规范、操作指引三个层次的城市更新政策体系，强调城市更新应当遵循政府统筹、规划引领、公益优先、节约集约、市场运作、公众参与的原则。广州以《广州市城市更新条例（征求意见稿）》为核心，以其他规范性文件作为补充，逐步形成了“1+3+N”的城市更新政策体系，采用政府强主导下市场有限介入的治理模式。更新动力强且主要由政府主导实施的城市，政策制定时主要考虑满足各部门的条块分工，如住房和城乡建设部门的居住区改造、产业部门的旧工业区改造等，政策集中在地方规章和纲领层面，相应的技术规定和操作指引配套较少。如上海以《上海市城市更新条例》为基本政策，并陆续出台了一系列存量用地更新的配套政策文件，主要包括产业类、风貌旧改类、旧住房类等，主要采用政府主导、多方参与的城市更新模式。

然而，我国大部分城市仍然处于城市更新的探索阶段，还未形成较为完善的城市更新政策和制度体系，未制定系统的城市更新办法和行政审批规则，城市更新在增量规划制度框架中推进困难。目前大部分城市仍然是针对特征明显的问题，设计有针对性的改造政策和工作方案，但缺乏统领性的办法、条例和体系①。与此同时，针对不同类型城市更新项目的特点，还需要制定适宜的空间治理模式和政策制度，如：政府强主导；政府引导、市场运作；政府主导、多方参与等。在一些城市的实际操作中，不同类型的更新用地长期处于分类实施状态，缺乏上位法造成政策的整体性欠缺，且不同部门出台的政策文件主要应对各部门主管的阶段性重点问题，缺乏一以贯之的城市更新长效工作逻辑。

2.2.2 精细化的城市更新规划技术方法亟待创新

1. 现行规划体系难以有效指导城市更新工作

与增量开发不同，城市更新涉及产权、空间、社会、经济等更多元、更繁杂的问题。现有的城市规划管理体系主要应对增量发展模式，难以有效指导复杂的城市更新工作。我国大部分城市仍然面临城市更新规划体系、更新技术标准、利

① 阳建强，杜雁．城市更新要同时体现市场规律和公共政策属性［J］．城市规划，2016，40（1）：72-74.

益协调与分配机制尚未形成的问题[1]。

针对不同城市背景的特征，目前我国部分城市在城市更新规划体系及规划内容上有所差别。部分城市在宏观层面增加了城市更新相关专项规划，更新动力较强、更新实践较为广泛的城市，如深圳和上海，会编制城市更新相关专项规划，或在总体规划中增加相关专题。还会增加片区层面的更新专项规划，或者编制统筹规划。部分城市以城市更新单元规划打通控制性详细规划（简称控规）和修建性详细规划两个层面。尤其在允许土地协议出让的深圳和珠海，更新单元规划能够深度整合政府、实施主体和居民的需求，成为具有控制性详细规划地位、修建性详细规划深度的综合性规划。

然而，我国大部分城市仍未建立起城市更新规划体系。一是在大部分城市中，落实城市发展需求的城市更新工作主要强调可实施性，缺少市级、区级等宏观层面及片区中观层面的更新规划，导致城市更新工作与国土空间规划体系衔接不顺畅，且难以保障全市发展战略意图落地，无法有效一盘棋统筹全市空间资源[2]。二是多数城市存在着大量的更新项目按照原有规划实施困难，需要进行规划优化的问题。究其原因，是由于城市更新规划与传统的城市规划相比更具有实操性，需要在经济效益、社会效益、空间效益之间找到最佳的平衡点，在项目的灵活性和规划原则的严肃性之间找到最优解。传统规划对城市更新是被动管理，无法主动对城市更新工作进行系统的针对性指导，亟待对城市更新规划体系予以创新[3]。三是从地区的更新实践来看，存在控制性详细规划如何与城市更新内容相结合的问题。四是对于哪些区域需要开展城市更新行动，目前仍缺乏统一的详细认定标准。城市更新往往依托于区县申报进行立项，立项原则过于宽泛，甚至通过直观判断[3]。

2. 传统规划方法难以有效适应存量更新要求

城市更新需要应对多样的要素类型、多元的参与主体、复杂的空间信息、脆弱的历史遗存、敏感的空间环境和不停息的城市运行等挑战[3]。过往的规划技术方法主要针对增量开发建设，对于城市更新的技术支撑相对不足，亟待获得工作思路和方法的创新。同时，传统相对封闭的规划编制模式也难以适应存量

① 周显坤. 城市更新区规划制度之研究［D］. 北京：清华大学，2017.

② 阳建强，杜雁. 城市更新要同时体现市场规律和公共政策属性［J］. 城市规划，2016，40（1）：72-74.

③ 胡荣煌，邓凌云，甘露. 向存量发展转型时期的长沙城市更新路径探索［C］// 面向高质量发展的空间治理——2020中国城市规划年会论文集（02城市更新）. 2021：1691-1700.

的复杂特征，急需加强多专业协同和多维度数据支撑，并通过更加开放的规划编制组织模式，强化公众参与、尊重权利主体诉求，从而有效推动城市更新的实施。

我国传统规划的技术方法和编制模式已经难以适应复杂的存量地区更新诉求。一是土地用途方面，伴随城市土地和空间不断的新陈代谢，城市和居民对土地空间用途的需求不断变化，但早先在增量规划方法指导下编制的法定规划中对土地使用性质单一而刚性的规定，难以避免地与当下的实际使用需求产生矛盾，不适于新阶段对土地用途的多元需求。急需使土地用途管控尽可能贴近实际使用需求，并且应留有弹性和兼容性。二是开发容量方面，以往的控制性详细规划编制常基于城市设计和经验值进行容量测算，不能合理反映城市更新项目区位、拆迁和地价成本、公共利益责任等因素，实施可行性较差。同时，部分城市在发展需求的推动下，更新项目按经济性单一维度考虑，容量提升较大，对片区基础设施、公共服务、生态环境、空间形态造成负面影响。容量管控制度也不透明，缺乏清晰的容积率管控规则，个案式容积率调整有悖于法定规划的科学性和严肃性，加大了寻租空间和风险。三是空间品质方面，城市更新项目处于土壤条件、生态环境、空间形态、人车货流复杂的存量建成环境中，常需要通过局部的改造提升带来城市空间整体效益的最大化。在此背景下，更新项目无法承担审批确定规划条件后再局部调整带来的额外成本，往往需要将建筑、景观、交通、生态、物理环境等多专业协同的精细化设计前置在规划阶段。四是公共利益方面，城市更新是存量阶段城市基础设施、公共服务设施、公共空间等公共产品的重要提供路径。城市更新项目带来的新增荷载常缺乏同步的公共产品供给，会加大片区承载压力。对开发量和经济利益的过度攫取带来了对城市环境、交通、公共服务等方面的外部负效应。传统规划方法对于城市整体公共利益缺乏有效保障。

2.2.3 多元化的城市更新治理实施机制仍需健全

1. 因地制宜的更新目标亟待明确

国家对于实施城市更新行动提出了提纲挈领的目标要求，但纵观我国地方层面的城市更新体系，还需明确因城施策的城市更新目标。地方城市亟待结合各自所处的发展阶段，基于城市发展实际，制定城市更新目标，从而落实城市发展战略，解决城市发展问题。

2019年我国常住人口城镇化率为60.6%，已经步入城镇化较快发展的中后期，城市发展进入城市更新的重要时期，由大规模增量建设转为存量提质改造和增量结构调整并重。住房和城乡建设部原部长王蒙徽指出，国家层面提出实施城市更新行动，总体目标是建设宜居城市、绿色城市、韧性城市、智慧城市、人文城市，不断提升城市人居环境质量、人民生活质量、城市竞争力，走出一条中国特色城市发展道路。主要包括完善城市空间结构，实施城市生态修复和功能完善工程，强化历史文化保护，塑造城市风貌，加强居住社区建设，推进新型城市基础设施建设，加强城镇老旧小区改造，增强城市防洪排涝能力，推进以县城为重要载体的城镇化建设。国家层面实施城市更新行动的目标任务是在高质量发展的背景下，基于全国城市建设工作和城市更新发展的考量下提出的，具有重要的统筹性和引领性。

然而，我国国土幅员辽阔，城镇众多，存在明显的地域差异。根据不同的地理位置、气候条件、历史沿革等城市特点，我国城市在社会、经济和环境等方面的城市发展状况存在差异性。因此，不能抛开地方城市各自的发展阶段和发展特点，盲目遵从国家城市更新行动目标，照抄照搬。亟待结合地方城市的在地性，契合城市发展阶段，结合当下城市发展遇到的问题，提出有针对性的城市更新目标，制定精细化的城市更新实施行动指引。

2. 多元利益平衡机制急需完善

城市更新治理的多元主体包括政府、市场、权利人和社会公众等，如何有效平衡多元主体的利益是城市更新需要解决的重要问题[①]。要加强城市建设底线管控，防止在城市更新中大拆大建。然而，目前我国大部分城市更新中多元主体的利益平衡机制还不完善，导致多元主体缺少参与城市更新的动力。城市空间结构和公共设施难以落实，政府的战略意图缺乏保障，政府利益难以落实。开发商前期投入成本过高，后期收益缺乏保障，抑制了市场参与城市更新的意愿。由于补偿安置标准偏低，自主更新缺乏保障，权利人参与城市更新的动力不足。此外，公众参与路径缺失，社会公众的利益常常被忽视[②]。

一是城市更新的财税问题。我国多数地区要求城市更新项目由同一主体推进，需要开展产权归集工作，由于实施主体与权利人在法律上是平等的民事主体，只能通过使用权收购的方式完成，会出现大量土地增值税、契税等税费支出，产权归集的成本非常高昂等问题。政策对城市更新项目所需贡献的公共设施

① 张磊. “新常态”下城市更新治理模式比较与转型路径［J］. 城市发展研究，2015，22（12）：57-62.

② 廖玉娟. 多主体伙伴治理的旧城再生研究［D］. 重庆：重庆大学，2013.

用地建设要求，以及各类费、税计算标准不断更新，企业对于相应增加的成本寄望于通过提高容积率等规划条件予以平衡，造成规划条件无法通过技术评估、规划方案反复核改耗时长等问题。

二是社会资本参与度较低，资金压力大。从地方政府财政压力来看，目前多数地区城市更新以政府主导为主，尤其是棚户区改造、城中村改造项目。但目前存在大量项目达不到自身资金平衡，增大了政府的隐性债务风险。社会资本参与的城市更新项目，若在前期拆迁完成后再进入招拍挂程序，会提高社会资本的成本和风险，导致社会资本参与度较低。部分考虑引入企业或权利人开展城市更新的地区，暂未明确可行的实施路径。如部分城市实施主体通过招拍挂从二级市场获取土地进行开发，自下而上实施城市更新项目的路径不够通畅。对于历史文物修缮等工作的资金如何保障，也缺乏相关政策指引。

三是针对原权利人的城市更新拆迁补偿问题。征迁安置补偿大多没有统一标准，如部分城市农房征迁安置补偿标准与同地段城镇房补偿标准差距太大，因而在实际操作过程中，村民往往选择就地就近物业安置，而安置房仍然为小产权房，给后续的城市管理带来更大的隐患。此外，由于房屋面积认定涉及方面较多，耗时较长，且权益人对更新补偿标准的诉求不断提高，无法协商一致，导致项目改造成本虚高，影响整体进度。“多数决”表决制度在实操层面仍缺乏司法强制保障措施，导致城市更新存在较高的隐性风险成本。

3. 各部门事权划分有待清晰

目前，城市更新工作已在我国大范围展开，政府内部运作机制是城市更新空间治理的核心要素。然而，中央政府和地方政府之间、地方政府内部各部门之间在治理过程中的关系和事权划分均不清晰。城市更新工作涉及部门较多，在多政策路径下，各部门多头管理，缺乏结构性和系统性协同，急需建立能够横向整合条块资源的统筹机制。如何把握中央和地方的事权关系是城市更新治理的重要问题。我国还没有形成完善的城市更新政策制度体系和规划技术体系，不同类型的城市更新行动由各部门多头管理，会出现行政交叉、权责不清等问题。

其次，更新项目往往涉及规划和自然资源部门、住房和城乡建设部门、发展和改革委员会、经济和信息化委员会、环保部门、财政部门等多项管理条块，分头管理，在政策法规和管理流程等方面都难免出现重叠之处。地方政府各部门的城市更新事权缺乏协调平台，使得存量空间利用和公共资源投入缺乏统筹。需要明晰各部门的权责，指定统筹部门搭建平台，统筹资源和制定多方协同规则。

4. 多主体参与途径仍需明晰

目前，我国城市更新规划大多采用城市空间管控的手段，具有物质空间规划的局限性。然而，城市有机更新除了城市物质空间的规划，还涉及复杂多样的社会问题。在动力机制、产权关系、空间环境、利益诉求均十分复杂的城市更新中，建立政府—市场主体—权利主体—社会公众等多元主体协同合作机制是提升城市治理能力的重要方面[①]。然而，目前城市更新规划的作用途径仍以物质空间管控为主，对社会问题的作用力度不足，多元主体的参与途径和机制也尚不清晰，与基层治理机制的衔接不通畅[②]。

城市更新不只着眼于土地经济增值和物质环境改善，还涉及政府、市场、社会等多元权利主体的不同利益。只有妥善保障和平衡城市更新中各方权利主体的利益诉求，吸引多方权利主体的广泛参与，才能推动城市更新项目的高质量发展[③]。然而，目前我国城市更新的多方参与和协同治理还处于探索阶段，还没有形成制度化、系统化的多方参与途径，还没有明确在城市更新特定阶段和全过程中的多元主体参与模式，也还没有制定包含多方参与阶段的城市更新规划编制审批流程。多元共治时期我国的城市更新需要积极构建面向市场和公众的规划和协商机制，结合多元治理模式，进一步制度化构建多方参与的形式、流程、范围、权责等协作机制，使各方在统一透明的机制下进行充分的博弈与协商[④]。

北京从2007年开始在各区积极推进责任规划师下基层、街道，入乡村，掌握社情民意引导公众参与，优化实施路径，在机制构建、制度设计方面做了大量工作，于2019年5月出台了《北京市责任规划师制度实施办法（试行）》，支持和鼓励非政府组织、各级基层组织参与城市更新，推广社区规划师制度[⑤]。2017年9月以来，成都市城乡社区发展治理领导小组牵头，40余个市级部门围绕城乡社区发展治理的重点领域，初步构建起“1+6+N”政策体系，其中涉及社区微更新的政策有《关于深入推进城乡社区发展治理建设高品质和谐宜居生活社区的意见》《成

① 王嘉，黄颖．基于多主体利益平衡的深圳市城市更新规划实施机制研究［C］//中国城市规划学会．新常态：传承与变革——2015中国城市规划年会论文集．北京：中国建筑工业出版社，2015：828-837.

② 田健．多方共赢目标下的旧城区可持续更新策略研究［D］．天津：天津大学，2012.

③ 林辰芳，杜雁，岳隽，王嘉．多元主体协同合作的城市更新机制研究——以深圳为例［J］．城市规划学刊，2019（6）：56-62.

④ 李杨，宋聚生．多元治理视角下的存量规划效用研究——以深圳市湖贝旧村更新改造为例［J］．城市规划，2020，44（9）：120-124.

⑤ 唐燕，张璐．从精英规划走向多元共治：北京责任规划师的制度建设与实践进展［J］．国际城市规划，2023（2）：133-142.

都市社区发展治理“五大行动”三年计划》和《成都市民政局 中共成都市委组织部 中共成都市委城乡社区发展治理委员会关于进一步深入开展城乡社区可持续总体营造行动的实施意见》等。除了北京、成都等城市外，我国大部分城市亟待创建完善的基层治理制度，将城市更新政策和规划深入到社区层面[①]。应结合各地政策和管理特征，搭建协商议事平台，构建议事委员会制度和多方联席会议制度，有效协调规划和自然资源局、城市更新局、街道办事处、开发商、居民、租户、专家顾问、社区规划师、非营利组织、市民代表、媒体代表等多方参与，通过城市更新议事平台整合多方资源和诉求。

5. 全过程管理机制还需完善

城市更新涉及土地、产权、空间、社会、经济等方方面面，具有周期长、范围广等特点。我国部分城市已经出台了城市更新相关政府规章，如深圳、广州、上海、北京等城市的城市更新探索已有一定的基础和成效，然而，目前城市更新的全过程管理机制并不完善，还没有建立高效、精细化的城市更新管理机制。目前，针对拆除重建类城市更新项目已经有较为成熟的管理制度，但对于微更新、微改造的管理机制还未形成。

自2009年《深圳市城市更新办法》发布以来，深圳市已形成较为全面的城市更新管理机制，主要包括计划管理、规划管理和实施管理，贯穿城市更新计划申报、土地信息核查、更新单元规划申报、实施主体确认、完成房屋拆除、用地手续办理和预售监管等阶段[②]。但是我国大部分城市目前主要关注于土地和规划的管理，没有构建精细化的城市更新管理机制，特别是实施和监管力度不足，城市更新的全过程管理机制不完善。

此外，我国以往开展的城市更新主要针对拆除重建类项目，但针对老旧小区改造、旧工业区综合整治、历史文化地区保护等的“微更新”“微改造”项目还缺乏健全的行政审批程序和制度构建[①]。如随着经济的发展和城市的变迁，部分既有建筑需要改变用途，但这既不符合新建建筑施工图报审的要求，又没有专属的审批制度，只能采用行政绿色通道进行建筑更新审批。对于微更新所涉及的更新改造后的物权确定、建设工程规划许可证、施工许可证审批等，也尚未形成制

① 陆非，陈锦富. 多元共治的城市更新规划探究——基于中西方对比视角［C］//中国城市规划学会. 城乡治理与规划改革——2014中国城市规划年会论文集. 北京：中国建筑工业出版社，2014：944-956.

② 林辰芳，杜雁，岳隽，等. 多元主体协同合作的城市更新机制研究——以深圳为例［J］. 城市规划学刊，2019（6）：56-62.

度化管理办法。

2.3 本章小结

随着我国城镇化进程进入中后期，存量提升逐步代替大规模增量发展成为我国城市空间发展的主要形式。《中共中央关于制定国民经济和社会发展第十四个五年规划和2035年远景目标的建议》中明确提出“实施城市更新行动”，“推进以人为核心的新型城镇化”，为“十四五”时期我国城市工作指明了前进的方向。在动力机制、产权关系、空间环境、利益诉求等不同要素的影响下，建立多元主体良性互动、共建共享的城市更新治理机制是实现我国高质量城市发展的必要途径。城市更新中的治理手段主要用于调节和分配城市的空间资源和增值利益。虽然现有学术文献已日益关注于城市更新和治理的关联机制，但仍然缺乏历史和全面的认识。

自1949年以来，我国城市更新在政策制度建设、规划体系构建和实施机制完善等方面，均取得了巨大的成就，强有力地推动了我国城市的产业升级转型、社会民生发展、空间品质提升和功能结构优化。伴随着我国城市化进程的不断发展和前进，我国城市的发展目标、面临的问题、更新动力及制度环境在不同时代背景下存在差异，城市更新中的利益分配机制和实施路径不断演进和完善，在不同阶段呈现出不同的治理模式和特征。本章节从城市治理的视角出发，以深圳、广州、上海等城市更新的探索和实践为主，依据城市更新的治理特征和实践情况，将1949年以来我国城市更新的治理历程划分为四个阶段：

第一阶段（1949～1988年）：解决最基本的民生问题的城市更新。这一阶段城市更新的治理目标是解决国民最基本的民生问题，主要采用政府主导的一元治理模式，更新治理主体是政府。城市更新治理机制还不成熟，政府财政资金有限，大多是政府通过“自上而下”的强制性政令安排推动改造工作。通过“全面规划、分批改造”的方式改善居民居住环境，解决住房紧张问题，偿还城市基础设施领域的欠债等。由于这一阶段管理体制不完善，忽视了社会和市场的力量，缺乏对各利益主体意愿的重视。产权保护观念淡薄，建设项目存在各自为政、标准偏低、配套不全、侵占绿地、破坏历史文化环境等问题。

第二阶段（1989～2008年）：支撑城市经济快速发展的城市更新。这一阶段城市更新的治理目标着重于支撑城市经济快速发展，主要采用政企合作下的二元治理模式，更新治理主体是政府和市场。依据更新模式、社会公平性、土地财政、地块开发需求等多方面的共同影响，大体可分为“政府引导，市场运作”与“政府主导，市场参与”两大类型，主要采用PPP、BOT、PUO等市场化运作模式。政府政策支持和社会资本运作大大加快了这一阶段城市更新的发展速度，推动了以城中村改造、老旧厂区转型升级、历史街区改造等为主要更新对象的城市更新行动。然而，对经济利益的过度追求，也导致政府和开发商结成了行政权力与资本的利益增长联盟，增值利益分配不均衡，对权利主体的利益保障不足。

第三阶段（2009～2014年）：支持城市发展由速度向质量转变的城市更新。这一阶段城市更新的治理目标在于支持城市发展由速度向质量转变，主要采用三方协商下的多元治理模式，更新治理主体是政府、市场和原权利主体。通过明确公共利益用地和用房配置要求、鼓励公共责任捆绑等方式，保障政府更新需求。明确功能调整与容积率奖励转移机制，提供税费减免与资金支持等，调动市场参与动力。通过货币补偿和物业补偿等方式，保障原权利人利益。通过平衡政府、市场主体和原权利主体三方利益，积极推动城中村改造、棚户区改造、低效工业用地盘活等工作。但与此同时，由于对短期效益的追求与城市更新发展的综合目标之间存在矛盾，城市更新缺乏统筹，公共利益难以有效落实。

第四阶段（2015年至今）：推进以人为核心的高质量发展的城市更新。这一阶段城市更新的治理目标在于促进以人为核心的高质量发展，主要采用多方参与下的多元治理模式，更新治理主体是政府、市场、原权利主体和社会公众。通过建立政府、专家、投资者、市民等多元主体共同构成的行动决策体系，利用“正式”与“非正式”的治理工具来应对复杂的城市更新系统。各类社会主体通过建立工作坊、自治会以及社会调查、基金设立等方式，参与老旧小区改造、历史文脉保护等涉及民生和公共利益的城市更新活动。然而，目前自下而上的多元协商机制仍处在探索阶段，缺乏政策和制度上的支持和保障，公共利益的保障力度仍不充分。

《中共中央关于制定国民经济和社会发展第十四个五年规划和2035年远景目标的建议》明确提出“实施城市更新行动”。与快速城市化时期的新城区开发建设不同，存量空间的更新发展面临经济、社会、环境等多方面的约束，以及产权、主体等多方位的城市治理难点，极具复杂性和多元性。目前，我国的城市更新制度建设仍面临政策制度、规划技术和实施机制等方面的问题，急需进行城市更新治理创新工作，为城市更新的高质量开展提供关键保障。

一是系统化的城市更新政策制度体系还需完善。首先，国家层面还需制定配套政策支撑。虽然国家层面已经明确“实施城市更新行动”重要指导方针，但从各地实践来看，还需要国家层面不断完善支持政策与导则指引。其次，地方层面仍需完善城市更新政策体系。我国大部分城市仍然处于城市更新的探索阶段，还未形成较为完善的城市更新政策和制度体系，未制定系统的城市更新办法和行政审批规则，城市更新在增量规划制度框架中推进困难。

二是精细化的城市更新规划技术方法亟待创新。首先，现行规划体系难以有效指导城市更新工作。我国大部分城市现有的城市规划体系主要用于应对增量发展模式，还没有形成完善的城市更新规划体系和技术标准等。城市更新工作与国土空间规划体系衔接不顺畅，无法有效一盘棋统筹全市空间资源。其次，传统规划方法难以有效适应存量更新要求。过往的规划技术方法主要针对增量开发建设，难以适应未来复杂的存量地区更新诉求，急需创新规划技术方法和工作思路。与此同时，相对封闭的规划编制模式也难以适应存量开发的复杂特征，亟待加强多专业协同和多维度数据支持。

三是多元化的城市更新治理实施机制仍需健全。首先，因地制宜的更新目标亟待明确。我国地方城市需要因地制宜的城市更新目标，亟待结合城市各自的发展阶段、发展策略、发展问题、发展实际，制定兼具在地性和针对性的城市更新目标。其次，多元利益平衡机制急需完善。目前，对开发量和经济利益的过度攫取提高了城市更新的改造成本，带来了环境、交通、公共服务等方面的外部负效应，给城市造成了较大负荷。再次，各部门事权划分有待清晰。除深圳、广州、珠海、上海等城市外，我国大部分城市并未设立城市更新专职管理机构或部门。城市更新工作涉及部门较多，在多政策路径下，各部门多头管理，缺乏结构性和系统性协同，导致存量空间利用和公共资源投入缺乏统筹。再次，多主体参与途径仍需明晰。目前，城市更新规划的作用途径仍以物质空间管控为主，具有物质空间规划的局限性，对社会问题的作用力度不足，多元主体的参与途径有待清晰，急需与基层治理机制有效衔接。最后，全过程管理机制还需完善。我国大部分城市目前主要关注土地和规划管理，还未构建城市更新全过程管理机制，特别是实施和监管力度不足。针对“微更新”还需制定健全的行政审批程序和制度。

我国的城市更新在不断的发展和前进中获得了许多宝贵的经验，为推进新型城镇化、构建新发展格局、提升国家治理体系与治理能力、全面建设社会主义现代化国家发挥了重要作用。存量型城市发展阶段是长期的、常态化的。面向以人为核心的新发展时期，我国的城市更新治理面临着前所未有的困境和挑战，需要从政策制度、规划技术和实施机制等方面创新城市更新的治理机制，从而实现我国城市更新更高层次、更高质量的发展。

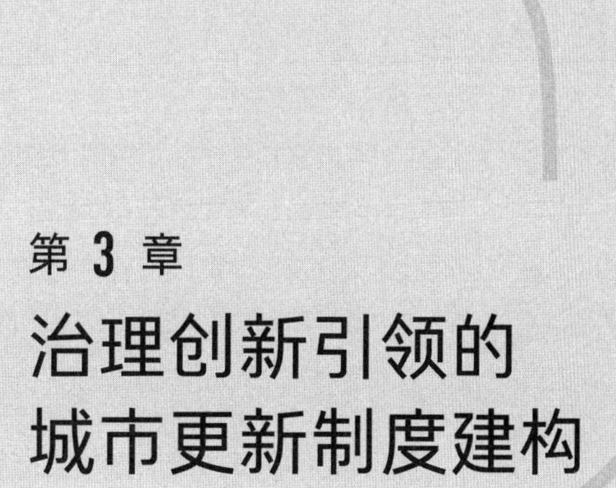

第 3 章 治理创新引领的城市更新制度建构

城市更新工作的主要对象是条件复杂的现状城市空间系统，面临着从技术规划向空间治理转型过程中出现的复杂产权协调、多元主体协商和利益分配等制度困境。因此，城市更新中的治理创新离不开相应政策体系的建构与支撑，并且随着城市更新探索的不断深入，政策机制的设计也从单一经济维度目标走向关注社会、文化、环境等多维度目标。本章将首先从国家—地方的治理关系出发，以典型城市政策建构和代表性治理对象为案例，探索国家和地方在城市更新领域的政策制度建设及创新的思路与关键做法；再以多元目标实现的更新导向为线索，探析空间治理视角下城市更新重点领域的政策工具设计与运用。

3.1 国家治理下的城市更新制度建设

3.1.1 中央统筹引导与地方适应性创新

城市更新领域利益博弈、诉求协商的要求较高，导致城市更新制度建设成为十分复杂的话题。新时期实施城市更新行动，要走出一条内涵型、集约式的高质量发展道路，使城市更新成为我国未来长久持续的城市建设路径。然而，当前的城市更新制度建设仍不足以支持城市更新工作的全面推进，因此需要从中央顶层设计着手，把控城市更新的整体发展方向，保障整体效益。

然而，我国幅员辽阔，各地治理文化和社会经济发展进程不一，地方政府基于各地面临的城市更新问题和诉求，在摸着石头过河的过程中，自发地探索出了自身的可为之处，创造出了许多适合本地的工作方法和工作逻辑，是当前我国城市更新的主要活力来源。因此，关注地方之间的差异性，让地方的在地化运用得到支持与发展空间，是城市更新的关键要素。

目前，城市更新工作已在我国大范围开展，顶层设计引导与地方实践探索是其中重要的内在推动力。笔者在住房和城乡建设部软科学课题《面向实施的城市更新规划制度与技术体系研究》等研究中提出，面向全国的城市更新制度建设必须考虑其应对不同城市发展状态的兼容性，合理把握中央—地方两级政府的政策弹性，在顶层设计与地方多样性之间寻求平衡点。

3.1.2 目标与问题双导向下的更新制度建设思路

1. 明晰“中央引导、地方统筹、基层实施”的基本原则

理顺城市更新工作中中央与地方的关系后，应以“中央引导、地方统筹、基层实施”为基本原则，中央层面锚定城市更新的基本政策框架，各地根据各自的城市发展阶段和需求，因地制宜提出差异化的要求和目标，逐步构建从中央到地方的城市更新政策体系，形成既能实现目标又能解决问题的治理结构。

中央层面总体引导，自上而下引导战略方向。城市更新的制度建设、规划体系衔接和管理体系构建是一个十分复杂的话题，需要从顶层把控城市更新的整体发展方向。中央层面应针对我国城市更新最紧迫的问题，自上而下引导战略方向、基本概念与边界、工作内容、组织架构等城市更新关键内容，锚定城市更新的基本政策框架。在全面把握我国城市更新的关键难题后，中央层面应有的放矢

地制定法规政策指引，针对关键难题精准供给关键政策，建立基本的行动规则，提供支持城市更新高质量发展的法规政策工具，既能包容地方政策的开放创新，同时可监督和指导地方开展城市更新相关工作。

地方政府统筹协调，因地制宜地构建政策体系。在中央给予的制度框架与政策支持下，地方政府全面理解上层次要求，充分厘清当地发展实际，准确判断地方城市发展情况，评估地方城市更新需求与问题，合理制定城市更新的长期与阶段性目标，统筹协调各职能部门、基层政府与各方实施主体、权利主体，及时响应，构建一套约束与弹性相结合的城市更新政策制度体系，制定地方政府规章，提供基本政策依据和引导配套政策，为更新工作提供行动纲领。

基层政府主导实施，自下而上反馈优化制度建设。基层政府是城市更新工作实施推进的压舱石，最了解市场与权利主体的诉求和工作推进的困境。在更新实践的开展过程中，应时刻把握公共利益，积极、及时反馈更新诉求，有利于城市更新制度建设优化，使城市更新工作适得其所，精准解决问题（图3-1）。

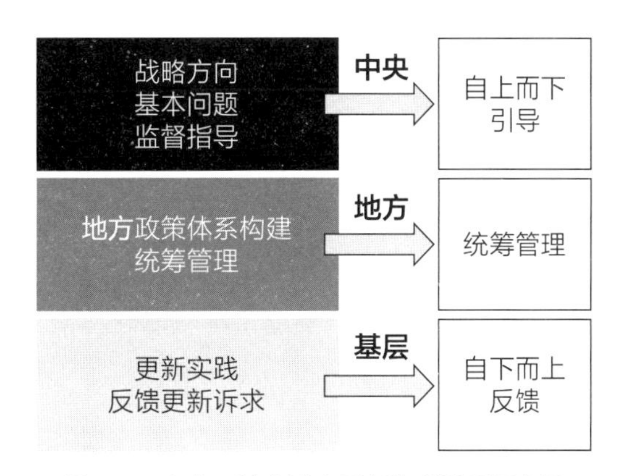

图3-1　中央—地方城市更新治理关系示意图

2. 响应发展目标，明确城市更新基本概念

如前所述，1949年以来，我国围绕城市更新开展了诸多工作，各部委提出了旧城改造、棚户区改造、三旧改造、低效用地再开发、城市双修、社区治理等各类行动与计划。2021年，《中华人民共和国国民经济和社会发展第十四个五年规划和2035年远景目标纲要》发布，明确提出，“实施城市更新行动，推动城市空间结构优化和品质提升”，将城市更新行动提升到了一个全新的战略高度。城市更新并不是简单的行动计划，而是未来较长时间内我国重要的城市发展战略，需要探索一种可持续的城市建设新模式，走出一条内涵集约式、高质量发展的城镇

化道路。

因此，中央层面需明确城市更新的基本内涵，是可以将原有的各类改造路径都囊括其中的，是按一定规则和方式，对城市建成区的空间形态和功能进行持续改善的建设活动。由于改善措施的差异性，实施城市更新也存在不同的方式。按照“留改拆”的优先顺序，对各类更新对象可以组合采用保护传承、整治改善、改造提升、再开发和微改造等更新方式。以“保护优先、少拆多改”为原则，可以采取保护、保留、整治、改建、拆除、重建（含复建和新建）等更新措施。

城市更新并非城市建设领域的新鲜事物，而是伴随着城市发展螺旋式上升的过程中必不可少的一个环节。面对错综复杂的建成环境及其权利主体、利益相关方，不同区域实施城市更新存在差异化的价值导向。在符合城市更新基本概念框架，不违背城市更新战略意图的情况下，应鼓励各地找准发展目标，运用综合手段统筹解决城市问题。

3. 解决实际问题，实现关键政策供给

当前中央层面城市更新仍限于部门规章与特定领域政策制定，法制建设层面还停留在《城乡规划法》《土地管理法》等各专业领域的基础法规状态下，不足以满足未来长期的城市更新工作需求，支撑城市更新作为重要的城市发展战略甚至国家战略的高度。因此，中央层面首先要夯实、稳定城市更新的法制基础。地方城市更新在更新方式、内容对象、实施模式、公共利益等领域已有较成熟且广泛的探索创新，中央层面应围绕《城乡规划法》《土地管理法》等城市更新相关领域法规修订完善，或另行编制出台城市更新专有法规，作为上位法构建城市更新的强制性、非强制性内容与权责关系，使地方探讨适应性优化具有合法性，贯彻落实依法行政。通过立法认可地方城市更新是在具体时空环境下的演绎，允许其地方适应性的优化和扩展，方可维持城市更新中中央—地方治理的长久稳定。

其次，政府单一主导推进城市更新必然不是全面且惟一的实施模式，如何吸引社会资金介入、吸引权利主体积极参与，是实现可持续更新的关键保障。因此中央层面应了解缺乏社会资金与权利主体参与城市更新的症结所在，破其困、清其障，鼓励引入市场参与机制，鼓励地方开拓创新，从土地出让方式、土地利用方式（如涉及分合宗、历史用地、土地置换等）、建设用地指标等方面出发，给予地方探索的创新试点空间，积极推动城市更新的全社会参与、全民参与。

再次，城市发展模式转变，城市更新进入常态化，意味着原来土地开发、大规模建设时代的“土地财政”不可持续，城市运营下的税收收入是未来地方政府的主要“收入”方式。因此，在城市运营时代，对原有的中央—地方政府之间的财税结构提出挑战，在时代切换下，要重构财税体系。2021年起，国有土地使用权出让收入划转给税务部门负责征收，开启了对既有财税体制进行改革的铺垫，未来在中央—地方的税收分成、地方土地出让金收支两条线、以收定支要求、面向企业和被拆迁人的税费调节等财税制度方面，存在巨大的改革空间。

3.2 适应发展诉求的政策工具创新

3.2.1 因地制宜的地方更新制度探索

各地方政府在城市更新工作中对政策工具的选择和运用，除了受到国家治理的宏观结构，以及如规划、土地、物权等相关领域内正式制度的激励与约束①，也受到了地方治理惯性、资源情况、发展需求、治理对象特征与面临的问题等具体条件的影响。

在国家政策引导下，广东、江苏、浙江、海南、上海等地均较早地开展了地方城市更新政策制定的探索，以推进城市更新实践。就地方城市而言，深圳、广州、上海和三亚是根据地方特征及发展诉求，创新和运用了不同的政策工具组合，制定了差异化城市更新政策较典型的代表。

1. 深圳：资源紧约束下提高存量空间利用效益

深圳在快速城市化建设中，土地快速消耗，增量空间有限，难以支撑城市高速发展的需求。因此，深圳市于2005年提出四个“难以为继”②，其中之一即土地、空间难以为继，成为全国最早面临土地资源瓶颈的城市。为保障城市发展需要，深圳不得不向存量空间要产出、要效益，城市更新成为推动城市可持续发展的必然选择。

从政策体系搭建的过程来看，深圳市城市更新探索了城乡土地二元化背景下的土地再开发的制度路径，通过搭建协调市场、权利人与公共利益的协商平台，有效地释放了原本低效利用的土地资源，全面提升了城市综合服务能力与空间品质，促进不同社会群体共同交流、共享城市发展成果。深圳市城市更新从1990年

---

① 郁建兴，高翔．地方发展型政府的行为逻辑及制度基础［J］．中国社会科学，2012，(5)：95-112.

② 新华网．深圳将转变发展理念，在紧约束条件下求更大发展［EB/OL］．［2005-12-30］．http：//www.gov.cn/jrzg/2005-12/30/content_142789.htm.

代开始个案摸索至今，积极探索，持续开展城市更新制度构建与改良，逐步构建了一套系统完整、动态调校的城市更新政策体系。

（1）以政府引导为原则，构建纵向多层级、横向全流程覆盖的政策体系

深圳市城市更新政策体系总体遵循“政府引导、市场运作”的导向，纵向上建立了“法律法规—地方规章—技术标准—操作指引”四个层次。

法律法规层面，《深圳经济特区城市更新条例》（简称《深圳更新条例》）率先开启了全国城市更新领域法制建设的先河，通过法律手段固化已有成果，破解工作难题，成为深圳开展城市更新的基本法律依据。该条例明确了深圳市城市更新在政府统筹的前提下，实行市场化运作路径。条例提出了深圳市城市更新的原则目标和总体要求，明确了城市更新规划与计划管理机制，规范了城市更新市场主体行为，并加强了对城市更新物业权利人的合法权益的保护，同时还创设了“个别征收+行政诉讼”制度以破解城市更新搬迁难的问题。

地方规章层面，深圳市城市更新地方规章是对城市更新活动的综合性管理规定，主要包括两大部分：一是《深圳市城市更新办法》（简称《深圳更新办法》）及《深圳市城市更新办法实施细则》（简称《深圳实施细则》），构成了城市更新核心政策，其主要内容都在《深圳更新条例》中得到了巩固；二是城市更新的暂行措施及其相应修订，反映了政府及时根据社会经济发展需要对城市更新政策进行的调校。

技术标准作为技术领域的规范性文件，操作指引作为管理领域的规范性文件，共同为指导具体的城市更新活动提供政策支撑，并且不断根据实际工作的需要进行调整和优化。技术标准与操作指引基本覆盖了整个城市更新工作的全流程。

横向来看，深圳市城市更新政策从计划、规划到用地处置，以及产业发展、住房管理等多方面都提出了明确的规范要求和操作指引，基本上覆盖了城市更新工作的全流程，大大提高了城市更新项目实施的规范性，有利于建立规范、可持续的市场机制，提高了城市更新项目的运作效率（图3-2）。

（2）以多元目标为导向，结合城市阶段发展需求建立政策动态调整机制

深圳市城市更新实践从最初应对土地空间资源难以为继、提高土地利用效率到推动全面高质量发展、建设社会主义先行示范区，其政策设计的目标导向也随着城市发展各阶段需求的变化而逐渐优化，关注民生幸福、产业发展、生态绿色、城市风貌、社会治理等多维度的社会经济文化的全面发展。因此，城市更新政策体系中运用的政策工具也在不断调整和丰富。

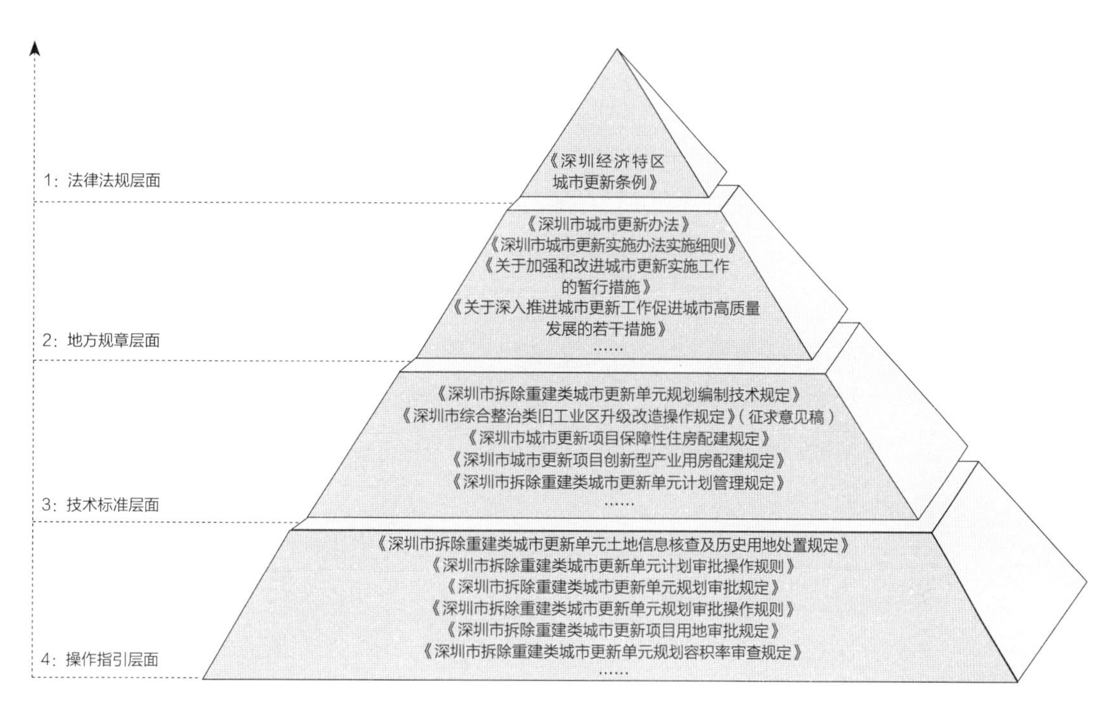

图3-2　深圳市城市更新政策体系

以深圳市政府出台的《深圳市人民政府办公厅印发关于加强和改进城市更新实施工作的暂行措施》（简称《暂行措施》）为例，可以很好地体现其城市更新政策体系的动态调整、可生长性特征。深圳市分别于2012年、2014年和2016年出台过三版《暂行措施》，新的措施出台后，老的措施予以废止，政策持续更迭调整。其目的是落实政府对城市更新工作的最新引导，聚焦实施，解决城市更新工作中面临的问题和难点，对针对性解决城市更新实施中反映出的社会、经济等问题起到了明显的推动和支撑作用。例如2016年版《暂行措施》在前两版的基础上，结合当时城市公共服务配套亟待进一步完善、项目碎片化实施的负面作用显现的情况，为进一步加强政府统筹和提升城市公共服务水平，提出了政府主导的重点城市更新单元试点、提高城市更新项目公共设施配建标准和公共住房配建比例等措施。

深圳市城市规划设计研究院（简称深规院）在长期跟踪《深圳市拆除重建类城市更新单元规划编制技术规定》编制的过程中，深刻体会到了城市更新政策和规范动态调整、弹性生长的重要性和必要性。2011年，《深圳市城市更新单元规划编制技术规定（试行）》（已废止）发布，是全国在城市更新规划领域的第一个地方性技术规范，大幅提高了当时城市更新单元规划编制的规范性、准确性，减少了政府与申报主体的博弈成本。2015年，随着深圳市城市更新政策的不断完善，城市更新管理机构发生变化，生态文明、海绵城市、历史文化等城市发展的新要求不断强化，随即启动对技术规定进行修编，且与城市更新管理部门、申报主体、规划编制单位、专家学者等多方主体充分沟通、衔接，历时3年，于2018年修订形成《深圳市拆除重建类城市更新单元编制技术规定》，获得高度认可，成为深圳市城市更新规划编制的集大成规范。

（3）通过试点先行、试点政策封闭运行等方式探索重点领域政策创新

深圳较早地开始了城市更新的实践，并且重视对实践经验的总结，通过政策进行巩固和完善，通过借鉴国内外城市先进案例做法、试点先行、试点政策封闭运行等方式，稳步地探索政策工具的创新，有利于降低政策创新的风险、提高政策推行的效率和效果。

政策创新可以基于总结试点经验，也可以采用先推出试点方案，总结试点经验后出台正式政策的方式。例如，深圳在2009年发布的《深圳市城市更新办法》中创设性地提出设置“城市更新单元”作为管理城市更新活动的基本依据，通过编制城市更新单元规划实现对单元内城市更新的空间和利益统筹，搭建利益协商平台。这个创新结合了对香港地区法定图则（Statutory Plan）刚弹性管控兼备特点的借鉴，以及对多个城中村改造、旧工业区改造项目实践的经验总结。而深圳市在探索土地整备利益统筹这一政府主导的存量开发模式的过程中，经历了选定试点、按试点政策开展工作、总结试点经验、出台正式政策在全市范围内推广的过程。

政策创新也可以通过鼓励区、县级政府或实施主体申请试点，试点内允许多种政策工具的融合以及创新试验的方式推进。例如，深圳市在推进打造两个百平方公里级产业空间的工作方案中提出试点项目封闭运行，并且在试点项目中充分运用“案例+政策工具箱”的工作机制，加强城市更新、土地整备、产业用地提容等政策的联动融合，通过试点项目的实施，不断总结经验，完善全市旧工业区改造升级政策。这样的方式有利于结合案例操作及时调整和优化政策工具创新的方向，避免出现较大的失误。

2. 广州：增存资源统筹发展下优化存量空间

广州市是珠三角传统中心城市，是区域的政治、经济、文化中心，是管理型政府的代表城市。经过三十多年的快速城镇化进程，城乡用地的低效、粗放利用与土地资源供应不足的矛盾逐渐凸显出来。一方面，广州积极推进黄埔区、南沙区、番禺区等辖区内的新城开发建设工作，另一方面，广州市较早发展起来的“老城区”面临土地使用效率低下甚至出现闲置现象、老旧住区衰败且配套设

施不完善、风貌保护不凸显等问题。从存量待更新的资源情况上看，广州的“三旧”用地中，国有企业，尤其是市属、省属国有企业较多。

因此，广州延续“大政府”城市治理的特点，结合城市发展诉求与资源特点，基本形成了一套完善的城市更新政策体系。

（1）建立分类型、分对象、精细化管控的城市更新制度体系

在“政府主导、市场参与”的政策导向下，广州市城市更新工作遵循“规划统筹、分类指导、连片策划、精准施策”的原则。《广州市城市更新条例（征求意见稿）》尚在征求意见中，目前，其框架性政策是《广州市城市更新办法》（简称《广州更新办法》），并基本稳定了“1+3”的总体—分类指导政策体系，2020年起开始探索建立结合片区策划方案的城市更新单元管控体系。《广州更新办法》明确提出，针对旧改对象如城中村、旧厂、旧城镇，采取分类管理，更新方式分为全面改造和微更新。其中城中村被纳入整村改造的，基本采取政府收储或公开招募合作企业的方式实施拆除重建。老旧小区或历史名村基本采用微改造的方式实施，而旧厂则根据土地权属、改造方向等制定了不同的更新规则。在实施模式上，以政府收储为主，多种模式灵活运用以实现成片连片的更新改造和政府主导的旧城微改造（图3-3）。

（2）分对象提出更新模式指引，制定清晰的增值利益分配规则

广州针对不同对象分别明确了更新模式与实施路径，并且对前期土

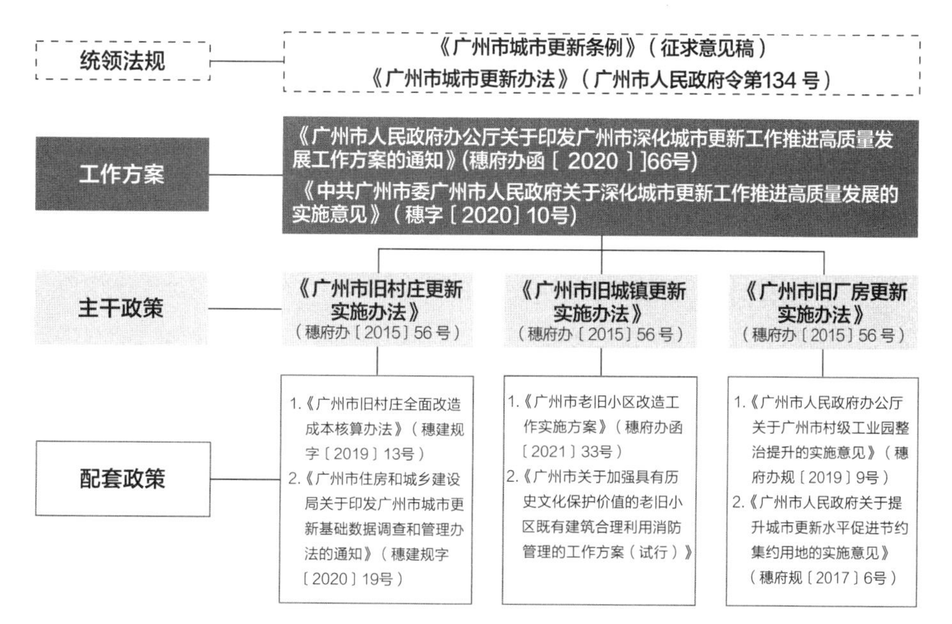

图3-3　广州市城市更新政策体系

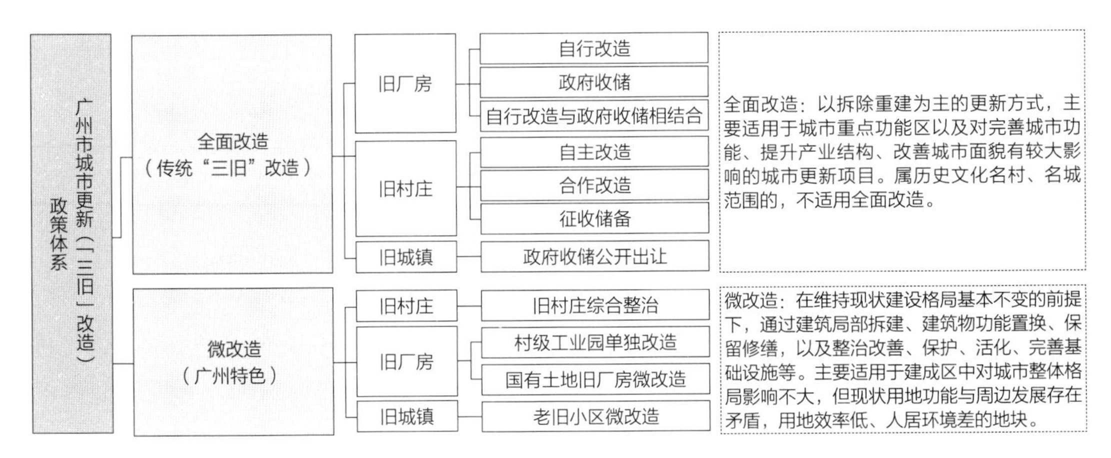

图3-4　广州市针对不同改造对象提出改造模式指引

地整理、后期土地增值利益分配、产业监管等环节制定了较为明晰的规则（图3-4）。

广州市目前针对老旧小区，除纳入成片连片改造的区域，需要实施拆除重建的以外，涉及历史名村、历史风貌街区保护的，基本都采用政府主导、多元筹集资金的微改造方式。对于纳入全面改造的城中村，广州市允许村集体选择采用以下三种更新模式之一实施更新：政府收储、村集体经济组织或村全资子公司自行改造以及引入市场合作企业。针对国有存量工业用地更新改造，广州市提出了较为精细的改造指导。例如"工改居"类项目均不允许市场参与，而是采用政府土地收储模式，并且政府可以通过划定成片连片改造范围或整体转型区域，实现政府主导的成片改造，区域内的存量工业用地改造以政府收储优先。为了鼓励原权利人配合土地收储工作，广州市还制定了土地增值收益分配规则。

在明确增值收益分配规则方面，以广州市城中村全面改造项目为例，由于广州建立了基础数据摸查系统，并出台了全市统一的城中村复建安置成本计算标准，因此无论采用哪一种改造方式，其复建安置建筑量都与成本基本一致且公开透明，再加上片区策划方案与控制性详细规划已基本明确项目的开发强度、主导功能等，因此市场合作企业及村集体预期明确，议价空间不大。针对目前城中村改造最普遍的引入市场合作企业的模式，广州市还制定了结余建筑面积、竞争结余融资面积的分配标准，以正向激励违建控制和村集体、区政府选择最优市场合作企业（图3-5）。

（1）村民住宅复建安置总量计算方式：三选一

以“户”的方式核定

≤280平方米×户数×（1+10%）

以“栋”的方式核定

≤280平方米×合法栋数×（1+10%）
或：≤合法住宅建筑基底面积×3.5×（1+10%）

以“人”的方式核定

村民（户籍人口）按建安成本，以50平方米/人回购；可按人均25平方米/人给予奖励回购

复建安置房可纳入棚户区改造计划，免征城市基础设施配套费等行政事业性收费和政府性基金

（2）集体物业复建总量核算方式：二选一

以“现有建筑面积”的方式核定

- 合法建筑面积：1：1核定复建量
- 2009年12月31日前无法证明的建筑：2：1
- 2009年12月31日后建成的违法建筑：不予核定

以“用地范围”的方式核定

- 权益面积：现有用地面积×1.8
- 建安费用由村集体自筹，不计入改造成本

图3-5　广州市城中村复建安置核算标准

（3）逐步稳定政策体系，进一步推动城市更新行动的精细化实施

目前，广州市已基本稳定了“政府主导、市场参与”的总体导向，搭建了政策主干框架和动态调整完善机制。2020年，广州市提出微观层面从既往标图建库的空间管控转向城市更新单元管控，并计划编制一系列配套技术指引和操作管理文件。实施效果尚待实际工作的检验，但已经体现出了广州市政府继续完善城市更新技术规范和管理体系的政策设计思路，意图通过构建完善的政策体系保障城市更新运作体系的相对稳定和从治理工具到治理目的的正确传导，不再是“意见式”的大幅度转变。

3. 上海：城市提质发展下持续改善城市空间形态与功能

上海市同广州、深圳相似，也经历了快速城镇化进程。作为曾经的老工业基地，城市核心区存在大量的老旧厂房、非成套公房、老旧里弄，普遍存在用地粗放、功能不完善、环境较差、配套设施严重不足、居民生活品质低等问题。

（1）搭建分对象管控的城市更新政策体系

上海市针对其工业用地利用低效粗放、旧区城市功能及空间形象亟待改善等问题，搭建了一套较为完善的城市更新政策体系。其城市更新政策强调“人民城市”理念，遵循规划引领、统筹推进，政府推动、市场运作，数字赋能、绿色低碳、民生优先、共建共享的原则。体系的核心政策是《上海市城市更新条例》和《上海市城市更新实施办法》（简称《上海实施办法》）。《上海市城市更新条例》于2021年发布，是上海市推动城市更新工作的总体纲领，文件明确

了上海市城市更新的内涵、工作组织机制和部门分工、城市更新指引和计划体系、实施主体及主要实施要求等内容。在总的制度设计上，《上海市城市更新条例》在强调发挥政府统筹和规划引领作用的同时，重视激发市场活力。因此，该条例围绕“区域更新、整体推进”提出了更新统筹主体统筹开展更新区域内的城市更新活动，同时也兼顾零星更新的需求，明确可由物业权利人或物业权利人与市场主体合作实施城市更新。为了更好地落实《上海市城市更新条例》，上海市规划和自然资源局还组织编制了《上海市城市更新指引》，进一步细化了城市更新重点任务、部门职责以及实施机制指引等。《上海实施办法》相比深圳、广州等城市的更新办法，适用范围较小，已经被政府认定的旧区、工业用地转型、城中村改造地区不适用。改造对象上，以旧区、旧工业、城中村分类进行政府认定的更新地区为基础进行城市更新引导和管控。其中，改变用地性质为居住、商业的项目以政府主导前期收储为主，产业升级类项目以市场、原权利人为主体，关注项目全生命周期管控的城市更新政策机制。实施模式上，目前以政府主导的成片政府收储和政府—原权利人—市场多方协商的有机更新为主（图3-6）。

（2）细化重点领域的政策引导和管控，探索政策工具的创新

前文提到，上海市开展城市更新的重要目标之一是引导城市核心区域土地利用粗放的老旧厂区的改造工作。为此，上海针对盘活存量工业用地，探索了“存量补地价”的土地补偿方式。政策规定，关于区域整体转型开发，除政府土地收储后整体开发建设外，还允许单一主体或联合开发体采取存量补地价方式自行开发。对于补缴地价的标准，规定转型为研发总部产业项目类用地的市场评估地价，外环线以外地区不低于相同地块工业用途基准地价的150%，外环线以内地区则一般不低于相同地段办公用途基准地价的70%；转型为研发总部通用类的，市场评估地价不低于相同地段办公用途基准地价的70%。

同时，盘活存量工业用地政策还明确了一系列监管举措，防止炒地炒房行为，如规定了规划公共绿地、广场用地及地块开放空间占城市建设用地比例的要求，公共服务设施用地比例的要求，企业自持物业比例要求，分割转让要求等。

（3）通过政策设计加强区域统筹，保障规划管控的传导

根据《上海市城市更新条例》，上海市城市更新将形成全市城市更新指引—城市更新区域的城市更新行动计划—面向实施的区域城市更新方案的规划计划管控体系。其中，城市更新指引明确了城市更新的指导思想、总体目标、重点任务、

法律法规	《上海市城市更新条例》（上海市人民代表大会常务委员会公告第77号）			
改造内容	存量工业用地盘活	旧区改造	“城中村”改造	适用于《实施办法》的“城市更新”
适用对象	国有存量工业用地	旧居住区	城中村	重点针对商务商业用地
主干政策	《上海市人民政府办公厅转发市规划国土资源局制订的〈关于本市盘活存量工业用地的实施办法〉的通知》（沪府规〔2016〕22号）	《上海市人民政府关于坚持留改拆并举深化城市有机更新进一步改善市民群众居住条件的若干意见》（沪府发〔2017〕86号）	《关于本市开展“城中村”地块改造的实施意见》（沪府〔2014〕24号）	《上海市城市更新实施办法》（沪府发〔2015〕20号）
	规划体系：城市总体规划—存量工业用地转型规划—年度计划—控制性详细规划 管理机制：市规土局组织、协调，各区、县政府作为责任主体，按职责开展规划土地管理工作	政策扶持：市、区财政支持，引进社会资金 改造方式：成套改造、综合整治、平改坡以及拆除重建等 管理机制：市旧区改造工作领导小组，由市政府主要领导担任组长；纳入政府绩效考核	规划衔接：城乡规划和土地利用规划为前提，符合环境容量、城市景观、综合交通、公共配套等要求 管理机制：市“城中村”改造工作领导小组，由市有关领导担任组长和副组长，相关部门参加；制定工程规程，严格考核制度	重点内容：完善公共服务配套设施；加强历史风貌保护；改善生态环境，加强绿色建筑和生态街区建设；完善慢行系统；增加公共开放空间 管理机制：由市政府及市相关管理部门组成市城市更新工作领导小组；区域评估、实施计划和全生命周期管理相结合

图3-6 上海市城市更新政策体系

实施策略、保障措施等内容，并体现了区域更新和零星更新的特点和需求；更新行动计划应当明确区域范围、目标定位、更新内容、统筹主体要求、时序安排、政策措施等；而区域更新方案应主要包括规划实施方案、项目组合开发、土地供应方案、资金统筹，以及市政基础设施、公共服务设施建设、管理、运营要求等内容。

上海对上述各级规划计划管控体系在内容方面的要求是对传统蓝图式规划体系的延伸，其中区域级的更新方案内容要求体现了政策制定者对片区空间、土地开发、资金、公共利益等的综合统筹，有利于保障城市更新从目标到实施的传导。

4. 三亚：治理“城市病”目标下的“城市双修”解决方案

三亚市近20年以旅游产业为代表的整体经济快速发展导致城市的高速扩张，2017年全市建设用地达到268平方公里，超出了土地利用总体规划提出的2020年建设用地261平方公里的目标。而在建设用地高速扩张中，伴随着生态环境破坏、违法建筑滋生、城市风貌失序等“城市病”问题。2015年4月，时任住房和城乡建设部部长陈政高到三亚调研时，首次提出开展“生态修复、城市修补”工作。同年6月，住房和城乡建设部将三亚设立为我国首个“城市双修”试点城市，探索相关工作经验，改善生态环境，补齐城市短板，转变城市发展方式，增强城市可持续发展能力。

（1）城市更新工作主题明确，在政策供给上针对性强

“城市双修”具体内容大致可概括为治理“城市病”、完善城市设施、提升环境质量、改善城市风貌、转变城市发展方式等。三亚市“城市双修”的更新类型化特征明显，并且由政府主导实施。政策制定直接指导“城市双修”工作，围绕“城市双修”制定工作方案与实施方案，通过工作方案与实施方案统筹指挥，另制定相关技术和操作指引补充各板块的专项规定。虽然总体未上升到条例、办法等法规或规章，但针对性强，对工作的指导性十分显著（表3-1）。

三亚市“城市双修”政策体系　　表3-1

政策类型	政策文件名称
总体工作方案	《三亚市生态修复、城市修补工作行动方案》（2015年）
工作方案	《三亚市违法建筑管控办法》（2013年） 《三亚市违法建筑专项整治行动实施方案》（2017年） 《三亚市林业生态修复与湿地保护专项行动实施方案》（2017年）
技术与操作指引	《三亚市“生态修复城市修补”建设标准指引》（2016年） 《三亚市建筑风貌技术标准》（2016年） 《三亚市建筑户外广告牌匾设置标准》（2016年）

（2）通过工作方案明确工作管理机制，搭建多部门协同工作机制

围绕“城市双修”各项工作建立完善的组织结构，以书记、市长为主要领导的“城市双修”工作领导小组，负责整体部署和统筹；分设各相关工作组，由各部门牵头落实各项工作。各部门横向联动紧密，分工有序，城市风貌与生态环境得到明显改善，违法建筑得到有效管控，但由于依赖于政府投入，可持续性有限（图3-7）。

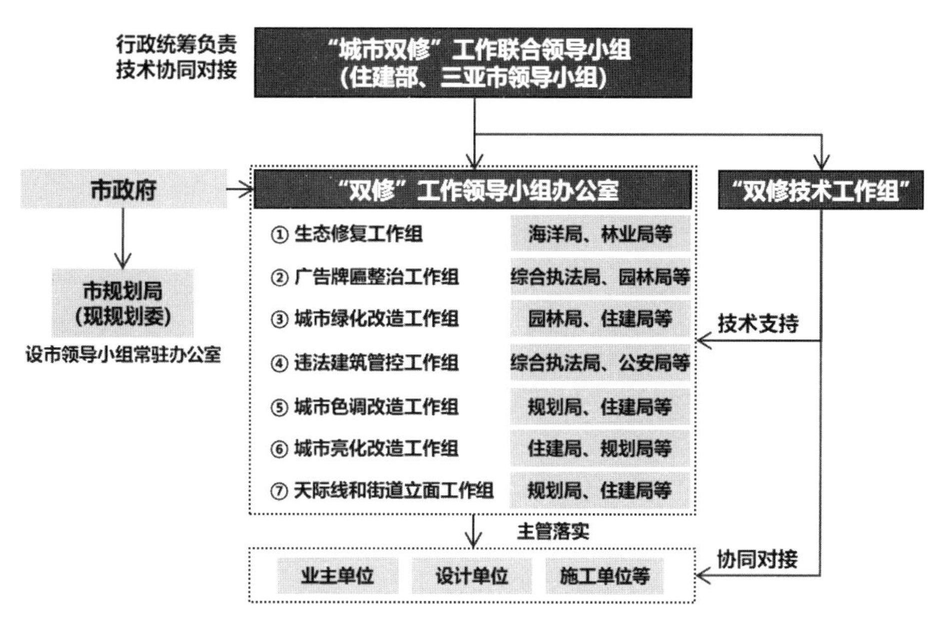

图3-7 三亚市"城市双修"工作管理流程

3.2.2 地方更新政策工具的运用与创新思路

1. 建立科学完整、符合地方发展诉求的城市更新政策体系

实施城市更新行动是国家层面对推动城市高质量发展作出的重大决策部署，要求城市开发建设从粗放型外延式发展转向集约型内涵式发展。对于地方政府，城市更新行动应是施政"手段"。城市更新行动是继"城市双修"对存量发展状态下城市建设机制的探索之后的进一步锤炼①。城市更新作为促进地方提升城市品质、优化资源配置、解决城市问题等城市发展诉求的重要手段，涉及规划管控、历史文化保护、土地管理、交通市政、物权保护与利益分配以及政府与市场分工等多领域多方面的协同合作。因此，有必要在实践总结的基础上，通过一系列政策工具的组合甚至创新，搭建一套清晰合理、公开公平的制度体系来理顺各条块部门的工作和规范程序，从规划、实施、管理等方面巩固和完善有效的做法，从而促进地方城市更新行动常态化、精细化地开展，成为实现地方城市高质量发展、解决发展短板的重要抓手。

高效和完整的地方城市更新政策体系建构应关注以下原则：

① 王富海，阳建强，王世福，等. 如何理解推进城市更新行动［J］. 城市规划，2022，46（2）：20-24.

（1）基于保障社会公平和公共利益，构建多元主体利益分配和协商规则

针对存量空间的城市更新行动必然会涉及存量资源的再次配置、各个利益主体的意愿表达和协商，甚至是既有利益格局的重构。与城市更新行动相关的利益主体可能包括个人、集体、政府行政目标以及城市公众等，也可能包含短期与长期利益取舍、物质空间价值与文化精神利益之间的平衡①。复杂的利益关系要求必须有明确合理的利益分配和协商规则，才能在常态化的城市更新行动中以较高的效率、较稳定的途径实现利益平衡。

利益平衡的规则构建首先应当考虑对公共利益的保障，具体政策设计中应当将公共利益具体化为可以落实、量化和实施的具体举措。一是应当明确公共利益保障的底线及其合理性，如部分城市对由市场主体负责实施的城市更新单元（项目）应当无偿贡献的公共利益用地底线规模提出了清晰的规则要求；二是可以通过捆绑公共利益实现的责任，包括明确公共利益用地和布局、落实规划验收要求、要求分期项目优先建设公共配套设施等，保障公共责任的合理分担及落实；三是可以结合城市不同阶段的发展目标，例如城市发展的产业、历史文化保护以及住房发展等诉求，适当拓展及优化公共利益的内涵与标准。

其次，应当在兼顾社会公平和效率的原则上，制定多元利益主体协商共治和收益分配的规则。一是在政策设计中应当基于公平和多元包容的导向，考虑相对弱势群体的合理利益保障，例如租赁住房的租客、租赁房产经营的商户、老龄群体等，可在政策工具中通过程序设计、基层治理结构完善、相关团体组织培育等方式强制要求和增加对上述群体的利益论证；二是可以通过制定清晰的土地增值收益分配和利益补偿规则，结合产权处置政策等明确相关利益主体的预期和主要的收益关系。

（2）针对地方发展的特征性问题，注重关键领域的政策调控与创新

各个地方应当通过对资源特征、城市发展遇到的突出问题、既往城市更新实践中的痛点难点等进行分析，找准需要通过政策工具的运用甚至创新来破局和进一步推动的领域，以更好地促进城市更新行动的推进。例如，深圳、上海、广州分别针对其较为突出的土地历史遗留问题、引导城市核心区旧工业区转型升级诉求以及优化工业类国有用地的土地收储利益分配规则等问题，开展了较为深入的政策设计探索和规则设计上的创新。

① 深圳市城市规划设计研究院，司马晓，岳隽，等. 深圳城市更新探索与实践［M］. 北京：中国建筑工业出版社，2019.

探索地方政策创新可以采用试点项目先行先试并总结经验、借鉴其他城市甚至国际先进经验并进行在地优化、争取更上层次的政策权限支持等方式。例如，我国的香港、台湾地区，还有国际上的日本、美国等国家先进的城市更新政策设计理念与经验都在深圳、上海等城市得到了在地化的运用；而珠三角地区的城市更新探索，尤其在规划管控和土地管理方面的政策创新和突破，离不开2008年国务院同意广东省与原国土资源部共同建设广东节约集约用地试点示范省的重大契机。

（3）结合地方治理对象的特点，实施差异化的政策供给、统筹多元的更新方式

各地的城市更新治理对象通常包括老旧小区、老旧厂区、老旧街区以及城中村等，不同的对象具有不同的特征，其在城市更新目标、利益主体间的利益分配格局以及更新改造模式的选择方面均存在不同的需求，有必要实施针对性、差异化的政策调控。

相应地，为了契合不同对象的更新改造目标与特点，地方应当推进多种城市更新方式，明确不同城市更新方式的内涵、改造对象、改造内容和实施管理等。例如，深圳在城市更新工作中提出拆除重建和综合整治两类城市更新方式，广州市提出全面改造、微改造两类方式。在完善多元城市更新方式、加大有机更新的力度的基础之上，地方还应通过一定的机制设置鼓励成片连片地推动城市更新行动，推进复合式更新，有助于片区的整体谋划和提升，避免资源投入的浪费和单个项目的零碎实施。例如，深圳市通过政策提出开展片区统筹规划，上海市在城市更新办法中提出开展区域评估，北京市在相关指导意见中提出以街区为单元实施城市更新等，都旨在加强一定规模的区域内不同对象、不同改造方式的项目的统筹谋划。

（4）精细化设计空间管控和社会治理手段，建立政府与市场的协同机制

为了更好地根据城市发展情况适时对城市更新管控作出调整，以及加强政府对关键片区的发展和存量资源的统筹力度，应当提出分类分区的城市更新策略指引，并丰富城市更新中社区治理的手段，提供差异化的政策设计，体现城市治理走向精细化的趋势。基于上述目的的政策机制设计应围绕政府与市场分工协同开展，地方根据不同的城市更新目标和地区，实行限制市场参与方式、限制城市更新方式，或者反之鼓励社会资本参与、放开城市更新方式的政策。例如，针对重点地区或者以民生改善、历史文化保护活化等为主要目标的存量资源改造，政府通常会通过加强政府统筹、上收利益分配权利、限制城市更新方式、完善共建共享共治的基层治理机制等政策工具的使用达到限制市场进入的精细化管控目标。

2. 贯彻持续优化、动态调整的政策供给理念

在新的发展时期，城市更新的内涵已远远超出传统的空间规划层面，作为推动城市高质量发展、促进经济发展方式转变、解决城市发展中的突出问题和短板[①]的重要手段，城市更新领域的政策设计应当紧密结合实践探索的需求和效果反馈，响应城市发展诉求，及时总结问题教训、巩固经验做法，构建持续生长和完善的政策体系。

政策体系的补充应当关注经济、社会、文化等多方面的发展诉求。例如，深圳市在其总体政策持续完善的过程中，体现了提高土地利用效率、促进产业转型升级、补齐城市公共服务配套、保障成片产业空间供给、推动解决住房问题等不同时期城市发展的主要诉求；而在特定领域中的政策要求也随着城市和社会公众的需求转变而不断完善，例如通过补充公共利益贡献要求和激励的相关政策与标准，逐步将公共住房、创新型产业用房加入到城市更新项目的公共利益要求中。

政策工具的调整以及优化需要结合对城市更新实践中凸显的问题的及时总结，并通过不断调校，提高政策工具与地方治理惯性和特点的契合度。例如，广州市、上海市都经历了市场的开放与收紧的政策摆动与实践探索阶段，在经过一段时间的政策调整后形成了总体上政府主导、市场有限介入为导向的政策机制，可较好地适应其“大政府、小市场”的地方治理惯性。

3. 加强多领域、多类型的政策联动

在城市化进程进入“下半场”的背景下，城市更新是国家层面的重要战略和推动城市可持续发展的主要模式，因此推动城市更新行动需要综合政策手段的应用，其自身的政策体系构建需要与城市发展过程中相关领域的政策、相关行业的规范标准进行紧密互动。

政策的联动应当考虑土地管理与资金财税等经济政策。由于存量发展条件下面临复杂的土地权利关系和权益主体关系，因此，针对存量土地再开发类型的项目，需要能够兼顾多元利益平衡、处置方式灵活的土地管理方式，不能完全照搬增量发展阶段对新增建设用地的管理政策体系。例如深圳市在广东省“三旧”改造的总体框架下，针对存量土地供应、地价测算规则，以及历史遗留用地问题、开发建设指标管理，开展了政策创新并制定了与规划管控联动的政策组合拳。另外，经济手段相关政策的配合有利于提升资源的调配效率、拓展资金筹集渠道并

① 王蒙徽. 实施城市更新行动［J］. 中国勘察设计，2020（12）：6-9.

促进城市更新行动向城市引导的方向发展。

政策的联动还需要加强与城市其他领域专项工作，以及与历史文化保护、市政工程、低碳节能、韧性城市等专业领域在规范和政策文件方面的协同。例如，深圳市在多个专项领域，如儿童友好型城市创建、无障碍城市建设等的相关政策和政府文件中都提到了与城市更新的工作联动。另外，由于地方城市更新涉及的范围很广，部分老旧小区、历史文化街区、“双修”地区等都可能成为城市更新的重点对象，其现状条件的特殊性使之难以满足规划、交通、消防以及各类市政工程管线等现行规范和政策的改造要求，未来应加强存量条件下相关行业标准的完善。

在这套制度设计的思路指导下，结合各地实际，深规院相继开展了兰州市、珠海市、金华市经济技术开发区、中山市、苏州市高新区等地区的城市更新制度建设在地化研究，同时结合项目实践经验，不断反馈、完善、调校政策思路，使城市更新在地化制度设计得到较好的应用。

3.3 多维价值导向下的城市更新政策设计

随着我国城镇化的深入发展，越来越多的城市进入到存量发展阶段，城市更新工作也直面新形势与新变化。一方面是全国性制度安排的变化，比如《中华人民共和国民法典》的颁布、城市高质量发展和精细化治理命题的提出，另一方面是地方治理环境以及治理对象特征的改变，包括：地方所处不同发展阶段对应的不同诉求；城市更新中的原权利人日渐深入参与治理的趋势；优质更新潜力资源已基本改造完成，剩余大量权属复杂、矛盾突出的“老大难”地区的现实条件等。应对实际工作情况，各城市展开探索在地化的城市更新政策设计，针对土地利用低效粗放、空间失活衰败、社会关系断裂等不同地方、不同阶段的城市更新治理关键难题，作出了不同价值导向下的政策设计响应。

3.3.1 节约集约导向：土地提质增效

我国人多地少的基本国情决定了节约集约利用土地这一根本方针，城市发展模式也早已从大规模增量建设转为存量提质改造和增量结构调整并重，城市更新行动着重强调要走出一条内涵集约式的高质量发展的新道路。在该发展要求下，节约集约用地就意味着单位土地利用效率的提高。当前阶段我国各个城市的城市更新实践，尤其是通过拆除重建方式实施的城市更新，核心诉求之一正是实现以土地利用效率增长为核心的城市增长①，从而撬动更新实施，完成包括推动城市结构优化调整在内的各项目标任务。

对土地利用效率的讨论，离不开对土地利用方式的讨论。政府、社会资本方是对土地利用方式起决定性作用的主体。哈维在资本三循环理论中提出，当工业生产中的第一循环产生的危机逼近时，资本投资将转向第二循环，注入城市建成环境②。因此，资本有强大的内生动力参与城镇化进程中的土地使用与空间塑造，实现其效益增值。而凭借对土地资源和规划管控的垄断，政府对第二循环中资本的介入与流动有极大的干预能力③，是土地资源与规则制定的掌控方。除政府、社会资本方以外，还涉及原权利人、市民公众等多个利益相关方。在地方的城市更新政策框架下，这些利益相关方既彼此协商追求共同增长，又互相博弈寻求最大化收益。可以说，城市更新整合重塑形成的土地利用方式、城市空间和社会关系，是市场机制与行政机制的共同作用，也是政府—原权利人—市场三方间土地权益的交易、协商、博弈的结果④⑤。

在起决定性作用的政府、社会资本方之间，不同的资源配置权力的收放程度形成了不同的城市更新制度设计导向⑥。行政机制的管控越严格、管控范围越广，则市场资本的资源配置权力相对较弱，呈现此消彼长之关联。因此，城市更新政策不是单方面的管控规则，而是一套行政机制与市场机制互相发挥作用的治理工具。有效率的治理工具是结合治理对象和治理环境所作出的选择⑦。为了更好地实现城市二次开发的目标，各地政策设计都在探索符合地方特征的市场与政府的工作边界、效率与公平的平衡、地方增长的利益更合理的分配方式，以及可持续的城市更新工作机制，从而构建既符合上层要求又适应地方特色的城市更新政策体系，实现对土地资源的高效、集约的整合配置。其共通的政策设计要点可

① 哈维·莫罗奇，吴军，郭西．城市作为增长机器：走向地方政治经济学［J］．中国名城，2018：4-13.

② 大卫·哈维．资本的限度［M］．北京：中信出版社，2017：736.

③ 张京祥，胡毅．基于社会空间正义的转型期中国城市更新批判［J］．规划师，2012，28（12）：5-9.

④ 刘芳，张宇．深圳市城市更新制度解析——基于产权重构和利益共享视角［J］．城市发展研究，2015，22（2）：25-30.

⑤ 邹兵．增量规划向存量规划转型：理论解析与实践应对［J］．城市规划学刊，2015（5）：12-19.

⑥ 胡如梅．集体经营性建设用地入市和地方政府行为研究［D］．杭州：浙江大学，2020.

⑦ BOOT P. From property rights to public control: the quest for public interest in the control of urban development[J].Town Planning Review，2002（73）: 153-170.

总结为以下方面：

1. 政府主动谋划，强化总体管控

在政府、市场、权利主体这博弈的三方间，政府的角色是特殊的，既有“运动员”的动力，更有“裁判员”的责任，关键在于政府能否明确两个角色的边界并适当转换，建立一套适应地方发展诉求与治理环境的机制，以引导资本良性运作。通常来说，政府的主动谋划体现在对空间资源的总控、政策工具的供给上。

对空间资源的总控，是保障土地节约集约利用的工作底盘。由于历史发展的特征，珠三角多数城市更新项目用地规模较小，分布较为零散，碎片化的更新导致地区系统性的城市问题没有得到解决，甚至可能出现多个小地块开发量加和造成的“叠加谬误”，反而会增加片区公共服务压力。而市场运作能力有限，由市场主导的多数项目实践难以实现成片成规模开发，部分优质产业项目和大型公共服务设施无处落地，不利于城市长期的产业提质发展。不同城市在对自身空间资源进行评估梳理后，各自提出对重要空间资源、特定空间对象的管控措施。深圳为了避免产业用地的低效、过度消耗，针对产业用地出台了《深圳市人民政府关于印发工业区块线管理办法的通知》，划分了一级和二级工业区块线，提出了两级区块线范围内产业用地的管控要求和城市更新条件要求，对市场行为进行约束、规范。另外，深圳也在2020年开展了打造高品质产业发展空间的行动，由政府主导划定100平方公里的保留提升区，提前锚固较为优质的成片存量用地资源，精细指导产业用地发展，精准投放城市资源，从而实现重大战略项目的落地。无独有偶，一河之隔的东莞，也在“十三五”期间开始探索实行全域型、差别化的空间管制。全市结合镇、街工作，以相对精细的尺度划定了改造核心区，包括工改居、工改商，规划调整准入区域以及引导房地产集中改造区域等，并专门针对产业用地进行管控，鼓励连片改造、捆绑实施，从而避免碎片化更新，实现对产业用地的节约集约利用。

政策工具的供给，是实现土地节约集约利用的路径与保障。同样是反思了市场化运作实践所暴露的问题，但深圳与东莞又有不同的回应侧重。东莞强化了传统的土地收储模式，作为政策工具，规定在一定范围内，土地必须采取政府主导改造模式，纳入市、镇两级收储范围。其对象包括TOD站点核心区和控制区范围内改造为商业、居住等经营性用途的用地，工业保护线和生态控制线范围内置换出来变更为商业、居住等经营性用途的用地，利用“倍增企业”政策完善用地手续后调整为商业、居住等经营性用途的用地等，以增强政府在城市更新中对土

地空间资源的掌控和精细引导。深圳则创新探索市场运作与政府主导“两条腿”走路的更新制度构建，其中，土地整备利益统筹方式是政府主导模式的一项代表性探索。与在拆除重建类更新项目中政府只获得市场无偿移交的公共利益用地不同，土地整备项目中，政府通过“土地重划+规划增值+资金补偿”三大工具，收回大量成规模的经营性用地，为高质量产业发展提供用地保障。在特定的策略分区中，深圳还进一步鼓励探索城市更新、土地整备的政策融合，建立“案例+工具箱”的闭环试点工作机制，多管齐下，发挥不同政策路径优势，更好地实现成片连片的土地整合。

2. 注重公共利益，坚守工作底线

公益优先是城市更新必须坚守的底线。在城市更新的过程中，政府必须坚持以保障公共利益为开展城市更新工作的第一要义，通过出台若干政策并细化落实，保障公共利益的实现。在公共利益保障方面，各地根据自身社会经济发展需要，因地制宜地明确相应的内涵和实现形式。

一是明确基础设施和公共服务设施的用地保障。广州的城市更新优先保障城市基础设施、公共服务设施或者其他城市公共利益项目，鼓励增加公共用地，节约集约利用土地，鼓励节能减排，促进低碳绿色更新。公共服务设施以及市政公用设施等用地面积结合片区策划面积规模，原则上不少于策划方案总面积的30%。东莞也要求通过更新改造拓展建设空间，保证公建配套比例，针对不同更新方向的项目，制定了清晰明确的用地贡献比例要求。其中为了鼓励更新方向为工业和创新型产业用途的城市更新项目，适当平衡城市更新改造成本，对其用地贡献的要求有所降低。深圳则在《深圳市城市更新办法实施细则》（简称《深圳实施细则》）中明确规定城市更新单元内规划用于建设城市公共利益项目的独立用地的最低比例和最小面积，且应当无偿移交给政府。

专栏3-1 通过清晰的政策规则保障城市更新行动中公共利益用地和设施的供给

《广州市城市更新办法》

第二十四条　城市更新片区策划方案的编制应当符合以下原则：

（一）注重保护城市特色资源，延续历史文化传承，塑造具有广州特色的城市风貌，加强对文物古迹、历史建筑的保育、活化。

（二）优先保障城市基础设施、公共服务设施或者其他城市公共利益项目。鼓励增加公共用地，节约集约利用土地。鼓励节能减排，促进低碳绿色更新。公共服务设施以及市政公用设施等用地面积结合片区策划面积规模，原则上不少于策划方案总面积的30%。

《东莞市城市更新单元划定方案编制和审查工作指引（试行）》

第二章　编制内容和技术要求

八、用地贡献和公共配套设施

（二）技术要求

1. 除更新方向为工业（不包含新型产业用地和产业转型升级基地）或仓储用途的，更新单元均要求无偿移交公共设施用地或其他指定类型用地。

（1）更新方向为居住、商业用途的，用地贡献比例应符合省、市政策要求，需贡献的集中用地比例不低于拆除范围的15%。其中以旧村改造为主的（即旧村用地面积占拆除范围面积的比例不少于80%）不低于10%。

（2）更新方向为新型产业用途的，用地贡献比例不低于拆除范围的15%，需贡献的集中用地比例不低于拆除范围的2%，且面积不低于3000平方米。

（3）多种类型混合的改造，应拆分项目进行计算，否则按设施贡献要求高的类型执行。

（4）按控规实施的，单元范围内无偿提供的公共设施用地比例不低于15%，控规中没有规划公共设施用地或规划公共设施用地面积不足的，不足部分通过无偿移交2倍经营性用途建筑面积予以补齐，无偿移交的建筑类型为单元范围内已批控规确定的主要经营性用途……

《深圳市城市更新办法实施细则》

第二章　城市更新规划与计划

第十二条　城市更新单元的划定应当符合全市城市更新专项规划，充分考虑和尊重所在区域社会、经济、文化关系的延续性，并符合以下条件：

（三）城市更新单元内可供无偿移交给政府，用于建设城市基础设施、公共服务设施或者城市公共利益项目等的独立用地应当大于3000 平方米且不小于拆除范围用地面积的15%。城市规划或者其他相关规定有更高要求的，从其规定。

> 不具备前款规定的条件，但基于鼓励产业转型升级、完善独立占地且总面积不小于3000 平方米的城市基础设施、公共服务设施或者其他城市公共利益项目等原因确需划定城市更新单元的，应当就单元范围、拆除范围、配建要求等内容进行专项研究，在计划审批过程中予以专项说明。

二是根据保障城市发展需要推进住房供给和产业用房供给。深圳的住房市场化建设走在全国前列，也率先在城市更新相关政策中探讨保障房、人才住房的需求与建设。2010年，《深圳市城市更新项目保障性住房配建比例暂行规定》中首次明确了保障性住房配建的相关要求，在接下来的几年中，深圳持续提高配建比例要求，扩大适用范围。2016年，《关于加强和改进城市更新实施工作的暂行措施》中对相关配建比例予以提高，划定的一、二、三类地区的配建基准比例要求分别由12%、10%、8%提高至20%、18%、15%。深圳市城市更新首创的保障性住房配建制度已被原广东省国土资源厅在全省范围内推广。同时，政府也在不断加强创新型产业用房的配建管理。2016年，《深圳市城市更新项目创新型产业用房配建比例暂行规定》中明确要求拆除重建类的城市更新项目升级为新型产业用地功能的，需要按照一定比例配建创新型产业用房。这些物业由开发企业建设完成，并以建造成本价移交给政府或按照政府指定的价格和对象进行销售。其配建比例也随着城市发展阶段要求的变化而不断提升，成为政府引导产业升级、扶持企业发展的重要空间抓手。

三是加强历史文化空间的保护。城市更新应通过对历史文化街区、历史风貌区等特殊区域的保护，以及在此基础上对历史文化的挖掘和激活，实现历史文化的持续发展和真正复兴。比如北京大力开展了历史街区修复与微更新，如南锣鼓巷、大栅栏等地区的更新改造，该类更新活动一般采用以文化传承和居民参与为核心的有机更新形式开展，避免大拆大建，侧重于完善和提升旧城街区的功能和活力。

四是重视公共开放空间的高品质供给。公共开放空间是居民感受一个城市的重要场所，也是居民相互交往并形成共同的地域认同感的地方。公共开放空间的品质，决定了社区居民对地区城市空间品质的直观感受。一方面，由于城市更新规划是面向存量土地资源的规划类型，作为土地二次开发的宝贵机遇，对于提升地区公共开放空间品质而言可能是最后的机会，需要慎重研究，精细化设计；另一方面，城市更新规划一般项目规模有限，对于城市公共空间的品质提升起到的是针灸式的改良作用，要达成在有限用地内的公共空间品质提升，也必须采取高品质精细设计。深圳在城市更新中要求所有城市更新单元均进行城市设计专项研究，并衔接《深圳市城市规划标准与准则》中关于城市设计与建筑控制的要求，分析单元环境特征、景观特色和空间要素，落实海绵城市、生态修复和绿色建筑的相关建设要求，从而实现公共空间的高品质设计供给。

当然，关于公共利益的保障还不止以上内容，会随着社会经济发展需求的变化而越发明晰。

3. 破除产权制约，发挥多元合力

城市更新实践伴随着政府—原权利人—市场三方博弈的不断上演，随着经验的积累，制度设计者意识到城市更新是一个系统工程，政府、资本与权利人的博弈背后是民生、资本与权力的制衡，代表了多元权利主体对土地增值、城市产业与经济发展、民生需求等综合目标的探求。政策设计需要审视民生、资本与权力的张力关系①，力求更规范、更精细地界定工作边界，寻求搭建更加高效、合理的协商博弈机制，实现空间权力平衡。

作为最早开展城市更新项目市场化运作的城市，深圳打破权利主体的产权制约，对市场主体进行赋权并适时调整，充分体现出了政策设计的收放调节。自2008年确立部省合作试点、允许协议出让，2009年《深圳市城市更新办法》明确提出“政府主导、市场运作”原则，社会资本主体获得了进入深圳城市更新市场的契机，深度参与了至今十余年的城市更新工作。早期的市场运作产品，如华润大冲村改造，为更新地区带来了翻天覆地的变化，也同样因其高度市场化、高度士绅化和高容积率等特征受到多年的讨论、褒贬与反思。在一个个市场运作项目实践中，深圳不断完善制度设计，对市场主体的工作边界进行调整、约束，陆续出台开发强度管制规则、地价规则、技术标准、审查规定等文件，通过政策设计搭建起多元协作平台。

这一平台的主要特征，第一是有明确的运作载体。《深圳更新办法》提出了以城市更新单元为操作平台的多方协同的更新机制②。城市更新单元的提出突破了宗地和规划地块的限制，由市场主体选择划定相对成片又具有一定规模的实施范围，在其中实施土地置换和土地腾挪，将城市更新单元内外的国有储备用地进行合理调换，并允许纳入一定面积的零星地块和国有储备用地。通过上述操作，

① 李利文．中国城市更新的三重逻辑：价值维度、内在张力及策略选择［J］．深圳大学学报（人文社会科学版）．2020，37（6）：42-53.

② 林辰芳，杜雁，岳隽，等．多元主体协同合作的城市更新机制研究——以深圳为例［J］．城市规划学刊，2019（6）：56-62.

可形成相对完整的开发建设用地。为了保障城市更新单元规划的整体落实，土地出让政策也进行了相应的突破：一是允许一定的零星空地不以“招拍挂”的方式供地，而是可以通过协议出让的方式一并出让给开发实施主体；二是积极探索招标方式，对整村易地迁建的改造权进行招标，由中标的市场单位予以实施。土地供应方式的多元化探索以及相关土地政策的配套，保障了城市单元规划制度的落实，从而促进了城市土地的修整，使土地得以更合理、更高效地进行利用。

第二个特征是建立了清晰对应的工作机制。根据政府引导、市场运作的主要原则，深圳的城市更新政策设计不断加强申报、审批、实施三大环节的调控，通过技术规范和操作指引，明确具体工作安排和相关主体的责权边界，加强项目监管和多部门合作，简化程序，提高管理效率和规划可实施性。申报环节允许更新计划的自下而上申报，允许市场主体作为申报主体；审批环节公开透明，保障规划的合理性；实施阶段则明确政府主体的监管责任和市场主体的移交责任，在保障公共利益的同时，确保规划的可实施性。政府与市场主体之间“自上而下”和“自下而上”的工作路径实时结合，良性互馈，促使城市更新工作协调发展①。

多元协作平台以其相对平衡、稳定的优势持续良好地运行，为深圳的城市更新工作提供了重要的支持。然而，随着工作的推进，不免出现原权利人预期越来越高、市场竞争越来越激烈的趋势，为调节多元协作平台的平衡性，政策设计也在持续改良。2020年，深圳发布《深圳更新条例》，在巩固既往更新经验，坚持“政府引导、市场运作”原则的同时，创设了解决当前更新瓶颈问题的措施。例如，针对搬迁的“钉子户”问题，规定在符合一定条件的情况下，区人民政府可以依照法律、行政法规及条例相关规定对未签约部分房屋实施征收，被征收人对征收决定或补偿决定不服的，可以依法申请行政复议或者提起行政诉讼。该“行政诉讼+个别征收”建立了对“钉子户”问题的司法解决途径，有利于降低居民过高且不理性的赔偿预期，以及进一步规范市场与原权利主体的协商机制。

破除产权制约，通过合理的政策赋权与持续优化，深圳激活了市场运作项目，充分发挥市场的能动性，利用市场力量快速而高效地推进了城市空间改善和产业升级，有效实现了土地使用效率的提升。

4. 重视利益平衡，明确分配机制

城市更新是对城市资源的再分配，必然会涉及各个主体之间的协调、博弈，

---

① 刘昕. 城市更新单元制度探索与实践——以深圳特色的城市更新年度计划编制为例［J］. 规划师，2010，26（11）：66-69.

为顺应城市更新治理主体与治理关系的演进趋势，推进城市更新工作的可持续发展，须针对不同利益主体的需求，差异化地供给政策工具，制定更合理的增长分配规则。

（1）理清不同主体的利益诉求

通常来说，各方的利益需求包括以下方面：

对政府主体而言，其工作需要落实上级要求及地方社会经济发展的要求，同时又需要代表本地居民等公众，为地方经济发展、社会秩序形成负起代表责任。从政府的角度看，一方面，在制定顶层政策时，应从保障城市总体发展战略意图的落实、高质量发展等目标出发，主动谋划，从全局层面加强对空间与资源的统筹，确保地方发展与公共利益的落实，并避免市场逻辑对公共事务决策的干扰。当然，政府应避免以公共立场之名过多干预市场活动秩序，否则将导致市场动力的减弱，影响城市更新工作推进的合理效率。另一方面，政府代表着社会主体的公共利益，需要保障公共利益的底线及其合理性，严格控制项目用地贡献率和公共配套设施的规模，控制保障性住房配建比，加强对创新型产业用房配建的调控[①]；对公共利益实现的责任进行捆绑，明确公共设施的建设和移交责任，捆绑建设政策性用房[②]；及时根据社会经济发展的需求，不断扩展公共利益及范畴，从而实现对社会主体权益的保护；设计科学的公众参与机制，让改造要求进入供给端的视野和议程，并通过公众监督避免行政权力与市场资本形成的改造联盟在更新过程中对社会目标关注的缺失。

对市场主体而言，需要保证资产的增值和利益最大化。从市场主体出发制定的政策，应重点完善资金筹措，激发市场动力，包括：通过税费调节等经济手段平衡工作成本；设立专项资金，构建融资平台扶持难点项目；基于房地产市场规律，对房屋拆迁总量进行调控；构建鼓励贡献的市场机制，明晰增值收益可分享的空间；探索政府救济扶持制度等。同时，对资本的管控和引导应平衡好激励与约束。如果对市场的管控力度过小，或者精细化水平不够，容易在城市更新过程中放大资本的逐利性，导致诸如排斥更新难度大和收益低的项目和地块、同质化更新割裂地方文化等情况的出现。

对于原权益主体而言，作为项目的产权所有者，需要保障利益不被侵犯。权

① 张磊．“新常态”下城市更新治理模式比较与转型路径［J］．城市发展研究，2015，22（12）：57-62.

② 深圳市城市规划设计研究院，司马晓，岳隽，等．深圳城市更新探索与实践［M］．北京：中国建筑工业出版社，2019.

利主体向政府或市场提出自身诉求，通过协商、合作，共建共治共享维护自身利益，实现自身利益的平衡或增值。

对于社会主体而言，需要保障利益不被侵犯。权利主体作为项目的产权所有者，与市场形成利益共同体，通过协商合作实现自身利益的平衡或增值；使用主体作为项目最终使用者，向政府与市场提出自身诉求，通过共建共治共享维护自身利益。社会主体可积极通过规划平台、公共活动平台、信息交流平台等进行参与，政府和市场在城市更新推进过程中应通过邀请第三方组织、新闻媒体、专家学者等形式，扩大公众参与的深度和广度。

（2）依据协作模式灵活设计利益分配规则

在具体的政策设计方案上，不同协作模式下的利益分配规则也有不同的侧重。在广州、上海等政府主导、市场有限参与的城市，政府更看重“运动员”身份，在其城市更新政策设计中收紧利益平衡规则，垄断一部分类型的城市更新项目，以实现政府在资源配置环节中的强势话语权。两地政府将利益平衡机制中的关键手段，包括主导功能与开发强度的确定、改造模式的分类规定、改造成本的核算与改造后结余建筑面积的分配等收紧在行政口，原权利人与市场主体的话语权相对较小。以广州为例，片区策划方案是控规编制或调整的重要依据，由区城市更新主管部门组织编制，并充分考虑经济平衡需求，确定规划管控指标，而原权利人或市场主体是不被允许单独申请控规调整的。同时，两个城市都重视政府对优质改造资源的掌握，政府让利相对较少，对特定的改造方向、特定范围内的项目强调政府主导或政府收储优先，如上海的国有存量工业用地，位于整体转型区域的，强调由区县政府主导，通过政府按照一定原则组织遴选的更新统筹主体来推动区域内的整体推进和统筹实施，原土地权利人不得单独实施开发。此类导向的政策设计保障了政府意图较好落实，重要地区以及工改居等收益最大的城市更新项目基本掌握在政府手上。然而，由于市场可参与环节有限，在多元合作中后退，也将导致权力寻租的风险以及资源配置效率不高的问题，地方政府也往往面临财政压力较大、可持续性有挑战的困难。

而在政府主导、多方参与城市更新的城市，政府对城市更新的产业升级、税收等长期效益和土地出让收入等短期收益需要作出取舍与平衡。以佛山市顺德区为例，当地政府倾向于在“工改工”上最大限度地让利于民、让利于企业，通过“工改商”“工改居”项目的收益来平衡政府在“工改工”上的成本投入，也就是在产业升级项目中更加看重改造的长期收益，避免产业项目的房地产化，以支持产业长足发展，实现产业用地的高效利用，保障长期的税收收入与就业增长。具体政策设计包括："工改工"项目中，面向村民，政策设计增加了村民参与利益增值收益的分配，将扣除成本后98%的土地出让收益返还村民，允许配建物业并由村集体持有，保障村民长期稳定的收益，从而鼓励村民配合收储；面向企业，在与村民业主达成招商引资的一致意见后，由政府统一招商，引入优质的产业及园区运营管理团队长租自管，避免层层转租提高用房成本；面向产业运营商，政府对产业运营团队提出税收、地均产出、厂房自持比例等要求，由产业运营团队负责运营、管理以及服务园区内大量的个体企业，减少行政管理对产业发展的干预，并在土地出让价格上给予优惠，避免因改造导致的租金大幅抬升。

专栏3-2　根据协作模式制定多元主体参与利益分配的规则

《广州市人民政府关于提升城市更新水平促进节约集约用地的实施意见》

一、坚持政府主导，加强统筹组织

（一）市、区政府成立由政府主要领导任组长的城市更新工作领导小组，负责审定城市更新规划、计划、资金使用安排、片区策划方案、项目实施方案、城市功能、产业布局、公共服务设施等重大事项，加强统筹领导，将城市更新作为一项长期的重点工作持续系统推进。

市城市规划委员会下设城市更新委员会，负责审议城市更新片区（项目）的控制性详细规划调整方案。

……城市更新项目应符合城市规划功能要求和城市总体规划要求。涉及调整控制性详细规划的城市更新项目，须经市城市更新工作领导小组同意，并纳入城市更新年度计划，同步启动控制性详细规划调整方案的编制工作。

二、坚持协调发展，加强规划引领

（三）市城市更新部门或区政府应积极推进成片连片更新改造，按照"多规合一"的要求，注重产业导入，编制片区策划方案。涉及控制性详细规划调整的，策划方案应当包含控制性详细规划调整方案。

三、坚持利益共享，推动连片更新改造

（九）国有土地上旧厂房优先申请自行改造应当符合以下条件：1. 独立分散、未纳入成片连片收储范围；2. 控制性详细规划为非居住用地（保障性住房除外）。

《上海市城市更新条例》

第三章　城市更新实施

第十九条　更新区域内的城市更新活动，由更新统筹主体统筹开展；由更新区域内物业权利人实施的，应当在更新统筹主体的统筹组织下进行。

零星更新项目，物业权利人有更新意愿的，可以由物业权利人实施。

根据前两款规定，由物业权利人实施更新的，可以采取与市场主体合作方式。

第二十条　本市建立更新统筹主体遴选机制。市、区人民政府应当按照公开、公平、公正的原则组织遴选，确定与区域范围内城市更新活动相适应的市场主体作为更新统筹主体。更新统筹主体遴选机制由市人民政府另行制定。

属于历史风貌保护、产业园区转型升级、市政基础设施整体提升等情形的，市、区人民政府也可以指定更新统筹主体。

《中共佛山市顺德区委办公室 佛山市顺德区人民政府办公室关于印发〈顺德区村级工业园升级改造实施意见〉的通知》

六、规范搬迁补偿、补助办法

制定村级工业园升级改造搬迁补偿工作指引，充分保障原土地权属人的合法权益。补偿方式以物业补偿为主，货币补偿为辅……村级工业园以挂账收储方式实施的“工改工”项目，土地公开交易出让收入扣除应计提上缴部分，可全额补偿村（居）、集体经济组织或企业等原权属人。

（3）多手段并举实现利益协调

纵观各地城市更新，主要采用三种手段实现利益调节，包括规划手段、土地手段和经济手段。

规划手段的核心是建立增量空间利益分配的规则基础。制约城市更新规划实施的因素，除去技术因素外，基本上均可归纳为各方权利人利益诉求的分歧。这一利益诉求的分歧又集中表现为各方对项目更新改造后产权再分配的诉求以及各方权利主张的预期值。各方诉求叠加之下，最终将会导致对项目更新规划开发规模的过度预期。在城市更新规划的具体实践中，需要通过规划手段消除这种利益纷争对城市更新规划实施的干扰，主要手段包括容积率控制、建筑面积转移等。以深圳为例，在城市更新项目的容积率计算过程中涉及基础建筑量、转移建筑量和奖励建筑量三个部分，分别计算后再叠加得出项目的整体容积率。容积率计算方式细分的背后反映出政府对土地增值收益的调节逐步精细化，通过基准容积率的均衡调控和奖励容积率的差异化扶持，实现容积率管理的有机组织。首先，对接《深圳市城市规划标准与准则》（简称《深标》）中的“密度分区与容积率”实施基础建筑量的核定。深圳是全国首个建立城市规划地方标准的城市。各级、各类城市规划编制与审批均应以《深标》为基本依据，对城市更新单元规划的容积率核定起到重要的规范和指导作用。其次，建立与土地贡献挂钩的转移建筑量测算机制，保障超额贡献可以产生一定的合法利益，这些利益也可以反馈给创造了较大土地贡献的相关利益主体。最后，积极探索实施容积率奖励，对于配建公共用房、开展历史建筑保护等的更新项目均给予一定的容积率奖励。转移建筑量和奖励建筑量计算的探索本身带有鼓励的性质，即鼓励多贡献者可以多得开发量。深圳市城市更新的容积率调控，基于《深标》中的“密度分区与容积率”规范的控制思路，体现了“同地同权”“奖励贡献”的原则，坚持从总量分配与密度分区的角度管控居住用地容积率，增加产业用地容积率弹性，促进了产业用地效益的提升，提高了公共设施服务能力。

土地手段同属于发展权共享的一种形式。对于处置用地，深圳借鉴了我国台湾地区的“区段征收”“发展权共享”的概念，其内涵是在城市更新单元中将一部分发展用地预留给原集体组织。例如，深圳目前在完善历史用地处置中采取“20–15”原则，对已列入城市更新计划的原农村集体经济组织的未征未转用地，80%由继受单位进行城市更新，20%纳入土地储备。而对于交由继受单位进行城市更新的土地，应当按照《深圳更新办法》和《深圳实施细则》的要求将不少于15%的土地无偿移交给政府纳入土地储备。在台湾地区的“市地重划”中，依照都市规划内容，将一定区域内畸零细碎的土地加以重新整理、交换分合，并兴建公共设施，使之成为大小适宜、形状方整、直接临路并立即可供建筑使用的土地，然后按照原有权属分配给原土地所有权人。市地重划是综合土地业务的整体开发，涵盖了土地登记、测量、地价、地权及地用。其最重要的是确立了“谁受益，谁分担”的受益者负担制度，在限制重划负担不超过45%的基础上，根据受益比例（临街状况、地价上涨率）来具体计算土地抵付（抵费地）。

经济手段则包括各类成本收益调节手段。土地租税费是调节土地增值收益的重要经济手段。国内在城市更新项目实施过程中，主要通过前端的资金扶持以及后端的地价优惠或税费优惠减免等方式，来实现对城市更新过程中的利益平衡的经济调控。在资金扶持方面，各地对于城中村改造、旧城改造、棚户区改造等都会提供一定的资金扶持，推动旧城改造。在地价缴交方面，对于存量土地的增值收益调节，各地主要通过补缴地价的方式来解决，具体的补缴标准根据地方的实际情况来确定。比如，深圳目前建立了以标定地价为基础的地价测算体系，其有关城市更新项目的地价缴交主要通过设置不同的类型区分不同的调节系数来予以确定。在税收调节方面，我国城市更新涉及的税包括所得税、营业税等。其中所得税包括两个方面：一是搬迁补偿对作为搬迁人的房地产开发商缴纳企业所得税的影响；另一个是作为被搬迁人的企业或者个人是否需要就取得的搬迁补偿收入缴纳企业所得税或个人所得税。《深圳实施细则》中第五条规定："城市更新项目免收各种行政事业性收费。"第六条明确："鼓励金融机构创新金融产品、改善金融服务，通过构建融资平台、提供贷款、建立担保机制等方式对城市更新项目予以支持。"

无论采取何种模式、设计了何种利益平衡政策，都是各地基于上层制度要求与价值引导，适应地方治理环境与治理对象特征的选择，实质都展现了政府、资本、社会三类主体之间的竞争与合作、冲突与博弈所达成的各种制度安排。只有各方的利益需求得到合理回应、取得相对平衡，方可称之为土地效益的综合最优，实现集约高质量发展。

3.3.2 有机持续导向：空间盘活运维

2021年，住房和城乡建设部发布《关于在实施城市更新行动中防止大拆大建问题的通知》，要求严格控制大规模拆除、大规模增建和大规模搬迁，鼓励保留利用既有建筑、保持老城格局尺度、延续城市特色风貌。许多城市既往的拆旧建新、抹平原有产权状态、转变用地功能、提高容积率的一次性再开发行为难以为继，转而认识到通过有机更新持续提高空间价值的重要性，逐步由"开发方式"向"经营模式"转变。本节将分析对历史文化街区、城中村、老旧工业区等所谓城市"低效益"空间的盘活运维工作，梳理其中的制度设计创新探索。

1. 低效空间活化提升

（1）历史文化街区的价值重塑与保护发展

历史文化街区是城市的重要文化资产，是承载着城市文化和历史的空间载体。许多城市通过微更新等方式介入，对历史文化街区进行合理的改造更新，将其文化价值转化为经济价值，创造了可观的综合效益。北京、上海、广州、南京等地的实践证明，适当的商业开发能提升历史街区人气，带动片区商旅活动发展，提供历史建筑、文化保护资金来源，重塑历史文化价值和焕发片区生机与活力[①]。历史文化街区的资产运营增值的实践经验可总结为三类：一是历史文化赋能街区发展，通过融入各种传统空间构建的符号保留和延续城市文脉，获得更多群体的文化认同，形成隐形社会效益。二是功能业态转变，支撑其将潜在地租转化为实际地租，历史街区一般地处老城中心区，其区位和交通条件优越，随着房屋建筑、配套设施的老化，人口流失，经济衰败掩盖了其潜在收益，环境提升后，其地租上涨压力及后期运营平衡促使原低利润产业向高利润产业转变，常见的是由闲置的历史文化遗存转为经济效益较强的城市商业消费、旅游观光空间。三是街区公共环境重塑、提升，实现正向外溢效应，政府主导的保护投入形成片区物质性要素从量到质的改善，往往形成如城市功能提升、商业消费增长、城市形象营造等正外部性效益溢出，可以带动历史街区周边地块、整个片区的土地增值。

与此同时，历史文化街区的利用存在不少难点。一方面，其历史信息的原真性、完整性需要被重视与保护；另一方面，如何平衡好保护与活化利用成为以品质提升、功能优化为导向的城市更新制度构建的重要议题。

保护政策方面，自1982年建立历史文化名城保护制度近四十年来，我国对历史街区的保护更新，从最早强调单一静态物质空间保护，发展到后期推动保护利用工作向纵深发展，关注街区的人口及社会结构等功能要素，将保护和合理利用进行有机整合，实现文化、社会、经济多维度的全面提升。国家层面出台“三法两条例”：“三法”指《中华人民共和国城乡规划法》《中华人民共和国文物保护法》《中华人民共和国非物质文化遗产法》，“两条例”指《历史文化名城名镇名村保护条例》《文物保护法实施条例》。地方层面出台的省、市级城乡规划条例，历史文化名城保护条例，历史文化街区保护管理办法等，对系统地保护、利用、传承好历史文化遗产，延续历史文脉，推动城乡建设高质量发展均有相应要求。但在土地财政背景下，需要巨额投入的历史文化保护，对于发展型地方政府而言更多的是一种责任，因此多选择性地保护一些认知度较高的“文物保护单位”，对历史街区则多采取“冻结式保护”[②]。“冻结式保护”严重割裂历史文化保护与城市融合发展的协同关系，无法发挥其潜在的社会、经济价值。

为了更好地推动具有一定历史文化价值的片区发挥其传承城市记忆、激活城市功能的多元价值，各地在支持和鼓励城市历史街区的功能更新以及历史建筑的

① 周向频，唐静云. 历史街区的商业开发模式及其规划方法研究——以成都锦里、文殊坊、宽窄巷子为例［J］. 城市规划学刊，2009（5）：107-113.
② 袁奇峰，蔡天抒，黄娜. 韧性视角下的历史街区保护与更新——以汕头小公园历史街区、佛山祖庙东华里历史街区为例［J］. 规划师，2016，32（10）:116-122.

合理利用方面均探索了因地制宜的政策措施创新，内容涵盖土地、规划、税收等多种措施，支持以用促保。住房和城乡建设部办公厅《关于进一步加强历史文化街区和历史建筑保护工作的通知》提出加强修复、修缮，充分发挥历史文化街区和历史建筑的使用价值。各地要加大投入，开展历史文化街区保护修复工作。支持和鼓励在保持外观风貌、典型构件的基础上，赋予历史建筑当代功能，与城市和城区生活有机融合，以用促保。地方层面，《北京市历史文化名城保护条例》提出以“清单管理”功能引导，符合正面清单或者负面清单的要求，明确鼓励、支持或者限制、禁止的活动，并给予变更用途的路径，鼓励发展多样化特色产业，适度开展乡村旅游、传统工艺和传统技艺加工制作等与传统文化相协调的经营活动。《广州市历史文化名城保护条例》提出区政府制定促进历史建筑合理利用的具体办法，通过政策引导、资金资助、简化手续、减免国有历史建筑租金、放宽国有历史建筑承租年限、减免历史建筑土地使用权续期费用等方式，促进对历史建筑的合理利用。《上海实施办法》则为城市更新中的风貌保护项目提供了房屋征收、财税扶持等优惠政策。

专栏3-3　通过政策引导历史文化片区保护发展

《北京市历史文化名城保护条例》

第五章　保护利用

第五十八条　……市规划和自然资源主管部门根据历史文化保护传承的需求，制定历史建筑、历史文化街区、名镇、名村和传统村落保护利用的正面或者负面清单，明确鼓励、支持或者限制、禁止的活动。

第六十一条　区人民政府可以根据需要统筹各方资源，建立房屋置换、收储企业运营平台，引导、鼓励历史文化街区、成片传统平房区和特色地区的房屋所有权人、使用人，自愿通过申请式退租、房屋置换等方式改善居住条件。

第六十四条　历史建筑可以依法转让、抵押、出租。

工业遗产等历史建筑在符合规划、正面清单以及结构、消防、环保等要求的前提下，实际使用用途与权属登记中土地用途不一致的，可以向规划和自然资源主管部门申请变更使用用途，有关部门按照变更后的用途依法办理审批手续。

《上海市城市更新实施办法》

第十七条（规划政策）

（四）按照城市更新区域评估的要求，为地区提供公共性设施或公共开放空间的，在原有地块建筑总量的基础上，可获得奖励，适当增加经营性建筑面积，鼓励节约集约用地。增加风貌保护对象的，可予建筑面积奖励。

第十八条（土地政策）

（四）城市更新的风貌保护项目，参照旧区改造的相关规定，享受房屋征收、财税扶持等优惠政策。

《广州市历史文化名城保护条例》

五十二条　市人民政府应当制定促进历史建筑合理利用的具体办法，通过政策引导、资金资助、简化手续、减免国有历史建筑租金、放宽国有历史建筑承租年限、减免历史建筑土地使用权续期费用等方式，促进对历史建筑的合理利用。

市、区人民政府通过以下措施支持和鼓励历史建筑的合理利用：

（一）鼓励根据历史建筑的特点开展多种形式的利用，可以用作纪念场馆、展览馆、博物馆、旅游观光、休闲场所、发展文化创意、地方文化研究等；

（二）鼓励社会资本和个人参与历史建筑的保护和利用；

（三）市、区人民政府可以采取收购、产权置换等方式对非国有历史建筑进行保护利用。历史建筑所有权人出售政府给予修缮补助的非国有历史建筑的，市、区人民政府可以在同等条件下优先收购；

（四）市、区人民政府可以通过出让、出租等方式对国有历史建筑进行合理利用。

在符合结构、消防等专业管理要求和历史建筑保护规划要求的前提下，历史建筑保护责任人可以按照本条第二款第一项的规定对历史建筑进行多种功能使用，历史建筑实际使用用途与权属登记中房屋用途不一致的，无需经城乡规划行政主管部门和房屋行政管理部门批准；不增加历史建筑建筑面积、建筑高度、不扩大其基底面积、不改变其四至关系、不改变外立面或者结构的，无需经城乡规划行政主管部门批准。

（2）城中村的综合整治与内生动力激活

城中村是我国快速城市化进程中出现的特有现象，在建筑景观、人口构成、经济特征、行政管理、生活方式等方面与城市社区有着明显的差异，形成了某种城市“孤岛”[①]，但同时也作为一种现代低收入人群的居住载体，以低廉租金降低了外来人口的居住成本，吸引了大量外来人口居住，为社会提供了充沛的人力资源，间接提升了城市竞争力[②]。而随着城中村的房子越建越高、越来越密，消防隐患和安全问题日益突出，城中村整治改造工作成为各大城市无法回避的重要问题。

既往的城中村改造偏重空间环境优化。以深圳为例，2005年，《深圳市城中村（旧村）改造总体规划纲要（2005—2010）》印发，提出以空间形态改造为重心，以综合整治为突破口，全面推进，突出重点，逐步实现城中村生活环境的普遍改善。到2019年，《深圳市城中村（旧村）综合整治总体规划（2019—2025）》发布，提出：“全面推进城中村有机更新，逐步消除城中村安全隐患、改善居住环境和配套服务、优化城市空间布局与结构、提升治理保障体系，促进城中村全面转型发展，努力将城中村建设成安全、有序、和谐的特色城市空间。”政策设计逐渐关注到城中村转型发展要求。在此背景下，深圳市城市管理和综合执法局委托深规院编制了《深圳市城中村“三宜街区”规划研究》，以宜居、宜业、宜游为目标，推动城中村综合发展，激活和培育城中村的内生动力。其中，“宜业宜游”鼓励部分具有资源禀赋、业态基础的村子，打造一批经济业态繁荣、文旅内涵丰富的宜业宜游的特色街区，促使城中村发展由政府外部投入转变为村子内生升级，从短期的环境完善行动转变为长效的持续运营发展。

（3）老旧工业区、商业区的功能迭代与持续运营

对于非居住类片区，活化升级路径更为多元。2016年，国土资源部印发《关于深入推进城镇低效用地再开发的指导意见（试行）》提出，利用现有工业用地，兴办先进制造业、生产性及高科技服务业、创业创新平台等国家支持的新产业、新业态建设项目的，经市、县人民政府批准，可继续按原用途使用，过渡期为5年，过渡期满后，依法按新用途办理用地手续。根据这一政策，苏州在《市政府印发关于促进低效建设用地再开发提升土地综合利用水平的实施意见的通知》中

① 周新宏．城中村问题：形成、存续与改造的经济学分析［D］．上海：复旦大学，2007.
② 郭立源．从“自然村”到“城中村”深圳城市化进程中的村落形态演变［D］．深圳：深圳大学，2005.

进一步提出，鼓励对低效用地进行业态细化，利用现有房屋和土地，兴办文化创意、科技研发、健康养老、工业旅游、众创空间、生产性服务业、互联网+等新产业、新业态，并在过渡期满后以协议的方式办理用地手续。《中共广州市委广州市人民政府关于进一步加强城市规划建设管理工作的实施意见》也鼓励创新老旧社区、旧楼宇更新的规划、建设、消防政策和技术标准，支持符合条件的旧楼宇改变功能，发展楼宇经济和政策鼓励的公共设施。深圳曾经在拆除重建类、综合整治类城市更新之外，提出功能改变类城市更新的概念，指改变部分或者全部建筑物使用功能，但不改变土地使用权的权利主体和使用期限，保留建筑物的原主体结构，后该类型被并入综合整治类城市更新。

此外，部分城市进一步开展了非居住类建筑改造为保障性租赁住房的探索。《国务院办公厅关于加快发展保障性租赁住房的意见》提出："对闲置和低效利用的商业办公、旅馆、厂房、仓储、科研教育等非居住存量房屋，经城市人民政府同意，在符合规划原则、权属不变、满足安全要求、尊重群众意愿的前提下，允许改建为保障性租赁住房；用作保障性租赁住房期间，不变更土地使用性质，不补缴土地价款。"根据文件精神，深圳等城市进行了"非居改租"政策设计并于2022年印发《深圳市住房和建设局 深圳市规划和自然资源局关于印发〈关于既有非居住房屋改建保障性租赁住房的通知（试行）〉的通知》。该政策以促进优化闲置非居住用房资源配置为主要目的，对这一类低效空间改造为保障性租赁住房的原则、改造条件、改建要求、项目实施及运营的管理程序以及可以享受的政策优惠等作出了明确规定，以期增加保障性租赁住房供给，有效缓解新市民、青年人等群体住房困难。

2. 有机更新政策设计

无论是对具备历史文化价值的地区，还是对低效空间的有机更新，上述政策大多涉及建筑物改变使用功能和规划提容的需求，前者通过对建筑物的功能改变，激活建筑物，再度高效投入使用，后者则主要通过适量加建、扩建、改建、局部拆建，补充优化空间功能或提升空间品质。目前，国内各城市出台政策均有涵盖。

（1）功能改变政策设计

在探索城市"内涵式增长"的大背景下，随着城市更新的品质提升目标的转向，建筑物通过功能改变以达到可持续利用，创造新的空间价值与社会价值，将成为城市更新的重要方式之一。目前我国对建筑物功能改变的管理制度准备并不充分，现作为规划管理依据的"两证一书"制度，完全针对建设过程，而对建后的管理审批则鲜有涉及。完善建筑功能的管理制度，势必涉及利益平衡与部门管理协同两大难点。

利益平衡调控方面，建筑物功能改变不仅是物质空间的利用方式的转变，还涉及以特定产权关系为基础的利益再分配。一是我国权益主体购买到的进入一级土地市场的土地使用权是由城市规划管理部门和土地管理部门共同界定，在用途、年限、开发强度等使用方式限定下的产权，随意改变既有建筑使用功能会造成产权价值的变化，继而影响土地开发市场的公平性。二是在缺乏规划引导的情况下，权益主体擅自改变建筑使用功能，可能会因注重眼前与局部的利益而影响城市整体功能与风貌环境，如带来城市的公共配套失衡、交通量剧增、周边环境的污染等问题，造成“负外部性”。部门管理协同方面，建筑物功能改变受到规划管理的刚性约束，涉及土地建设用途的变化和建设工程规划许可的调整，根据《中华人民共和国土地管理法》第五十六条规定，“……确需改变该幅土地建设用途的，应当经有关人民政府自然资源主管部门同意，报原批准用地的人民政府批准。”同时，建筑物功能改变也涉及规划、消防、工商等多部门多条块的管理程序，协调难度大。此外，各类建筑的消防标准存在差异，功能之间的转换也大多受到消防验收工作的制约。

应对这一问题，杭州、南通、宁波、南京等城市分别出台了《杭州市人民政府办公厅关于印发杭州市加强与完善现有建筑物临时改变使用功能规划管理规定（试行）的通知》《宁波市临时改变房屋用途管理规定》、南京市《既有建筑改变使用功能规划建设联合审查办法》《既有建筑改变使用功能规划消防联合审查办法》等政策。以南京为例，南京将建筑功能变更的管理分为鼓励、禁止与其他三种情形：一是对于激发市场活力、提升文化功能、改善民生设施、完善公共服务、进行创业创新的项目，鼓励此类建筑用途变更方向，简化审批程序，无需征求规划资源主管部门意见，建设单位可直接按规定向建设主管部门申请办理消防设计审查、验收或备案；二是对于对城市规划和周边环境、安全有严重影响的项目进行严格控制，建设主管部门直接不予受理施工许可、消防设计审查或消防验收备案；第三种类型则由房屋产权方或建设单位提出申请，规划资源主管部门出具意见，其中调整涉及改变土地用途或不动产登记用途的，需按新建项目的程序办理规划许可并完善土地用途变更手续，办理消防设计审查或消防验收备案手续。正面清单、负面清单、变更申请函询清单的设置，体现了城市发展导向，大幅简化了变更程序，并打通了与消防审验的堵点，有效盘活了存量建筑，是目前内地城市在既有建筑功能改变上较为细致、全面的制度设计。

（2）整治提容政策设计

《深圳更新条例》将城市更新分为拆除重建类和综合整治类，并提出综合整治类城市更新的提容规则：以完善工业区配套设施、消除安全隐患，满足企业转型升级、扩大生产的空间需求为目标，鼓励适度提升容积率。出于产业转型升级等目的进行的综合整治，可采用加建、改建、扩建、局部拆建的方式增加生产经营性建筑面积，其审批流程与标准视同于拆除重建类城市更新；而出于消除安全隐患、完善现状功能等目的进行的综合整治，可增加面积不超过现状建筑面积15%的电梯、连廊、楼梯、配电房等辅助性公用设施，并且可适当简化相关程序，实现快速报批、改造。目前，除更新条例外，综合整治类的项目编制技术规范文件尚未正式出台，因此，上述方式在改造使用范围及认定方面暂未清晰，涉及消防、质检、规划验收等审批流程难以合法合规开展，不利于大规模综合整治类更新项目的推进，难以调动市场参与的积极性，未来的政策设计仍需进一步完善。

广州对微更新的探索更早开展。2015年，《广州市城市更新办法》及其配套文件《广州市旧厂房更新实施办法》提出，国有土地上旧厂房采取不改变用地性质升级改造（含建设科技企业孵化器）方式改造的，可由权属人自行改造。按规划提高容积率自行建设多层工业厂房的，可不增收工业厂房土地出让金；用于建设科技企业孵化器的，按照《广东省人民政府关于加快科技创新的若干政策意见》及广州市有关科技孵化器建设的规定执行。若其配套的办公和商业服务业设施用地面积超过总用地面积的7%或建筑面积超过总建筑面积的14%，应当按规定缴纳土地出让金。因而该条政策对国有土地上旧厂房企业自行升级改造给予了一定的优惠。同样的，广州的微改造工作也存在消防审批上的问题，建成环境的审批年代和遵循法规各有不同，存在建筑防火间距、消防通道、建筑防火等级、消防设施等不能满足现行《建筑防火设计规范》等的情况。在《广州市城市更新条例（征求意见稿）》中提出了微改造技术标准特殊规定的探讨：“微改造项目的环境保护、消防安全、卫生防疫等应当按照法律、法规和现行技术标准执行。受条件限制确有困难的，可以综合运用新技术、新设备、加强性管理等保障措施，经行业主管部门会同相关部门组织专家评审论证通过后实施。”这为后续城市更新工作的消防审批、环保审批等工作预留了相关审批规则优化的开口。

3.3.3 民生发展导向：社区共同缔造

无论是土地提效还是资产盘活，都受经济、利润、政绩目标几大标尺的衡量，对社会成本和社会目标的关注相对缺乏[①]。强势资本逻辑为确保成本可评估、收入可预期，通常倾向于将空间重塑为“标准化”的同质空间，以转化出稳定的利益。然而，城市空间的趋同是对城市风貌外在特征的建设性破坏，对城市居住区而言，更是对社区组织结构和社区文化内在特征的根本性抹杀。原因在于资本逻辑下，空间生产关系的改变通常是以住区原居民的日常生活为代价的，原有产权居民的社会生态环境断裂，原无产权使用者则被驱赶到城市边缘。无家可归的低收入租户并没有享受到城市更新带来的红利[②]，而重塑的社区空间则成为城市上层阶级取代原有低收入住户的又一“绅士化”区域。城市更新中的社会目标亟待正视。

在我国城市经济快速发展、积累巨大公共财富的今天，城市更新的相关法律法规也日益强调以人民为中心的国家治理体系建设[③]。社区是城市居民生活和城市治理的基本单元，也是存量矛盾最突出、居民诉求最集中的治理对象。本节以民生问题集中的“社区”为讨论对象，探讨当前社区治理背景下的城市更新制度的构建。

1. 面向社区的城市更新制度体系建构

社区治理是指在一定区域范围内，政府与社区组织、社区公民共同管理社区公共事务的活动[④]。社区发展可被理解为通过发展和加强集体行动，使社区物质、环境、文化、政治和经济等方面得到提升[⑤]。2016年，中央全面深化改革领导小组第三十一次会议审议通过了《中共中央 国务院关于加强和完善城乡社区治理的意见》，其中提出：“加强和完善城乡社区治理要以基层党组织建设为关键，以居民需求为导向，健全完善城乡社区治理体系……全面提升城乡社区治理法治化、科学化、精细化水平。”2017年，《习近平：高举中国特色社会主义伟大旗帜 为全面建设社会主义现代化国家而团结奋斗——在中国共产党第二十次全国代表大会上的报告》中提出：“打造共建共治共享的社会治理格局，是社会主义本质及尊重

① 张京祥，胡毅．基于社会空间正义的转型期中国城市更新批判［J］．规划师，2012，28（12）：5-9.

② 深圳市城市规划设计研究院，司马晓，岳隽，等．深圳城市更新探索与实践［M］．北京：中国建筑工业出版社，2019.

③ 阳建强，陈月．1949—2019年中国城市更新的发展与回顾［J］．城市规划，2020（2）：9-19，31.

④ 魏娜．我国城市社区治理模式：发展演变与制度创新［J］．中国人民大学学报，2003（1）：135-140.

⑤ 黄瓴．从“需求为本”到“资产为本”——当代美国社区发展研究的启示［J］．室内设计，2012，27（5）：3-7.

人民群众主体地位在新时代的重要体现和实践展开。”2019年，《住房和城乡建设部关于在城乡人居环境建设和整治中开展美好环境与幸福生活共同缔造活动的指导意见》提出，坚持社区为基础、群众为主体的共治共建共享原则，因地制宜确定实施载体、决策共谋和发展共建。

城市社区中，居住小区和城中村占了住房总规模的大头，也是社区治理最为关注的两类对象。对城市老旧住区而言，辖区机构、社区党组织、居委会和物业等相关组织条块清晰，产权归属、空间范围、地域邻里关系明确，社区治理的工作范畴也相对更为清晰，是探索社区层面更新治理模式的首选项。对城中村而言，治理的对象有了更深层次的拓展。文化地理学家麦克·奎恩（Mike Crang）指出，空间与文化具有相互依存的关系，一方面文化需要特定的空间来承载与展演，另一方面文化也赋予空间某种意义——通常是空间建（重）构者、利用者及被驱离者之间的权力抗衡[①]。针对城中村的城市更新工作，尤其需要关注治理方式上的“空间正义”。

在社区治理工作提上日程后，以社区空间为改造提升对象的城市更新公共政策供给也快速涌现。经多个省市试点探索工作后，国务院办公厅于2020年印发《关于全面推进城镇老旧小区改造工作的指导意见》，标志着老旧小区改造工作正式上升到国家层面，开启了中国城镇化下半场以高质量发展为核心的城市更新的新篇章[②]。同年，国家层面出台《关于开展城市居住社区建设补短板行动的意见》等文件，地方则有广东省人民政府办公厅印发的《关于全面推进城镇老旧小区改造工作的实施意见》、北京五部门联合印发的《北京市老旧小区综合整治工作手册》、杭州的《杭州市老旧小区综合改造提升专项补助资金管理办法》、深圳的《深圳市人民政府办公厅关于加快推进城镇老旧小区改造工作的实施意见》等，各地改造工作显著加速。所谓城镇老旧小区，国家政策将其定义为：城市或县城（城关镇）建成年代较早、失养失修失管、市政配套设施不完善、社区服务设施不健全、居民改造意愿强烈的住宅小区（含单栋住宅楼）。改造范畴上，国家政策将改造内容分为基础类、完善类、提升类三类，逐层上升，从满足居民安全需要和基本生活需求，到满足居民生活便利需要和改善型生活需求，再到丰富社区服务供给、提升居民生活品质、立足小区及周边实际条件积极推进的内容。

---

① 连玲玲．打造消费天堂——百货公司与近代上海城市文化［M］．北京：社会科学文献出版社，2018.

② 张佳丽，刘杨．城镇老旧小区改造实用指导手册［M］．北京：中国建筑工业出版社，2021.

同时，政策也明确提出了工作推进的主要板块，包括统筹协调机制、群众参与机制、长效管理机制的建立，责任要求、项目审批体系和技术标准体系的跟进完善等，作出了较为全面的规划和部署。

另一方面，关于城中村改造的顶层制度设计相对有限。上文提到，城中村整治改造工作是各大城市无法回避的重大问题。在广州、深圳等城市，外来常住人口数已经远超户籍人口数，绝大多数外来人口居住于城中村。数据显示，2014年，深圳白石洲社区居住人口为83364人，其中常住人口59031人、暂住人口24333人，外来人口所占比例近三分之一，人口多样化，流动性大。因外来务工人员租房需求长盛不衰，久而久之，原农村集体形成了以租赁经济为主导的产业业态，形式单一。为追求租赁经济利益的最大化，村民常有私搭乱建行为，严重影响社区环境品质和消防、卫生安全。同时，因社区仍以原村集体为单位进行基层管辖，亲缘化治理模式一定程度上制约了社区氛围的开放性、包容性[①]，整体呈现出土地权属错综复杂、社会群体分异、诉求多元化甚至相互冲突的特征。现有更新政策通常从原住居民的利益出发进行决策，政府投入基础设施建设，并引入市场主体进行改造运营，有效改良当地产业业态，完善公共服务配套，提升原住居民生活品质，譬如前文所提及的《深圳市城中村（旧村）综合整治总体规划（2019—2025）》等政策。然而，现有政策通常忽视租户、小型商业从事者等“边缘人群”的利益，缺乏发声渠道设计、空间共享设计和共建共治设计，现阶段经常性代替他们发声的是由专家学者、媒体等组成的第三方力量，城中村更新改造政策机制设计仍需在长效治理机制构建方面进一步完善。

2. 推动多元共治的城市更新政策设计

在空间层面上，社区公共事务聚焦在公共设施完善与公共环境提升两方面，全国各地各有探索、百花齐放。如上海的参与式规划提出的“聚焦居民群众感受度高的小区老旧设施改造、宅前屋后和楼栋环境整治美化、公共空间功能提升等，开展微设计、微改造、微更新、微治理，提升居民群众获得感”，正是这两个方面的体现。而对于空间改造工作中的组织模式，如何构建多方合作、长效运行的社区改造协商议事机制，则是近几年政策设计的一项重点。

（1）社区规划师：引入专业技术力量参与社区更新改造

“共同缔造”的基层规划已成为世界各地的重要规划实践。1990年代，中国

① 冯学涛，陈伟新．规划体系变革背景下城市社区规划研究——以深圳白石洲为例［C］//中国城市科学研究会．2019城市发展与规划论文集．北京：中国城市出版社，2019：823-830.

台北市政府开始推动“地区环境改造计划”，鼓励市民团体主动研提改造设想，由政府提供补助性设计经费，相关单位配合落实执行。该方式可有效回应社区需求，成为市民参与施政建设的有效途径[①]。但随着部门与社区的沟通冗长繁复、弱势社区难有话语权等问题的暴露，经改良，台北都市发展局提出了我国最早的“社区规划师”制度，要求专业规划团队与社区建立协力伙伴关系。随着规划向以人民为核心的理念转型，内地城市原先精英化的规划技术力量也逐渐走向角色与职能转型，深入以街道、乡镇或社区等为代表的城乡基层，为特定片区提供持续性、跟踪性规划服务[②]。2013年成都市开始在中心城区试行社区规划师制度，推动“开门办规划”，并于2017年发布《中共成都市委 成都市人民政府关于深入推进城乡社区发展治理建设高品质和谐宜居生活社区的意见》提出探索建立社区规划师制度，2018年上海提出试点参与式社区规划制度，各城市纷纷探索社区规划师制度或统筹行动。

其中运行较为成熟的政策之一，是《北京市城乡规划条例》中的“推行责任规划师制度，指导规划实施，推进公众参与”条款，于2019年出台《北京市责任规划师制度实施办法（试行）》。次年，配套的工作指南与考核办法等文件相继出台，明确了市级政府部门整体统筹、区级政府细化推进、各街道和乡镇进行具体落实的工作机制。各区政府从实际需求出发，细化责任规划师选聘、工作侧重点等内容，各街道配合实现更新实践落地。截至2020年底，该制度已覆盖北京318个街道、乡镇和片区，签约301个责任规划师团队[②]。责任规划师对上衔接政府，对下服务基层，可有效促进基层规划建设迈向多元共治，尤其在民生需求集中的老旧小区更新、小微空间改造等领域，形成了有力的专业技术力量纽带。

由中社社区培育基金联合规划和自然资源委员会朝阳分局、朝阳民政局、朝阳农业工作委员会、北京工业大学发起的北京“朝阳区小微空间再生计划”，是责任规划师制度运行的典型案例之一。该活动由基金会资助，以“家门口”空间为主题招募设计实施方案。在10天招募期内，共有21个街乡镇提交了50个方案，涉及老旧家属院、经济适用房小区、农民回迁房小区、两限房小区，改造对象包

① 许志坚，宋宝麒．民众参与城市空间改造之机制——以台北市推动“地区环境改造计划”与“社区规划师制度”为例［J］．城市发展研究，2003（1）：16-20.

② 唐燕，张璐．从精英规划走向多元共治：北京责任规划师的制度建设与实践进展［J］．国际城市规划，2023（2）：133-142.

含街头小广场、闲置边角地、景观绿带和水系沿线等小微空间[①]。太阳宫街道的红芍社区借由此次方案招募，主动成立“小微空间治理小组”，居民参与制定公约，约定包括公共步行、邻里互动、党群共建、扰民吵民、文化精神在内的各项内容，并承诺履行未来的空间维护职责。

作为“人民城市”，早在2006年，上海便开始建设社区多元治理平台，多方专业力量也深入探索社区空间改造的可能性，比如在2015年“上海城市空间艺术季”活动中，涌现出诸多优质的社区微改造项目，包括同济大学规划专业团队参与的曹杨新村局部改造、四平社区空间改造行动，上海城市公共空间设计促进中心参与的彭浦新村艺康苑小区自行车棚改造等[②]。上海市民政局召开社区治理与社区规划融合推进工作会议，出台了《上海市民政局关于落实“人民城市”理念加强参与式社区规划的指导意见》，要求在全市范围推广试点参与式社区规划制度，2021年全市各区遴选试点，2022年在全市各街镇、各居村全面推广，统筹发挥社区规划师专业力量和社区自治共治力量。该意见进一步拓展铺开基层试点实践范围，上层制度设计也将获得更丰富的实践验证。部分学者团队作为专业技术力量，针对“社区花园”营造的议题开展实践，团队直接参与设计营造的上海社区花园有60余个，经过培训而成长起来的培训者自主完成的居住社区自治型小微社区花园达500余个[③]，塑造了诸多生动有趣的社区花园。而在“创智农园”项目中，经在地社会组织团队与政府、社区的沟通，更是直接打开了新老两个社区之间的空间隔断，促进了跨越世代、阶层、经济和社会障碍的社区交往。

对城中村而言，专业技术力量的价值远不限于方案指导与工作协调。城中村内居住的大量租户缺乏参与基层共治的意愿和条件，现阶段经常性代替他们发声的是由专家学者、媒体等组成的第三方力量。白石洲社区拆除重建项目是近年城中村改造的一个典型。原租户面临的租房难、搬迁难、子女跨区上学难、小本生意难等问题和困境引起了社会、媒体的关注，他们联系社区股份公司要求回应，保障租户在租房合同约定范围内的权益，延长缓冲期，提供租房指导和租户子女校车接送等服务。第三方专业技术团队常常扮演“空间正义”的维护方。

① 冯斐菲．微空间·向阳而生——公益基金与责任规划师制度撬动多元参与的城市更新实践［EB/OL］．［2020-11-02］．https://mp.weixin.qq.com/s/jtMxe8foSVtbOFKlX00YMA.

② 马宏，应孔晋．社区空间微更新——上海城市有机更新背景下社区营造路径的探索［J］．时代建筑，2016（4）：10-17.

③ 刘悦来，寇怀云．上海社区花园参与式空间微更新微治理策略探索［J］．中国园林，2019，35（12）：5-11.

（2）社会力量：引入各类机构拓展资金来源渠道

社会团体和市场主体也逐渐进入社区治理工作。《国务院办公厅关于全面推进城镇老旧小区改造工作的指导意见》在专门的篇章中提出，应建立改造资金由政府与居民、社会力量合理共担的合作机制，可通过政府采购、新增设施有偿使用、落实资产权益等方式，吸引各类专业机构等社会力量投资参与各类需改造设施的设计、改造、运营；支持各类企业以政府和社会资本合作的模式参与改造；支持以“平台+创业单元”的方式发展养老、托育、家政等社区服务新业态。政策还为社会力量参与老旧小区改造提供了税费减免政策开口。

在各地实践中，市场主体通过对运营盈利点的挖掘，逐步探索出一套“微利可持续”的模式，即市场参与社区改造，通过后续的物业管理、服务的使用者付费、政府补贴、商业收费等多种渠道，实现一定期限内投资回报的平衡。

北京朝阳区亚运村街道以财政购买服务，委托地瓜工作室对试点社区的闲置空间进行设计、改造和运营，安排设置免费公共客厅、图书馆、会议室、共享玩具室、理发室、健身房、电影院、邻里茶吧、3D打印体验等多种共享空间，并将其划分为免费区、低收费区和正常收费区，一方面体现社会公益组织特征，服务居民、支持基层治理体系完善，另一方面获取一定的利润，维持正常运转[①]。第三方力量介入社区治理离不开政府工作的支持，包括政策支持、场地提供、社会资源整合和基础设施建设、厘清产权关系、协调水电暖多个相关部门等。

深圳早期的城中村整治，为解决财政投入和利益分配问题，政府也做过多种尝试。如深圳福田区水围村的整治提升，由区住建局牵头、地方国企统一承租村民楼，改造为“水围柠盟公寓”，出租给有关部门作为低成本人才住房。

目前，深圳的城中村改造方式在持续完善，市场主体逐步介入相关工作。微棠公寓公司对元芬村和其他城中村进行统租改造，跳脱出传统的赚取租金差的模式，利用高密度青年租赁社区的特点，提供便捷的线上线下生活服务，形成多元化增值服务，实现稳定、长期的“微利可持续”创收模式。具体包括：一是与多家公司合作设置三百余个广告位，在灯箱、公告栏、电梯投影等地方实现规模化投放；二是与各类商超公司合作，在社区内投放近两百台设备，如售货机、咖啡机、取餐柜、充电桩等；三是开展场地运营，结合社区居民特色需求提供如烘洗房、篮球场等场地服务。

① 张明，周志. 现实中的理想主义实践：周子书与地瓜社区［J］. 装饰，2018（5）：46-51.

（3）社区居民：培育居民自主性，实现长效运作

近些年，由政府或市场资本主导的拆迁建设活动如日方中，在推进城市空间快速改头换面的同时，也造成社区居民产生了依赖心理，被动等待外界投入，而自我实现的信心和自我服务能力逐步丧失[①]。如何挖掘、培育和发展社区的能动性，成为规划治理的核心目标。同样是在《国务院办公厅关于全面推进城镇老旧小区改造工作的指导意见》里，政策要求健全动员居民参与机制，包括建立和完善党建引领城市基层治理机制，统筹协调社区居委会、业委会、产权单位、物业企业等，搭建沟通议事平台，利用“互联网+共建共治共享”等线下线上手段，开展基层协商，主动了解居民诉求，促进居民达成共识，发动居民积极参与改造方案制定，配合施工，参与监督和后续管理，评价和反馈小区改造效果等。

具体实践上，北京清河是五环外的“边缘”组团，内含28个社区，虽在中关村、上地两大产业园的带动下得到了大规模改造升级，但人口城镇化却严重滞后。相关课题组团队介入社区规划后，首先关注的不是常规的空间改造治理，而是把重心更多地放在社会关系网的治理上。具体手段包括：举办征集社区logo、“少儿艺术周”等系列活动，培育“建筑师家庭”“小小粉刷匠”等以青少年为核心的公益家庭团体以及覆盖老中青的社区兴趣团队，以实现对居民的“授权”与“赋能”，激发社区自主更新的动力。再如深圳市福田区的百花社区，重点关注儿童友好主题，打造儿童友好型社区。立足于“一米高度看风景”的设计思路，项目协调相关产权单位和业主，邀请儿童共同参与公共空间设计工作，培育儿童的归属感与“共享共治”的社会意识。社区道路旁的墙面被设计为“百花格言墙”和攀爬设施，行道树下设置向心理辅导老师投递纸质信件的“心灵角”，社区商场前的开放空间设置为“轮滑角”，街旁空间由街道和城管部门主导打造“开心农场”等，社区范围内的小微空间得到整体性提升。

对于城中村，在个人力量之外，还有由同一亲缘关系网的村民组成的村集体或原村集体经济组织继受单位，是城中村社区治理的关键主体。《中华人民共和国民法典》赋予居民委员会、村民委员会基层群众性自治组织法人资格，允许其从事为履行职能所需要的民事活动。深圳对此类城中村组织的赋权，与其他类型权利主体基本等同：拥有“是否更新”的决策权和“由谁更新”的自主选择权[②]。

① 刘佳燕，谈小燕，程情仪．转型背景下参与式社区规划的实践和思考——以北京市清河街道Y社区为例［J］．上海城市规划，2017（2）：23-28.

② 深圳市城市规划设计研究院，司马晓，岳隽，等．深圳城市更新探索与实践［M］．北京：中国建筑工业出版社，2019.

以深圳大鹏新区较场尾村为例，得益于周边丰富的旅游资源，较场尾仅5公顷范围内便集中了三百余家民宿。早年，先是部分村民自发将私宅改造为民宿；发展中期，政府正式介入把关，确定较场尾不以拆迁作为旧改模式，而是根据民宿发展的需求，引入社区建筑师，通过综合整治完善市政和公共服务配套设施；社区股份公司则作为搭线平台，召开活动，牵线设计师与民宿经营者，促成多个合作；原村民则按照规划，与设计师合作改造私宅①。政府对村民意愿与需求的充分尊重与支持，也激励了村民挖掘自身文化特征，有序高质地进行改造。

此外，在重庆、厦门、南京、济南等城市，以城市更新为主要手段的社区空间治理工作也在如火如荼地推进，民生发展空间治理的权责关系得到持续的、深入的讨论。要满足人民对更加美好的生活的需求，城市更新和城市治理主体仍需进一步下沉，向不同阶层、不同群体的居民纵深拓展，而丰富的基层实践经验必将促进制度体系的改良。

3.4 本章小结

3.4.1 城市更新制度的多元目标性和地方适应性

我国城市更新政策机制探索体现了中央与地方的关系从权力博弈转向双向互动的协作治理的趋势特征：国家层面提出方向指引、放权试点探索，地方根据自身发展诉求与发展条件进行实践和政策设计，形成经验并逐步向全国推广。

通过深圳、广州、上海等典型城市的城市更新政策体系建构以及老旧居民区、城中村等典型对象的城市更新机制探索可以发现，随着存量发展时代城市更新工作的深入，我国的城市更新治理模式呈现出逐步从政府一元主导向政府与市场共同推进转型，并面向多元主体协同合作的演进特点。伴随着城市更新实践与机制建设经验的积累，国家和地方政府逐渐意识到城市更新不应只作为盘活存量空间资源、单一追求土地提质增效的开发手段，它也是推动社会治理完善、生态修复、历史文化保护与活化等综合应对城市发展问题的系统工程。因而，城市更新政策体系的建构正在围绕实现经济、社会、文化、生态等多元目标进行设计或改良。

---

① 王庆，胡卫华，罗健强．深圳较场尾民宿小镇成功的经验与启示［J］．园林，2017（3）：26-29.

尽管城市更新政策设计从实现单一经济目标向实现多维度综合目标已达成共识，但不同城市，甚至同一个城市的不同发展阶段或者针对不同治理对象的城市更新政策设计也有所不同，说明城市治理的政策工具选择与其治理环境和行政体制惯性、存量资源和治理对象特征相关。例如：政府行政力量较强且存量资源产权条件较清晰的城市，其政策体系建构体现出了强化政府主导、引导市场有限制地参与的特点；针对老旧居住区或城中村的城市更新制度探索，则由于治理对象的居住和民生属性、产权人众多的突出特点，都注重搭建以尊重产权为基础的多利益主体协商机制。因此，地方城市更新的政策体系建构需要适应城市发展阶段和地方特点。

3.4.2 城市更新制度持续改良和强化的主要方面

由于各地城市发展诉求与治理特点的不同，在城市更新中遇到的问题不同，因而具体的政策制度设计也有差异。但通过本章对城市更新政策体系设计逻辑与关键做法的梳理，可总结出在城市更新多元化的探索中，政策建构大多在以下几个方面持续改良和强化：

一是资源的高效配置与公共利益的保障机制。在高质量发展和内涵提质的原则指引下，如何在地区空间资源总量有限的情况下进行高效率的科学分配有限的空间资源，并且这样的分配需要以保障公共利益的实现为基本准绳，已是城市更新政策设计的首要考虑。一方面，老旧的城市和生产空间已不能满足城市发展和产业升级的诉求；另一方面，需要弥补过去快速城镇化过程中遗留的基础设施和公共配套的短板。因此，需要通过城市更新提供高质量的产业和公共空间，提升城市公共服务水平。这两个诉求对空间资源的提效利用、城市空间结构的完善，以及公共利益用地、政策性用房、配套设施等多方面公共利益的落实提出了新的挑战，因此也对城市更新政策的精细化设计提出更高要求，需要研究操作规范、技术指引等各方面的政策支持。

二是尊重产权基础上的多元利益协调机制。以存量土地为主要对象的城市更新，面对复杂的产权主体和利益关系，并且利益关系的协调和分配结果将最终反映在具体项目的实施方案中，对城市的功能结构和公共利益产生长远影响。而在具体项目中，各相关主体大多从个体角度出发，希望在城市更新中获得尽可能多的增值利益，并且尽量少地承担公共利益责任。既往的城市更新实践经验表明，不考虑产权主体的合理诉求或者缺乏对权利主体的不恰当利益追逐的限制，都会极大地影响城市更新工作的实施。因此需要公开、透明的政策设计，既确保产权主体正当、合理的利益分配，又要避免各权利主体对个体利益的不合理追逐导致的公共利益和实施成效受损。尤其是居住功能为主的老旧片区更新工作，应考虑应对大量产权主体的民生与利益叠加诉求，以及特殊的租户群体的诉求表达，建立规范、公平的公众参与，促进协商共治的政策制度。

三是差异化政策供给基础上的政府与市场的协同机制。为了更好地根据城市发展情况适时对城市更新工作作出管控调整，以及在关键发展片区和存量资源方面加强政府统筹力度，各地都开始注重提出分类分区的城市更新策略指引，提供差异化的政策设计，体现了城市治理走向精细化的趋势。而围绕此目的进行的政策机制设计主要是围绕政府与市场分工协同开展的，地方根据不同的城市更新目标和地区，实行限制市场参与方式、限制城市更新方式，或者反之鼓励社会资本参与、放开城市更新方式的政策。例如针对重点地区或者以民生改善、历史文化保护活化等为主要目标的存量资源改造，政府通常会通过加强政府统筹、上收利益分配权利、限制城市更新方式等政策工具的使用以达到限制市场进入的精细化管控目标。

3.4.3 未来城市更新制度的完善方向

随着城市更新实践的不断深入，各地逐渐重视城市更新的政策设计，已经建立政策体系的城市也在逐渐通过政策的调整和补充来完善制度建构。结合我国城市更新制度建构的经验，笔者认为未来在以下几个方面需要进一步完善：

一是应加强国家层面的城市更新制度顶层设计。随着我国进入存量发展时代，全国各地均在城市更新方面展开了不同程度的探索，逐步建立起规范各参与主体行为的地方规章，形成了不同的治理结构。但国家层面的顶层设计制度尚未完善，缺乏立法保障和指导方针，尚未建立起一整套与国家行政管理体系相结合的分层级分解机制。笔者认为，未来国家层面建立城市更新领域的全国性制度安排应重点关注以下几方面：与存量发展相适应的各类土地出让、功能改变以及使用监管等土地管理制度；土地出让金评估与计收、城市更新改造项目的税收计提等财税制度；结合国土空间规划编制，在对以往城市规划编制与管理方法进行反思、改良的基础上，尽快出台适应城市更新需求的、面向存量地区的规划编制方法与管理体系的政策指引。总体而言，国家层面需要结合顶层设计与基层创新的优势，构建出基于开放治理的、适用于全国城市更新宏观指引的长效机制。

二是应探索构建适应存量发展时代的规范标准体系，加强不同领域与实施城市更新行动的政策协同。我国城市更新涉及的范围很广，部分城市更新地区的主要更新对象是老旧小区、历史文化街区等，其现状条件的特殊性使之难以满足城市规划、交通以及市政等各方面现行技术规范的要求，导致这些片区出现了城市更新工作受到限制、推进速度较慢等问题。未来应加强与历史文化保护、市政工程、低碳节能、韧性城市等专业领域的衔接，在规范制定和政策设计上结合城市更新实施需求进行适应性调整。

三是应探索平衡多维价值偏好的政策设计。过去的政策设计主要集中在拆除重建类城市更新方面，目前对综合整治类以及需要大量基层参与制度保障的老旧小区改造等多元价值引导下的城市更新以案例探索为主，尚缺乏有效的、规范化的、可推广的政策保障。未来应加强对该类目标下权益分配、市场动力机制、公众参与机制等方面的政策设计，加强法律保障和技术规范支撑，完善政策闭环，逐步推动完善多元目标导向下的城市更新制度建构。

第 4 章

面向高质量发展的城市更新规划创新

实施城市更新行动，推动城市高质量发展，离不开国土空间规划的有效引领和不断创新。本章将首先基于存量空间治理语境，探讨国土空间规划的建构逻辑和总体方向，进而提出面向城市更新的规划体系建议框架，并结合各地实践经验总结不同层次城市更新的核心规划内容和工作要点，最后面向高质量发展导向，围绕调研评估、目标研判、增存统筹、功能优化、配套完善、品质提升、文化传承、生态修复、韧性安全等关键领域，讨论城市更新规划技术方法创新的可行路径。

4.1 规划制度：基于存量发展的城市更新规划系统建构

传统的城市规划制度体系主要通过自上而下的规划传导和严格的用途管控落实规划意图，却难以有效适应存量发展语境下的空间治理需求，急需系统构建与城市更新工作相适应的规划制度体系，明确不同层次的城市更新规划治理需求、规划技术转型方向和规划工作机制。

4.1.1 存量发展语境下的城市规划

随着我国城镇化步入中后期，快速扩张的增量发展模式走向尾声，城市发展转向存量内涵提升，针对存量地区的城市更新开始从“特例”走向“常态”，肩负起推动我国城市高质量发展的重任。在此背景下，城市更新不再只是针对局部地区的物质空间改造，而是要面向城市发展和人民需求，一方面推动城市结构优化，激发经济社会活力，促进产业提升和特色风貌塑造，增强人才吸引力和城市竞争力，另一方面积极响应人民的需求，消除安全隐患，填补城市短板，提升公共服务水平，提高群众的获得感、幸福感、安全感。面对如此宏大而精微的使命，城市更新规划需要跳出原有范式，在我国城镇化转型的历史经纬中寻找自身定位，探索新的规划范式。

基于各地探索和实践，我们认为，面对新时期存量发展的需求，针对城市更新的规划将逐渐转型，成为推动城市高质量发展的综合规划、主动谋划有机渐进的发展规划、切实指导项目开发运营的实施规划和引导多元主体协同参与的治理规划。

1. 推动城市高质量发展的综合规划

城市更新规划首先是综合性的，这由存量发展背景下的城市更新工作性质所决定。城市更新首先需要破解快速城镇化带来的问题，补齐基本的公共服务短板，保障城市的基本安全，满足城市发展的基础需求；其次，通过针对性的空间供给促进设施升级和环境优化，集聚创新要素，激发市场活力，促进城市的持续发展；最后，城市更新还是挖掘和彰显城市自身特色、塑造城市形象和品牌、提高城市影响力和竞争力的重要手段。

针对这一系列目标和任务，城市更新规划需要有效整合经济、社会、文化、环境等众多领域的知识和技术，形成“多规合一”的综合性规划。我国自2008年开始的“多规合一”探索，为城市更新规划提供了诸多启示和参照，面对城市更新的多元目标，可以通过跨专业的团队协作，统筹经济社会发展、空间资源配置和土地支撑等，系统性地制定综合性解决方案，促进城市更新的有效落实和城市的高质量发展。

2. 主动谋划有机渐进的发展规划

城市更新规划是典型的发展型规划，需要对城市更新主动谋划、着眼近期、动态推进。首先，城市更新规划需要基于城市现状瓶颈和发展目标进行主动谋划，坚持问题导向，通过城市体检评估，识别城市发展的短板，优先解决群众急难愁盼的问题；同时，坚持目标导向，落实城市宏观发展战略，明确城市转型提升的重点地区，策划重点项目，推动关键地区的更新，促进城市转型发展。其次，城市更新规划需要着眼近期工作，通过统筹不同需求，识别具有标志性、引领性、关键性的重点地区和项目，结合城市的财政和治理水平，制定近期项目库，集中有限资源，以关键地区的城市更新撬动全局发展。最后，城市更新规划是伴随城市更新推进的动态性规划，需要针对城市更新的实施成效进行实时监测和常态化评估，检验更新工作的成效得失，动态调校更新策略和路径，推动下一轮城市更新，实现城市更新工作的循环滚动推进，从而引导城市的有机渐进更新和长效发展。

需要说明的是，城市更新规划虽然偏向于发展型规划，但也需要合理运用规划管控工具，一方面落实和传导上位规划的刚性管控要素，另一方面将城市更新中的关键要素纳入管控体系，以引导相关主体合理实施城市更新，尤其是保障公共利益的有效落实。

3. 切实指导项目开发运营的实施规划

城市更新规划具有强烈的实施导向，需要充分协调相关主体的诉求，明确实施路径，切实指导城市更新的实施。城市更新规划面对存量土地上既有的利益格局和多元权利主体，需要充分尊重和协调各方诉求，合理保障各方权益，并在此基础上进行精细化的规划干预，形成空间提升方案和利益调整方案，保障规划的可实施性。城市更新规划还需探索城市更新的实施路径，从宏观到微观逐渐细化明确城市更新实施模式，确定项目的实施主体和实施责任，制定城市更新项目的土地整理方案、资金平衡方案、分期建设方案等，从而切实指导城市更新项目的实施，使规划意图不是停留在蓝图上，而是真正落到实处。

4. 引导多元主体协同参与的治理规划

城市更新关系着众多权利主体的切身利益，城市更新规划的合理制定和实施离不开相关权利人的有效参与，因此，城市更新规划还应是治理型规划。城市更新规划的编制过程中，需要充分开展公众参与，特别是引导物业权利人和使用人的深度参与，通过社区议事会、业主委员会、村民股东大会等各类基层治理平台，了解各方意愿，协调多元诉求，凝聚发展共识，并有效落实到规划方案中。城市更新规划的成果，其核心应该是规则的制定，而非单纯的蓝图描绘，需要通过各类刚性和弹性的管控规则引导不同主体实施城市更新，落实规划的核心要素，实现城市的有机更新。此外，城市更新规划还需要充分保障社会弱势群体的利益，促进更加包容和公平的空间供给，为弱势群体提供更多的发展机会和可支付的空间，推动空间的“善治”，避免在多元主体的利益博弈中边缘和弱势群体的诉求被忽视，导致社会贫富分化和阶层固化。

4.1.2 城市更新规划的治理层次

规划在城市更新过程中发挥着协调多元诉求、制定行动纲领、管控发展底线等诸多重要作用，是城市更新空间治理的重要手段和载体。而在宏观、中观、微观等不同尺度下，城市更新面临的治理目标和治理主体往往存在较大差异，需要规划在其中扮演不同的角色，并形成相应的工作体系和方法（图4–1）。

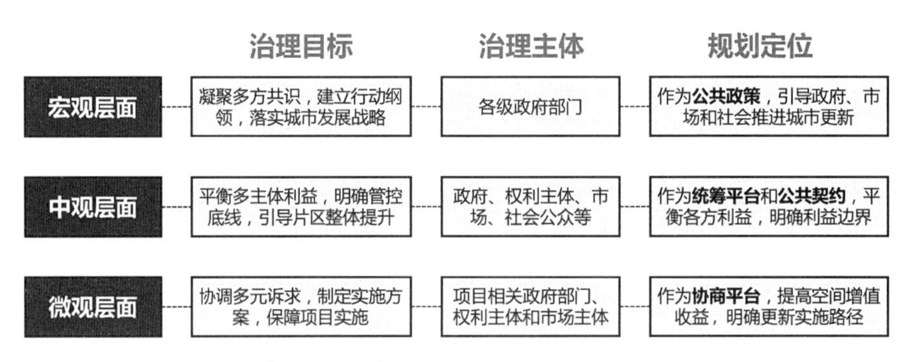

图4–1 城市更新规划的多元治理层次

1. 宏观层面：凝聚多方共识，建立行动纲领，落实城市发展战略

宏观层面城市更新主要是在城市、区、县等范围内对城市更新进行总体安排，其治理目标在于统筹各项城市更新工作，形成行动纲领，有效落实城市发展战略，破解现状问题和短板，促进城市长效发展。

这一层面的治理主体主要集中在政府内部，通过纵向和横向的部门协调，逐渐达成发展共识，并引导市场和社会力量共同推进城市更新。在纵向上需要统筹中央政府、省政府、城市政府和区县政府等各级政府诉求，在国家和省的政策要求与制度框架下，落实城市政府的总体发展战略，对接各区县自身发展诉求，制定符合整体利益的规划方案，引领地方城市更新工作。而在横向上则需要协调自然资源、住房和城乡建设、发展和改革、工业和信息化、教育、民政等与城市更新工作紧密相关的职能部门，有效衔接各部门的规划、计划与发展思路，合理界定各方权责边界，协同推进城市更新的实施和各类规划计划的落实。同时，城市更新空间治理还需充分考虑市场、社会的诉求，在城市发展战略的引领下，通过搭建合理的利益平衡机制，调动各方积极性，促进社会资本广泛参与城市更新工作。

与此相应，宏观层面的城市更新规划主要发挥城市公共政策的作用，通过明确城市更新的总体方向、重点任务和底线要求，形成合理的发展预期，从而引导政府、市场和社会等多元力量共同推进城市更新工作。而宏观城市更新规划的编制则需要充分落实上位政策要求和规划部署，与相关职能部门、专项规划等进行紧密沟通和衔接，并合理统筹基层政府和市场、社会等多元主体的利益诉求，从而凝聚各方发展共识，形成共同工作纲领，指导城市更新工作有序开展。

2. 中观层面：平衡多主体利益，明确管控底线，引导片区整体提升

中观层面的城市更新主要是推动城市更新片区（街坊、单元）的统筹规划与实施，其治理目标在于通过城市更新促进片区经济、社会、文化、环境等的整体提升，保障公共利益的有效落实，实现片区经济活力不断增强、人居环境持续优化、社会治理逐步完善、历史文脉得以传承彰显等，以满足人们日益增长的美好生活需要。

该层面的城市更新空间治理则涉及政府、权利主体、市场、社会公众等多元主体，需要强化政府统筹，明确公共利益底线，保障片区整体提升和城市可持续发展。就政府而言，推动片区城市更新需要落实城市发展战略，提升土地利用效率和产业结构，增加税收和土地出让收益，改善城市形象和环境品质，提高公共服务水平。权利主体则希望能够在保障自身权益的基础上实现利益最大化，同时避免在更新中面临改造周期漫长、不确定性增加等风险。市场主体则聚焦于城市更新的投资回报，追求经济利益最大化，并对投资风险高度敏感。社会公众作为城市空间的使用者，其对城市更新的诉求则更加多样，需要充分了解和有效回应。片区城市更新需要有效统筹不同主体的利益诉求，优先保障城市公共利益，明确管控底线，形成合理的空间增值和收益分配预期，同时降低不确定性风险，以引导各方主体共同推进片区城市更新，实现整体提升。

面对中观层面城市更新的治理需求，规划需要承担起利益统筹平台和公共契约的双重角色。作为利益统筹平台，中观城市更新的规划需要有效收集和整合政府、权利主体、市场、社会公众等多元主体的利益诉求，合理平衡政府、业主、市场等主体的权益空间，形成凝聚各方共识的空间发展方案。而作为公共契约，中观城市更新需要通过融入法定规划，强化空间管控的法定效力，充分保障公共利益底线与权利主体的合法权益，并预留合理的弹性空间，以适应城市更新的复杂性和不确定性。

3. 微观层面：协调多元诉求，制定实施方案，保障项目实施

微观层面的城市更新主要是推动城市更新项目的具体实施，其治理目标在于协调各相关主体诉求，促进空间增值收益提升并合理分配，从而保障城市更新项目的顺利实施。

微观层面的城市更新空间治理涉及更加具体的政府主体、权利主体及市场主体等，往往需要某一特定实施主体主导项目进程，通过与各相关主体沟通、谈判和博弈，逐步形成利益平衡方案，推进项目改造实施。不同实施主体推动下的城市更新项目，其治理格局存在较大差异：政府主导的城市更新项目中常形成“权威型”治理格局，需要在合理保障权利主体利益诉求的基础上推动城市更新，同时有效把控财政风险与社会风险；市场主导的城市更新项目则易形成“合作型”治理格局，市场主体通过与地方政府或权利主体形成增长联盟，不断提升空间增值收益以实现投资回报最大化；权利主体主导的城市更新项目，则因主体数量的不同而呈现出差异化治理格局，单一权利主体可以在既有政策框架下寻求自身收益的最大化，而随着权利主体数量的增加，则需要构建“协商型”治理格局，通过权利主体间的内部协商和与其他主体间的多方博弈，寻求空间增值收益与集体利益的最大化。

面对微观层面的多元治理格局，城市更新规划更多地发挥着提高空间综合价值、明确更新实施路径的作用。一方面，在政策要求和上位规划的刚性约束下，通过优化用地格局、功能业态和空间品质等，提高空间附加值，以满足各方主体的利益诉求；另一方面，通过各方主体充分协商博弈，明确项目实施模式与路径，结合实际需要制定土地整理、利益分配、招商运营、分期实施等方案，以保障项目的有效实施。

4.1.3 城市更新规划的技术转型

随着全面建设社会主义现代化国家新征程拉开序幕，城市更新承担起了优化城市发展格局、全面提升城市发展质量、补足城市资源短板、不断满足人民群众日益增长的美好生活需要、促进经济社会持续健康发展的重要作用和使命。然而，基于增量发展特征形成的传统城市规划技术方法，难以适应城市更新实践的新特征和新需求，急需面向多元主体，强化城市更新的价值导向引领，构建分层传导的城市更新规划体系，探索精细化的规划编制技术方法。

1. 价值导向：以人民为中心，提升城市价值，推动有机更新

首先，城市更新规划应把以人民为中心的理念融入城市更新工作。在全面建设社会主义现代化国家的时代背景下，推动人的全面发展、建设以人民为中心的城市，是实施城市更新行动的题中之义。城市更新应从物质空间营造转向社会人文关怀，直面人民的需求以及多元主体的诉求。城市更新是基于社会治理的空间治理，人的需求决定了更新改造的目标和方式。为此，城市更新规划应增强用户思维，不仅要有关注城市的宏大视角，还需要关注日常的微观视角，进而从产品或蓝图走向政策和过程。

其次，城市更新规划应从城市整体发展的维度出发，研判更新的价值和战略，维护和提升城市价值。城市更新的基本职责是维护和提升建成区，使之维持品质与活力。城市更新工作要结合城市的价值内涵与目标，找到城市自身的脉络、特色，挖掘真正的更新动力和潜力，并与长远目标和近期行动有效结合。城市更新应不断提升城市经济能级、激发城市生产力和创造力；不断完善城市功能，提高城市公共服务能力和空间品质；不断挖掘与保护城市历史文化遗产，延续城市文脉，推动文化创新与繁荣；持续保障城市公平正义，化解和消除城市冲突，创造社会和谐；持续坚持绿色发展，加强城市的安全性、有序性、韧性与可持续性。

最后，城市更新规划应从粗放型大拆大建走向精致型存量发展的有机更新。城市是一个鲜活的生命体，城市的生命在于其不断更新并持续迸发的活力，城市活力不断被激发的过程也就是城市不断更新的过程。城市更新应该是常态化的生命活动，是在细胞层面的小规模渐进式而非大规模断裂式新陈代谢，需要注重空间上的连接整体性和时间上的渐进连续性。因此，“微更新”应该作为未来城市有机更新的主要方式，通过空间改造提升价值，通过功能再造开发使用价值，不断提升城市的日常生活空间品质，促进城市的可持续发展。

2. 规划体系：融入国土空间规划，实现分层传导细化

面向不同尺度的城市更新空间治理需求，需要依托国土空间规划体系，搭建多层次城市更新规划架构。在宏观层面，以国土空间总体规划和人居环境中长期战略发展规划为总领，结合地方实际需求制定城市更新专项规划，进行宏观统筹和指

导；在中观层面，优化国土空间详细规划编制管理，强化片区层面的城市更新统筹，作为城市更新规划管控的核心；在微观层面，结合城市更新项目实际情况制定面向实施的详细规划方案，形成多方协同的平台，有效推进更新实施。同步加强城市更新计划的编制与管理，以更新年度实施计划为抓手有序推进城市更新工作。

此外，面向城市更新实施中的不确定性因素，城市更新需要在详细规划层面适当预留弹性空间，进行分层管控与传导。在片区或规划单元层面有效落实上位规划要求，结合更新评估进行更新方式分区，明确建设总量、主导功能、公共服务设施数量及规模、公共空间等刚性管控边界，同时适当预留弹性空间；实施层面的详细规划则应结合城市更新实际情况，协调多方诉求，细化深化规划管控内容，明确具体地块划分、用地性质和建设指标等要求，并纳入规划管理的“一张图”，作为下一阶段行政许可的依据。

3. 技术方法：面向存量特征，探索精细化规划编制方法

针对存量建成区的特征，在前期基础研究阶段，需要开展非常深入细致的基础信息调查，梳理分析现状建设情况、产权关系、社会网络、经济活动和文化脉络等，同时广泛收集相关利益主体的更新意愿和诉求，以识别更新地区的优势资源和突出短板。基于详尽的基础信息调查，才能建立一套科学的评估体系，识别城市更新对象，明确更新的目标方向，研判“留、改、拆”等不同更新方式的适用范围，为规划方案的制定奠定基础。

面向城市更新的多维价值导向和多重目标使命，规划需要综合性应用规划设计、市政交通、产业策划、历史保护、绿色低碳等多元技术手段，推动精细化的城市更新与城市治理。一是通过多元路径推动存量地区土地提效和功能完善，在合理研判更新方式的基础上，有序推动低效用地更新，优化空间发展格局，实现产业转型发展，持续推进老旧城区公共服务功能完善，通过“修补型再开发”对近人尺度的空间进行必要的功能性、便利性补缺，破解服务短板，同时鼓励采用混合兼容的用地功能管理方式，积极探索通过微更新促进创新转型的新路径。二是通过精细化城市设计促进城市品质提升，城市更新项目应有效织补城市空间网络，成为塑造和连接城市网络的重要交织点，打造高品质、精细化的公共空间，适度宽容城市“非正式空间”，以增强中心城区活力。三是通过合理的城市更新促进历史文化保护与传承，加强对历史文化遗存的保护，保留时代的发展印记，延续历史性，体现真实性，合理植入新的功能业态，促进历史空间活化，实现文化与城市格局的内嵌共生。

相比增量开发，面向城市更新的规划更加强调可实施性，这就需要在尊重现有产权的基础上合理平衡各方利益。在城市更新规划中，应尊重现状土地、建筑产权与权利人的诉求，加强城市更新规划方案的经济测算，合理设定城市更新项目的开发强度、功能构成和公共利益用地用房配置比例，有效保障城市公共利益、权利人合法权益和开发主体合理收益，促进城市更新项目资本投入阶段和运营阶段的财务平衡。积极探索合理的开发权置换、奖励和转移规则，引导多元主体通过城市更新推动高品质城市空间的营造。城市更新规划还应加强多元主体的协同治理，通过多方沟通博弈，逐步达成发展共识，形成规划方案，并通过规则的制定规范和引导不同主体参与实施城市更新。

4.1.4 城市更新规划的工作机制

城市更新往往涉及众多的权利主体诉求、不同的学科领域和多个部门的事权范畴，需要由相对封闭的增量规划范式向治理型存量规划范式转型，亦即城市更新规划的编制和管理需要不同主体的多元协商、不同专业的团队协作和不同部门的管理协同。

城市更新规划首先需要构建贯穿规划全流程的多主体协商机制。在规划前期调查评估阶段，需要通过问卷调查、深度访谈、社区工作坊等多种形式开展公众参与，充分了解不同主体的更新意愿、诉求和建议，制定城市更新地区的需求清单和问题清单，从而有效识别规划需要解决的核心问题。在规划中期方案编制阶段，应积极采用协商式规划方法，通过社区工作坊、专家咨询会等平台向相关利益主体介绍方案思路和阶段成果，汇集政府、市场、权利主体、居民、专家等不同主体的意见，及时调整优化方案，逐渐形成凝聚各方共识的成果。在规划后期成果审查阶段，需要按政策规定进行专家评审，面向公众进行公示，广泛征求各方意见，协调各方诉求，形成最终成果。

其次，城市更新规划需要合理优化工作组织，搭建多专业的协作平台。在城市更新工作的实际推进过程中，往往面临规划统筹、产业发展、交通组织、市政设施提升、生态修复、历史保护、开发运营等众多跨专业问题，需要不同专业团队的协同合作，共同探讨可行的多规合一方案。结合发达地区的实践经验，一般依托规划专业团队搭建统筹协调平台，产业、建筑、历史保护、生态修复、交通、市政等相关专业团队根据项目需求搭建和引入平台，通过多方沟通协调，逐步形成规划总报告和分专业专题研究报告，共同指导城市更新工作的实施。对于涉及某一个或多个专项难题的复杂项目，还需结合实际需求搭建跨专业专家咨询团队，通过各领域专家的指导和评审，优化项目方案，保障专项问题的妥善解决，促进更新有效实施。对于具有重大战略意义的更新项目，还可组织面向国内或国际的城市设计竞赛，通过公开平台汇聚多方思路，形成具有前瞻性的空间方案，并融入城市更新规划，指导项目实施。

最后，城市更新规划还需要构建多部门协同的全生命周期管理机制。城市更新规划管理涉及的工作流程主要包括计划管理、申报立项、规划审批、规划许可和竣工验收等。由于项目类型、实施主体和实施方式等方面的差异，不同更新项目的工作流程和审批环节等内容不尽相同。参照深圳市城市更新单元规划的管理流程，可分为三个阶段：第一阶段是城市更新规划计划的编制和审批，主要包括项目启动与初步评估、申报主体确认、城市更新单元计划申报审批、土地信息核查；第二阶段是城市更新单元规划的编制与审批，依据相关规范，由相关部门和机构按程序进行意见征求、方案审查、专家论证、草案公示、方案审定和成果审批等；第三阶段是项目实施与监管，主要包括制定实施方案、确定实施主体、房地产权注销、建设用地审批、签订土地出让合同、缴交地价和项目监管。

4.2 规划体系：分层传导细化的规划体系探索

4.2.1 面向城市更新的规划体系完善

城市更新规划是对城市存量建成区的统筹谋划，具有战略性、综合性和可实施性[①]。面向城市更新工作在不同空间层次上的差异化治理需求，需要从宏观到微观分层传导、逐层细化的规划体系支撑。另一方面，在我国建立国土空间规划体系的时代背景下，城市更新需要充分融入国土空间规划体系，作为国土空间规划的重要内容，有效指导建成区各项开发保护建设活动，促进城市更新有序实施。

1. 城市更新与国土空间规划的关系

2019年5月，中共中央、国务院《关于建立国土空间规划体系并监督实施的若干意见》印发，明确要求："建立国土空间规划体系并监督实施，将主体功能区规划、土地利用规划、城乡规划等空间规划融合为统一的国土空间规划。"随着国土空间规划体系的建立完善，以及城市更新实践的不断探索，城市更新应全面衔接国土空间规划体系，通过国土空间规划体系的系统治理综合考虑城市更新的实施

① 陈群弟. 国土空间规划体系下城市更新规划编制探讨［J］. 中国国土资源经济，2022，35（5）：55-62.

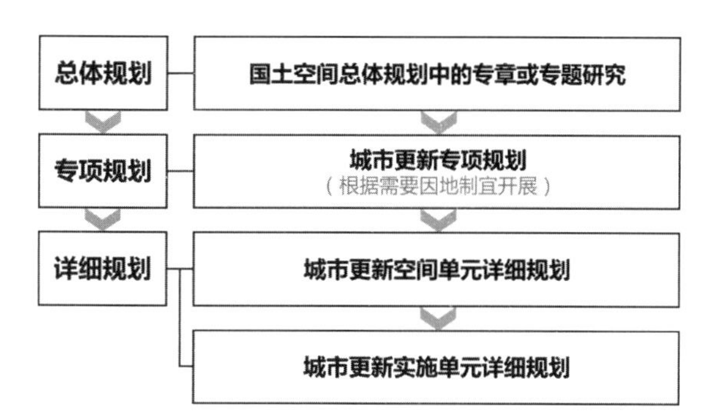

图4-2　城市更新与国土空间规划体系的关系
（来源：深圳市城市规划设计研究院有限公司，《城市更新空间单元规划编制技术要求研究》，2022）

需求，综合解决城市更新的实施问题。2020年，深规院受委托开展自然资源部课题《城市更新空间单元规划编制技术要求研究》，提出城市更新需要宏观、中观、微观不同层面的，体系性的国土空间规划支撑，并提出城市更新融入国土空间规划体系的思路建议（图4–2）。深规院其后参与《支持城市更新的规划与土地政策指引（2023版）》的起草工作，最终该指引将“城市更新空间单元详细规划”明确为“更新规划单元详细规划”，将“城市更新实施单元详细规划”明确为“更新实施单元详细规划”，且未将“城市更新专项规划”纳入国土空间规划体系。

2. 城市更新的分层规划传导

城市更新需要充分融入国土空间规划体系，并结合城市更新空间治理层次的差异化需求，以及地方城市更新的多元规划实践探索，合理构建完善从宏观到微观逐层传导的规划体系，以统筹协调自上而下的管控要求和自下而上的多元诉求（图4–3）。

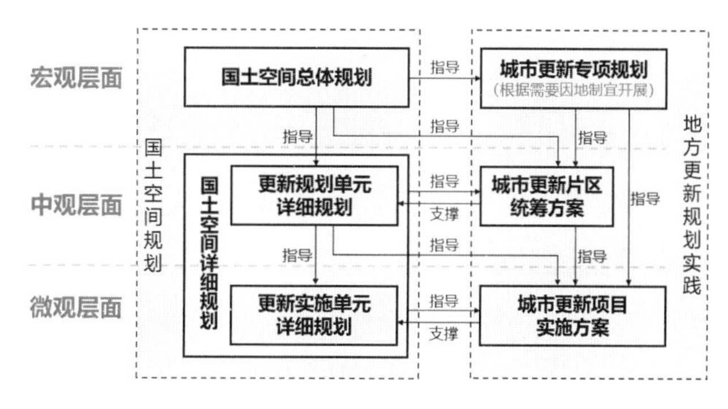

图4–3　与国土空间规划和地方实践相结合的城市更新的规划体系和关系示意

在宏观（城市/区/县）层面，需要国土空间总体规划进行战略引领和全局安排，积极开展城市更新研究，统筹增量与存量空间资源，明确城市更新的总体方向、重点任务和重点区域等。此外，各地可结合实际发展需要编制城市更新专项规划（虽然《支持城市更新的规划与土地政策指引（2023版）》未考虑城市更新专项规划，但该类规划在多个城市中已有实践），深入摸查更新盘底，研判更新总体目标、发展策略和规模等，进而制定更新行动计划，以对更新工作进行更加系统性、实施性的安排。

在中观（片区）层面，需要强化片区更新统筹，保障公共利益的落实和整体提升。国土空间详细规划需要结合城市更新需求加快转型，针对城市更新对象相对集中的区域，优化详细规划编制和管理方法，可探索国土空间详细规划的分层编制，片区层面的国土空间详细规划（更新规划单元详细规划）加强城市更新统筹，明确总规模、主导功能、公共配套、蓝绿空间等底线管控要求，并预留一定弹性，以适应更新实施的复杂性与不确定性。

在微观（地块）层面，需结合更新实施需要，合理协调相关主体诉求，建议在满足片区层面国土空间详细规划管控要求的基础上，明确城市更新实施单元范围，制定地块层面的国土空间详细规划（更新实施单元详细规划），明确具体地块的土地利用、容积率等规划条件，作为城市更新实施的依据。进一步，具体城市更新项目需要落实详细规划管控要求，制定城市更新项目实施方案，充分征求各相关主体意愿、诉求和建议，明确项目改造方案、投融资方案、建设运营模式和实施计划等。

4.2.2 宏观层面：城市更新的战略引领与全局安排

正如前文所述，宏观层面的城市更新规划主要发挥城市公共政策的作用，通过明确城市更新的总体方向、重点任务和底线要求等，形成共同工作纲领，对全市城市更新工作进行战略引领和全局安排。在各地实践过程中，不同城市结合地方政策和自身实际探索了类别多样的宏观城市更新规划，在城市更新统筹和空间治理中发挥了不同的作用。下面结合地方实践讨论宏观层面城市更新规划的主要类别，进而梳理该层面城市更新规划的核心内容和工作要点。

1. 宏观层面城市更新规划的多元探索

我国宏观层面的城市更新规划最早起源于总体规划编制中的城市更新专题研究，2009年广东出台“三旧”改造政策后，省内各地按照要求编制了“三旧”改造或城市更新专项规划，其后部分城市结合自身面临的实际问题和发展需要，针对特定对象开展了专题研究或专项规划编制工作。随着我国城市开发建设方式的转型和城市更新行动的全面推进，各地纷纷开展宏观层面的城市更新规划，总体而言，主要包括总体规划中的城市更新研究、城市更新专项规划、特定对象的城市更新专题研究三大类。

（1）总体规划中的城市更新研究

深圳、上海、广州等建设用地瓶颈问题较为突出的特大城市，在城市总体规划编制中较早开展了城市更新类的专题研究工作，如深圳在2010年版总体规划中通过《城市更新与旧区改造策略研究专题》明确了城市更新的现状、目标导向、规模、策略和保障措施等，为该版总体规划提出“存量转型发展”提供了有力支撑。

在当前生态文明建设和“三区三线”严格管控的宏观背景下，如何盘活存量建设用地、推动城市更新成为市县国土空间总体规划的核心内容之一，这往往需要城市更新专题的有力支撑和城市更新专章的有效指引。《市级国土空间总体规划编制指南（试行）》要求在总体规划中“根据城市发展阶段与目标、用地潜力和空间布局特点，明确实施城市有机更新的重点区域，根据需要确定城市更新空间单元，结合城乡生活圈构建，注重补短板、强弱项，优化功能布局和开发强度，传承历史文化，提升城市品质和活力，避免大拆大建，保障公共利益”，并将城市更新列入重大专题研究，明确总体规划可加强“研究建设用地节约集约利用和城市更新、土地整治、生态修复的空间策略”。

可以看到，国土空间总体规划中的城市更新研究是总体规划编制的支撑性研究工作，一方面需要立足城市宏观发展格局，摸清现状情况，识别关键问题，另一方面需要统筹增量和存量空间资源，提出更新目标与策略，明确更新工作重点，为总体规划的发展战略和实施路径提供决策依据，并将核心内容纳入国土空间总体规划。

（2）城市更新专项规划

我国城市更新专项规划的探索最早发端于广东省的“三旧”改造实践，广州于2010年编制了首个城市更新专项规划《广州市“三旧”改造规划（纲要）》，为“三旧”资源（旧城镇、旧村庄、旧厂房）分类改造确定了总体原则，并落实城市总体规划和土地利用总体规划的相关要求。2015年广州为适应城市更新管理机构调整和更新战略专项，编制了《广州市城市更新总体规划（2015—2020）》，明确了城市更新的范围、思路和重点，并进一步强调了对城市更新工作机制的构建和中长期战略的安排。同期，深圳、东莞、中山、佛山、惠州等地也纷纷编制了城市更新专项规划或“三旧”改造专项规划，重点对“十三五”期间的城市更新工作进行系统安排（图4–4）。

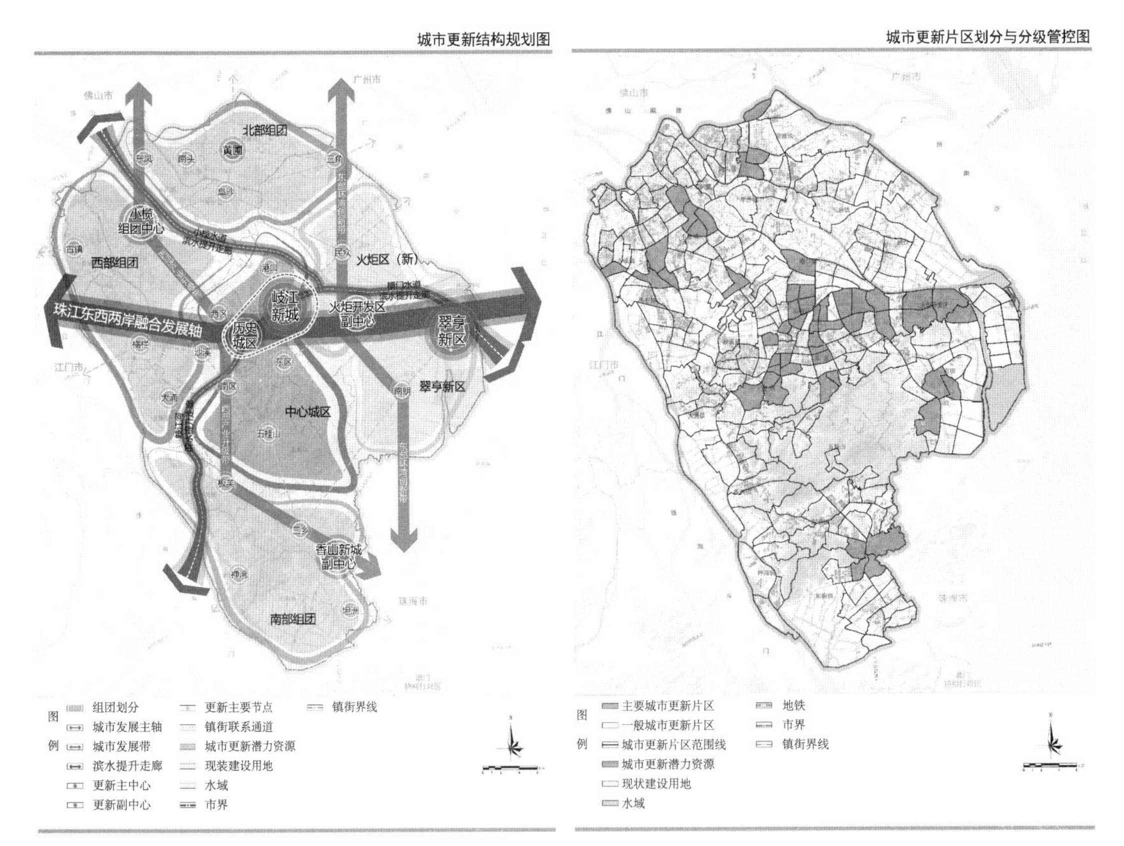

图4-4　中山市城市更新（“三旧”改造）专项规划（2020—2035年）

2020年以来，随着“实施城市更新行动”纳入国家发展议程，除广东各地外，重庆、成都、济南、青岛、长沙、大连等城市也开始积极探索城市更新专项规划的编制。其中，广州、深圳等地由于全域建成区连绵发展，规划范围为整个市辖区，重庆、成都、长沙等城市则聚焦于中心城区的更新规划，而济南、青岛、大连等城市则衔接国土空间总体规划，分别对市域和中心城区进行规划指引。这一时期的城市更新专项规划年限，则多数与国土空间总体规划的年限保持一致，即近期至2025年，远期至2035年。

纵观各地实践，城市更新专项规划在地方城市更新工作中发挥着战略引领和系统安排的双重作用，一方面需要落实总体规划的战略部署，明确辖区或中心城区城市更新的总体目标导向和重点工作，另一方面需要系统梳理更新对象，明确城市更新的改造规模、改造要求、实施计划和工作机制等，形成总体工作纲领，切实指导城市更新工作的全面开展。

由于各地的发展阶段、工作重心和管理体系存在较大区别，城市更新专项规划的内容呈现出诸多差异。总体来看，其基本内容包括：基于城市体检评估和土地调查成果，系统识别城市更新对象，综合评估各类更新对象的改造潜力；衔接国土空间总体规划和其他相关专项规划，明确城市更新的具体目标、思路和策略；预测城市更新规模，明确此区域城市更新任务指标；针对城市更新的方式、功能、历史保护、生态修复和重大设施落实等提出指引要求；划分重点城市更新片区，结合国民经济发展规划或近期建设计划，拟定城市更新的近期重点项目计划库，指导项目有序实施，并提出实施保障措施。

（3）特定对象的城市更新专题研究与专项规划

在城市更新推进过程中，一些特定对象成为突出的工作重点或难点，部分城市为深入破解现实问题，有效推进或管控其更新改造，针对这些特定对象开展了专题研究或制定了专项规划。

例如深圳早期将城中村改造作为城市更新工作的重要突破点，于2005年编制了《深圳市城中村（旧村）改造总体规划纲要》，明确了城中村改造的目标策略、总体部署、改造指引和保障机制等，为其后的城中村改造工作提供了重要指引。然而，随着城中村拆除重建工作的全面推进，城市低成本空间减少、职住矛盾加剧、历史文化破坏等问题逐渐凸显，于是深圳在2019年印发《深圳市城中村（旧村）综合整治总体规划（2019—2025）》，将全市56%的城中村用地划入综合整治范围，引导有机更新，避免大拆大建。

又如顺德将低效村级工业园作为城市更新工作的着力点和突破口，于2019年制定《顺德高质量发展暨村级工业园升级改造总体规划》，针对村属工业用地开展现状效能评估和集聚适宜性评价，划定产业空间边界，提出分类改造指引，并搭建改造动态监测和企业追踪机制，以保障企业的搬迁腾挪与平稳生产。

此外，随着城镇老旧小区改造工作的全面推进，国内许多城市开展了针对老旧小区改造的专项规划编制工作。如北京制定的《北京市“十四五”时期老旧小区改造规划》，明确了老旧小区改造的原则、目标、主要任务与实施保障措施等。

总体而言，特定对象的城市更新专题研究或专项规划，是对国土空间总体规划和城市更新专项规划的细化和补充，具有鲜明的问题导向和目标导向，为解决城市更新推进中遇到的实际问题、加强特定更新对象的空间治理提供了有效支撑。由于更新对象和编制目的不同，该类规划的内容存在巨大差异，共有的内容主要包括：识别特定更新对象，分析现状情况与问题；明确更新的基本原则和目标；制定分类改造指引；提出实施保障措施。

（4）宏观层面城市更新规划的发展方向探讨

回顾各地的多元探索，可以看到在宏观层面开展的城市更新规划或研究，主要是基于城市更新工作的实际需要，针对存量建成地区进行总体谋划和工作部署，具有鲜明的公共政策导向。

而随着我国城市向存量发展模式转型和城市更新工作的常态化开展，宏观层面的城市更新规划将逐渐向两个方向分化：一方面，需要面向城市发展的长远目标和战略，针对城市更新工作进行总体谋划，保障国土空间总体规划部署的有效落实；另一方面，需要针对近期城市更新工作进行具体部署，明确一定时期内的更新规模、任务指标和工作重点，保障五年发展规划和城市重大项目的实施落地。

针对前者，建议优先通过市县国土空间总体规划进行统筹谋划，保障总体规划战略意图的有效传导落实，使城市更新成为国土空间格局优化的重要抓手，有效指导城市更新工作的推进方向。针对后者，则可结合城市实际需要，制定五年期限的城市更新专项规划或近期行动计划，在落实国土空间总体规划管控要求的同时，充分尊重现实情况和各方群体诉求，有效衔接五年发展规划和重点项目计划，明确近期重点推进区域和重大更新项目，拟定任务清单，并纳入总体规划的近期行动计划。

此外，不同城市更新对象具有显著的差异性和复杂性，在城市更新工作推进过程中，往往会遇到特定对象成为一定时期或某个职能部门的重点工作领域，需要展开更为细致、深入的研究和谋划，各地可结合实际需要开展相应的专题或专项规划，为工作开展提供方向和支撑。

2. 核心内容与要点

通过梳理宏观层面城市更新规划的主要类别可以看到，由于规划目的和承担的功能不同，各类规划的内容存在较大差异。相比而言，城市更新专项规划更为综合和全面。总体规划中的城市更新专题和特定对象的城市更新专题研究等，则是在其基础上，根据项目实际需要对局部内容进行简化或深化。下面主要结合城市更新专项规划的基本框架，讨论宏观层面更新规划的核心内容和要点（图4–5）。

（1）综合评估现状条件与改造潜力，摸清更新盘底

更新资源盘底是开展宏观城市更新规划的重要基础性工作，也是进行城市更新项目审批的重要参考和依据。摸查更新资源盘底需要首先开展深入的现状调查和城市体检评估，研判现状面临的突出问题和短板，分析存在的主要更新对象及其特征，进而分级分类构建综合评价体系，评估改造潜力，识别更新资源和区域。具体而言：

一是开展精细化的城市体检评估，甄别现状问题和短板。城市体检与城市更新关系密切、相辅相成，城市体检为城市更新指明方向，城市更新是城市体检后

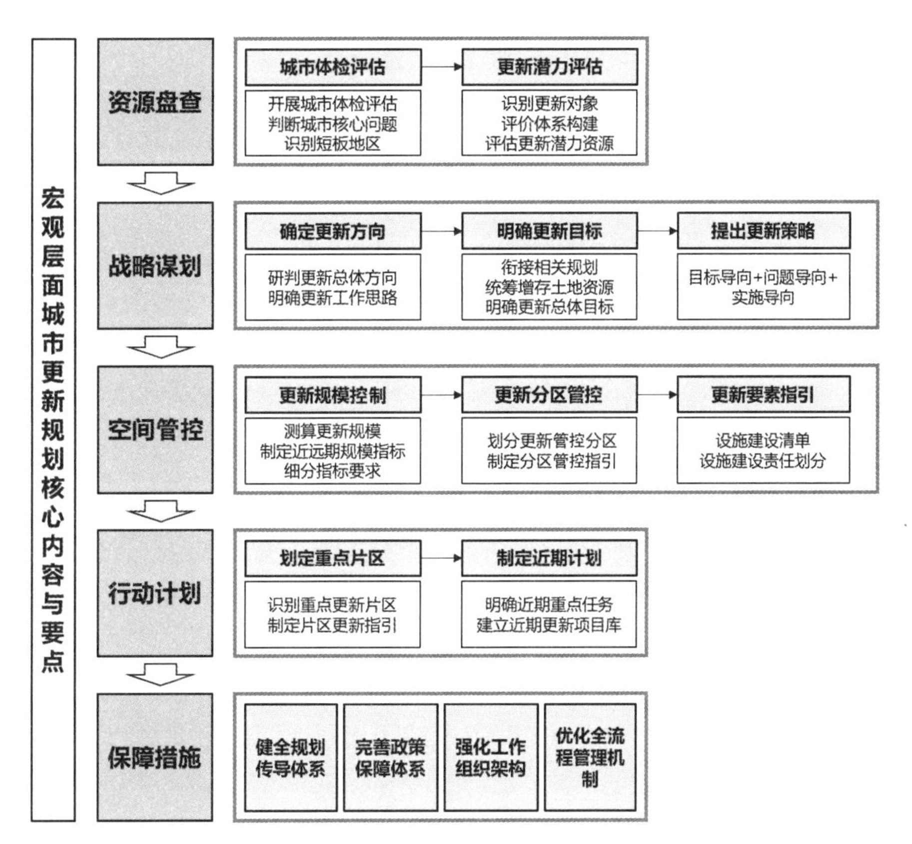

图4-5 宏观层面城市更新规划的核心内容与要点示意

的必要行动[①]。然而，当前城市体检评估的指标体系过于宏观，建议在深入调查城市发展脉络和现状建设情况的基础上，结合城市更新的实际需求，构建适应城市自身特征、面向中微观尺度、更加精细化的体检评估体系，一方面识别各类城市系统（如生态系统、交通系统、市政设施系统等）和功能区（如生活区、工业区、商业区等）存在的突出问题，另一方面识别多种问题集中出现的城市短板地区。通过甄别城市现状问题和短板地区，可以为确定城市更新对象、构建评价体系、明确更新工作重点提供有力支撑。

二是分级分类构建综合评估体系，精准识别更新对象。评估城市更新潜力，既需要针对不同的城市更新对象特征，分类建立评价标准体系，也需要统筹宏观评估与中微观校核，通过市区上下联动识别更新区域。基于各地城市更新实践，

① 杜栋. 城市“病”，城市“体检”与城市更新的逻辑［J］. 城市开发，2021（20）：18-19.

城市更新对象大致可分为老旧居住区、城中村、老旧工业区、老旧商业区和其他更新地区等，通过归类土地调查成果，结合地籍信息等，可以形成各类更新对象的评估本底。针对不同更新对象，结合城市体检评估结果，从建筑条件、用地效益、环境品质、发展潜力等维度构建差异化评价体系，利用容积率、建筑年限等传统行业数据和手机信令、POI等多源大数据，可以初步识别更新潜力用地。在宏观潜力评估的基础上，通过区、街道（镇）实地摸排校核，修正潜力用地范围，能够进一步提高资源评估的准确性。最终确定的更新区域，鼓励纳入国土空间规划"一张图"等信息管理平台，提高智慧化管理水平，为国土空间规划决策和更新项目审批等提供支撑。

（2）明确更新方向、目标和策略，加强战略引领

在现状评估的基础上，宏观层面的城市更新规划需要充分衔接国土空间总体规划和相关专项规划，落实城市总体发展格局和重大战略部署，凝聚不同部门和社会群体的发展共识，明确城市更新的总体方向、目标和策略，以此强化对城市更新工作的战略引领。

一是结合国家政策导向与城市发展特征，确定更新方向。随着我国城市开发建设方式的转型，城市更新进入国家语境，一系列中央和部委文件为各地城市更新工作指明了方向，例如2019年住建部发布《关于在实施城市更新行动中防止大拆大建问题的通知》，强调实施城市更新行动应严格控制大拆大建，坚持应留尽留，全力保留城市记忆，稳妥推进改造提升。在宏观层面的城市更新规划编制过程中，应贯彻落实国家政策导向，避免城市更新变形走样，同时还需结合城市发展特征和趋势，研判城市更新工作的总体方向和思路。

二是衔接相关规划，统筹增存土地，明确更新目标。确定城市更新目标，一方面需要系统梳理上位国土空间总体规划和环境保护、产业发展、住房发展、历史保护、公共设施、综合交通、市政设施等相关专项规划，积极对接有关职能部门，明确城市总体开发保护格局和重大项目、重大设施规划部署情况；另一方面需要统筹城市更新资源，规划增量建设用地、批而未供和闲置用地等增存土地资源，综合研判城市更新在城市总体发展格局中承担的角色和核心任务，以此推动增量开发与存量更新统筹联动、协调发展。例如《中山市城市更新（"三旧"改造）专项规划（2020—2035年）》中，通过统筹分析增量建设用地、批而未供和供而未建用地、城市更新潜力用地的分布特征和开发潜能，结合城市宏观发展战略，研判城市更新的工作重心，即推动传统产业转型，完善社区公共服务体系，提升城市空间品质和人文底蕴。

在相关规划要求和增存土地统筹研判的基础上，应结合城市更新总体方向和现状条件，围绕经济、社会、文化、环境等多元维度，确定城市更新的总体目标，倡导多元价值导向。例如，《大连市城市更新专项规划》针对大连当前发展困境和品质短板，以存量“创新”与存量“焕新”为主线，提出“发展创新、城市焕新”的城市更新总体目标，并形成活力创新、幸福宜居、人文海湾、绿色生态、韧性智慧五大发展愿景。

三是围绕更新目标，基于现状条件，提出更新策略。宏观城市更新应统筹目标导向与问题导向，面向更新实施，提出针对性更新策略。首先，应有效响应城市更新目标，针对各子目标提出落实的具体措施和途径，保障城市更新目标的稳步实现；其次，应充分考虑城市现状条件和存在的问题，通过更新策略提出破解路径，促进城市的持续提升和高质量发展；最后，城市更新策略还应具备较高可实施性，能够有效纳入规划管控和更新政策，推动政府、市场、社会等多元主体协同推进城市更新，落实规划目标。例如在《深圳市城市更新和土地整备“十四五”规划》中，围绕更新目标提出了“推进城市绿色发展、保护历史文化资源、提升公共服务支撑水平、加大住房保障力度、提高产业空间质量、优化城市空间布局”六大策略。

（3）构建更新管控和指引体系，规范更新行为

城市更新离不开政府、市场、社会等各方主体的参与，其实施过程存在诸多不确定性，为保障城市发展战略和更新目标的有效落实，需要合理构建更新管控和指引体系，规范各方行为，促进多元主体在明确预期引导下协同推进城市更新工作。结合各地实践，城市更新的管控和指引体系主要包括更新规模控制、更新方式管控、更新要素指引等。

一是合理控制更新规模，引导更新工作稳步推进。城市更新规模的测算，应综合考虑上位规划和政策要求、城市发展需求、更新实施潜力等。部分省市更新政策及总体规划会规定一段时期内的城市更新规模指标，需要城市更新规划进行有效衔接落实，并在规划年限内进行合理推算。城市发展需求包括产业空间需求、人口住房需求、公共设施配套需求等，可结合城市发展目标，合理统筹增存空间资源，推算相应更新用地需求规模。更新实施潜力规模，一方面可通过盘查高潜力更新资源进行核算，另一方面可结合以往更新实施情况，推算规划年期内的实施速率和总规模。通过多维度的规模测算和综合评估，确定更新总体规模。基于更新规模测算，可以制定规划远期及近期的城市更新规模指标。对于规模指标，可以结合城市发展特征和更新实施情况，通过规定上限或下限、区分不同更

新方式的规模占比、明确不同更新用地的占比、针对各区（县、镇）进行指标分配等，引导城市更新工作稳步推进。需要注意的是，城市更新规模指标的确定应坚持实事求是、量力而行、久久为功，不能脱离城市发展和财政水平的实际情况，盲目制定规模指标，也不可层层加码更新规模指标，迫使地方大拆大建，为城市经济社会发展埋下隐患。

二是加强更新分区管控，保障城市有序更新。对城市更新进行分区管控，是在空间上规范各类城市更新活动，引导城市有序更新的重要手段。城市更新分区管控，需要结合城市更新目标、实施模式、市场动力等，基于更新导向、更新方式等不同逻辑进行分类，然后针对更新区域连片划定各类管控分区范围，制定相应的管控指引，引导有机渐进更新。例如在《广州市城市更新专项（总体）规划（2018–2035年）》中，基于更新导向进行策略分区，包括鼓励更新区、一般更新区和敏感改造区，其中鼓励更新区又进一步划分为历史文化保护区、重点平台发展区、轨道站点综合开发地区、公共服务完善区等，并明确了各类分区的更新目标和工作重点；《成都市“中优”区域城市有机更新总体规划》中，则基于更新模式，划分为保护传承区、优化改造区、拆旧建新区，并针对各类分区制定更新指引。

三是强化更新要素指引，落实重大战略部署。根据城市发展需要，可以结合国土空间总体规划和相关专项规划，进一步明确城市更新需承担的重要交通干线、重大公共服务设施和基础设施等项目清单，以保障城市重大战略的有效落实。例如深圳面临严重的土地瓶颈问题，需要通过城市更新和土地整备有效落实各类公共设施，因此，在《深圳市城市更新和土地整备“十四五”规划》中，对公共服务设施、市政基础设施、城市交通系统、城市安全能力进行了规划指引，并形成了责任清单，明确了各区需通过城市更新和土地整备提供的重大设施类别、数量和规模等。

（4）确定重点片区与近期计划，形成工作抓手

在强化更新管控和指引的同时，宏观层面城市更新规划还需要合理确定城市更新重点片区，明确近期核心任务和重点项目计划，从而为城市更新工作提供有力抓手，促进城市更新的有效实施。

一是落实宏观发展战略，划定城市更新重点片区或单元。在城市更新实践过程中，往往形成两种模式：一种以项目为导向，通过直接制定项目实施方案，指导更新实施，其审批和推进速度相对较快，但易导致更新碎片化、重大项目落地难等问题；另一种以片区为导向，通过片区统筹方案进行整体谋划，指导其内项

目有序实施，可以较好地保障重大项目落实和片区整体提升，但审批周期较长、前期成本较高。为保障城市发展战略的有效落实，同时合理平衡更新推进速度和政府财政负担，宏观城市更新规划应合理划定城市更新重点片区，明确更新工作核心抓手，引导政府集中资源进行重点谋划和高标准建设。城市更新重点片区应充分衔接国土空间总体规划及相关专项规划，结合更新目标和策略，识别重大战略地区、重要敏感地区及重点民生保障地区等，结合城市道路、产权边界、行政辖区、自然边界等进行划定。鼓励城市更新片区的范围与详细规划管理单元的范围保持一致，形成重点城市更新单元，以保障城市更新规划与详细规划的有效衔接。

二是衔接近期规划，制定更新行动计划与重点项目库。宏观城市更新规划作为城市更新的重要纲领性文件，需要合理制定城市更新工作的推进路径，特别是明确近期工作的核心任务和重要抓手，这就需要制定城市更新近期行动计划和重点项目库。近期行动计划应有效衔接地方国民经济和社会发展五年规划、国土空间总体规划近期行动计划及相关专项规划等，明确近期需要通过城市更新落实的重大项目和设施，形成近期重点任务清单，根据实际需要确定更新规模、设施供给等方面的工作指标。近期重点项目库则应结合近期行动计划、既有和意向更新项目、权利人改造意愿等，综合筛选确定项目清单，纳入城市更新项目储备库，作为近期城市更新工作的主要抓手，引导各方协同推进更新项目实施。

（5）强化城市更新顶层设计，保障更新实施

宏观层面城市更新规划作为城市公共政策，一方面要加强空间管控和引导，另一方面需要强化制度设计，通过优化工作机制和流程，协调各方利益，保障规划目标的传导落实和更新项目的有效实施。结合各地实践经验，宏观层面城市更新规划可重点针对规划传导、政策保障、工作组织、管理机制等方面开展研究，提出实施保障建议。

一是健全城市更新规划传导体系。城市更新规划传导体系是保障城市更新规划目标和管控要素有效落实的重要抓手，尤其在市级城市更新专项规划中，需要结合城市更新方向和目标、地方规划管理架构和管理水平等，合理建构城市更新规划体系，明确宏观、中观、微观的城市更新规划类型、核心管控和传导要素等，并厘清城市更新规划与法定规划的衔接关系。

二是完善城市更新政策保障体系。城市更新政策体系是保障城市更新工作有序开展的重要基石。宏观城市更新规划一方面应基于既有城市更新政策和地方治理语境，结合更新目标方向和空间管控需要，完善更新政策体系，明确需要补充

或优化的更新政策和技术标准；另一方面可针对城市更新中面临的实际问题，构建开发管制、产权重构、经济调节等方面的政策工具箱①，合理调控各方利益分配，促进城市更新实施（表4-1）。

深圳城市更新中的部分政策工具箱　　表4-1

调控手段	政策工具	
开发管制	·用途管制	·保障土地利用结构的合理性
	·空间管制	·保障土地空间布局的合理性
	·改造意见征集	·提高改造的公平性和可行性
	·改造规模管制	·显化改造的规模效应，降低小地块改造的负外部性
	·楼龄限制	·避免建筑的不经济改造
	·零星用地纳入	·促进畸零地块的整合利用
	·产权门槛	·有序消化历史遗留模糊产权问题
产权重构	·产权处置	·通过“改造确权”实现产权明晰
	·土地分配	·通过土地贡献率实现公共利益土地供给保障
	·空间分配	·加强公共配套用房和保障性用房的空间供给
经济调节	·地价计收	·形成合理的地价调节机制
	·税费征缴	·保障公共财政的可持续运转

（来源：岳隽. 基于公共利益和个体利益相平衡的城市更新政策工具研究——以深圳市为例［J］. 城乡规划，2021（5）：34-42.）

三是强化城市更新工作组织架构。城市更新的有效实施离不开各级政府部门的统筹指导和协同推进。宏观城市更新规划可结合更新实施需要和地方政府架构，明确各级政府和相关职能部门在城市更新工作中的事权范畴，提出设置领导机构和牵头管理机构等方面的建议。例如在《济南市城市更新专项规划（2021—2035年）》中提出：“市政府成立市城市更新工作领导小组，负责领导全市城市更新工作，决策城市更新重大事项；领导小组办公室设在市住房和城乡建设局，负责领导小组日常工作；市住建部门负责组织、协调、指导、监督全市城市更新工作，牵头拟定城市更新政策，组织编制全市更新年度计划；市有关部门负责依法制定相关专业标准和配套政策，履行相应的指导、管理和监督职责；区县政府

① 岳隽. 基于公共利益和个体利益相平衡的城市更新政策工具研究——以深圳市为例［J］. 城乡规划，2021（5）：34-42.

指定相应部门作为辖区城市更新工作的组织实施机构，具体负责组织、协调、管理和监督城市更新工作；街道办事处配合区县城市更新部门做好城市更新相关工作，维护社会稳定，保障城市更新工作顺利实施。”

四是优化城市更新全流程管理机制。城市更新由于涉及众多部门事权，往往面临繁复冗杂的审批管理环节，使更新项目实施面临较高的制度成本，有待整合优化。在宏观城市更新规划中，可以针对既有管理机制，结合城市更新项目“计划申报—方案审批—实施建设”的全工作流程，提出优化建议。在计划申报环节，应加强城市更新计划管理，研究项目准入门槛与标准，探索年度计划项目库与项目储备库的动态调整机制，引导城市更新项目有效落实更新目标；在方案审批环节，可针对现状审批管理流程，结合各方诉求，研究流程精简和优化路径，探索“一站式”审批、并联审批、容缺审批等创新机制；在实施建设环节，可针对实施主体确认、项目实施监管、土地出让、竣工验收、长效治理等方面提出机制优化和制度创新建议，以加强更新项目的全生命周期管理。

此外，依据城市更新工作中的实际需求，还可针对城市更新模式、土地整备、利益平衡、资金保障、公众参与、监督考核等议题开展深入研究，探索破解现状瓶颈、促进更新高质量实施的可行路径。例如在《中山市城市更新（“三旧”改造）专项规划（2020—2035年）》中，结合中山市城市发展的实际情况，同步开展了土地整备、利益平衡、资金保障、更新政策和管理机制等专题研究，以加强城市更新规划的支撑，并提供长期咨询服务，以保障中山市城市更新工作的有序推进（图4-6）。

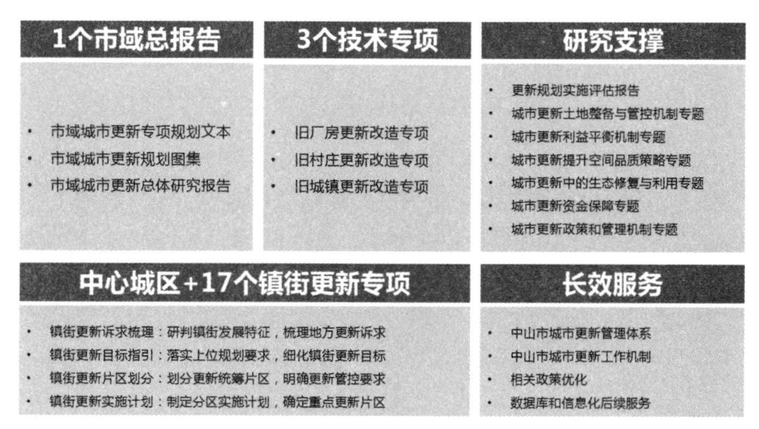

图4-6　中山市城市更新专项规划的成果体系
（来源：深圳市城市规划设计研究院股份有限公司，中山市规划设计院有限公司，《中山市城市更新（“三旧”改造）专项规划（2020—2035年）》，2020）

4.2.3 中观层面：城市更新的统筹引导与底线管控

各地早期的城市更新实践主要表现为微观尺度的更新实施单元项目，由于缺乏系统性统筹，以更新实施单元方式逐个推动的城市更新容易出现“合成谬误”①，造成城市空间零碎化，且更新规划局限于独立的单元范围内，难以解决城市的系统性问题；除此之外，原本基于增量思维建构的规划方法无法完全适应存量时代的发展需求，为解决这一系列难题，以深圳、广州、上海为代表的地区相继尝试编制中观层面的城市更新规划，作为衔接宏观发展战略并指导城市更新项目实施的主要抓手（图4–7）。

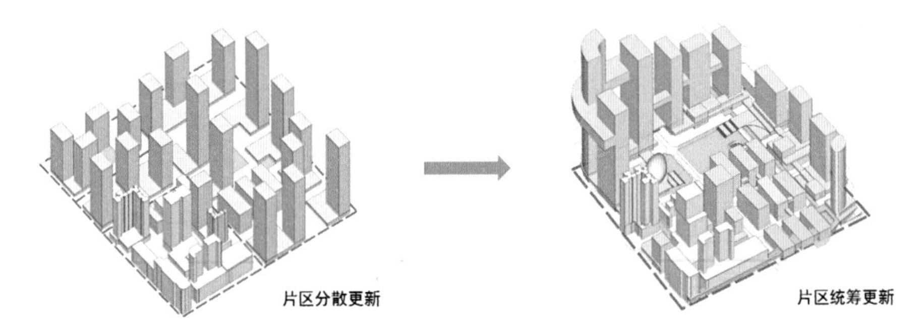

图4–7 片区分散更新与统筹更新效果对比示意图
（来源：深圳市城市规划设计研究院股份有限公司，《福田区华强北片区城市更新统筹规划研究》，2020）

总体上看，中观层面城市更新规划主要发挥规划承接和实施指引作用，在明确存量片区发展定位和底线要求的基础上，对片区的主导功能、建筑规模、更新方式、空间布局、基础设施、城市风貌等方面进行合理安排。由于不同地区乃至不同阶段实施城市更新过程中所要应对的问题存在差异，中观层面城市更新规划的探索目前在各地区呈现出多样化的表现形式，下文将结合几种主要类型进行探讨，进而梳理该层面城市更新规划的核心内容和工作要点（图4–8）。

① 朱超，王鹏. 城市更新片区统筹规划：存量开发时期协同控规管控的技术应对［C］//面向高质量发展的空间治理——2020中国城市规划年会论文集（02城市更新）. 2021：764–772.

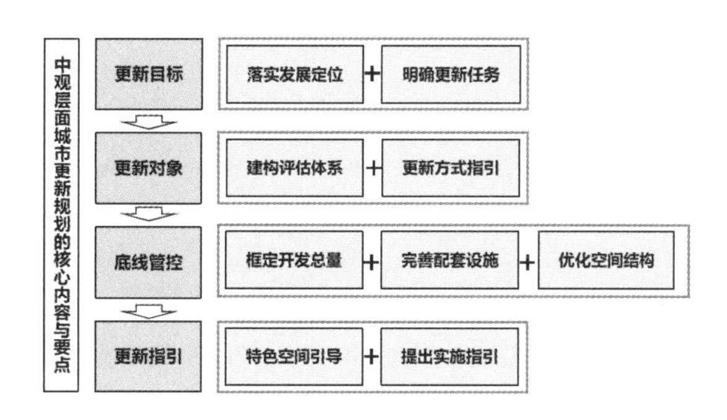

图4-8　中观层面城市更新规划的核心内容与要点示意

1. 中观层面城市更新规划的探索

中观层面城市更新规划在初期探索阶段主要表现为非法定化的片区更新统筹模式，例如深圳的城市更新片区统筹规划、广州的片区策划方案等，规划编制围绕更新实施中所要解决的实际问题，内容相对灵活，编制成果可以作为更新单元规划编制和政府审批的参考；而伴随我国国土空间规划体系的确立，国土空间详细规划需要结合城市更新需求加快转型，针对城市更新对象相对集中的区域，优化详细规划编制和管理方法，加强全要素统筹和底线管控，并积极探索适应更新实施的复杂性与刚弹管控机制的不确定性。城市更新片区统筹规划的编制方法及成果，可以为更新规划单元规划详细规划）的规划研究提供参考。

（1）片区更新统筹规划的探索实践

不同地区虽然因为城市发展阶段、发展特征以及面临的更新实施诉求不同，中观层面的城市更新规划表现形式有所差异，但总体目标和核心思想是类似的。比如深圳市于2016年提出加强更新统筹规划，要求对片区的更新方式、开发规模、配套设施、土地整理、更新单元划分以及实施时序等内容进行统筹谋划，从而指导下一步城市更新单元规划编制。广州市于2015年发布的《广州市城市更新办法》提出编制“片区策划方案”，要求对城市更新片区的定位、更新方式、土地整理、开发规模、配套设施、更新项目划定以及实施时序等作出安排，作为控规调整建议以及更新项目实施方案的指引。上海市同年发布的《上海市城市更新实施办法》中提出开展“城市更新区域评估”，主要是以控规为基础统筹城市发展和公众意愿，针对城市功能、公共服务设施、历史风貌保护、生态环境、慢行系统、公共开放空间、基础设施和城市安全七个方面进行重点研究，形成控规优化清单后通过划定城市更新单元进行绑定落实。重庆市于2022年3月出台的《重庆市城市更新技术导则》要求在识别更新资源的基础上，对片区的更新目标、更新方式、更新规模、城市功能提升思路、更新项目划定以及实施计划等提出规划指引。其他地区例如浙江省金华市虽然目前尚未明确提出中观层面城市更新规划的编制要求，但开展了部分片区层面的更新规划研究，主要对片区的存量资源、更新方向、实施路径和实施计划等进行了梳理和安排。

（2）国土空间详细规划（控规）的探索

不少城市探索优化国土空间详细规划（控规）的规划编制和管控方法，采用片区和地块分层编制的方式，以适应城市更新实施的复杂性。片区层面的国土空间详细规划在管控底线的同时，预留一定弹性，从而允许地块层面的国土空间详细规划结合城市更新实施需要进一步明确具体规划指标和条件。例如，北京结合原有街区控规编制体系，提出“城市更新地区街区控规”模式，在以往街区控规编制要求的基础上，强调在规划编制中结合存量地区公众意愿、土地空间调查以及规划实施统筹等内容①，实现规划管理与更新实施的良好衔接。

深圳的国土空间详细规划采用分层编制和管控的方式。单元层次是法定图则标准单元，每个标准单元面积1～2km^2（图4-9）。法定图则以一个或多个标准单元为规划编制范围，落实传导上级国土空间规划要求，确定单元的刚性管控要求。地块层次是实施层面的城市更新单元规划或规划实施方案，结合城市更新的实际需求划定编制范围，在符合法定图则标准单元强制性内容的前提下，细化明确具体地块划分、规划指标和管控要求，是对法定图则的局部深化。

标准单元内一般既有增量建设用地，又有存量建设用地。对于增量建设用地，采用编制到地块、管控到地块的方式。对于存量建设用地，采用编制到地块、管控到单元的方式。单元层面明确刚性管控要求，包括主导功能、总容积、容积增量、公共服务、道路交通、市政公用设施、蓝绿空间等刚性指标。存量地块的建筑增量、道路布局等允许在单元内综合平衡，地块的具体用地性质和规划容积等可由后续的地块层面详细规划进行深化。

结合地方城市更新实践，国土空间详细规划面向城市更新的转型优化，既可以通过控制性详细规划管控内容和方式向系统性的分层管控转变，如深圳的法定图则标准单元管控，也可以通过划分界定特殊的空间单元类型，如更新规划单元，在城市更新对象集中的区域进行分层管控。

① 杨浚，张铁军，郝萱，等. 从增量扩张到存量更新：北京回天地区街区控规编制思路探索［J］. 北京规划建设，2021（4）：14-17.

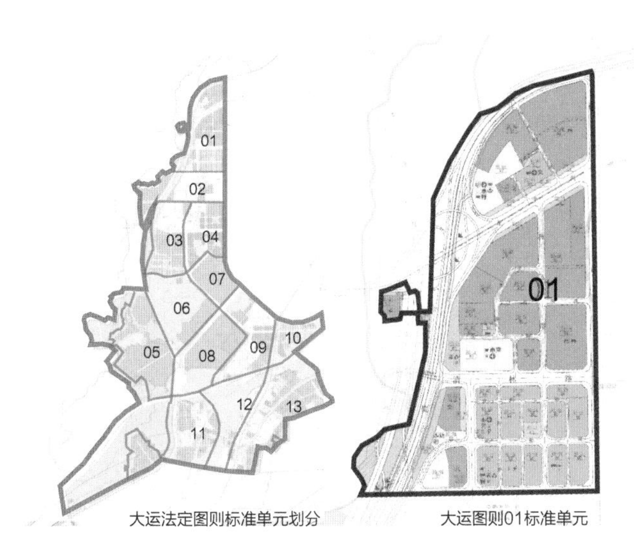

01标准单元控制指标一览表

标准单元编号	单元范围（公顷）	主导功能	总容积（万平方米）	容积增量（万平方米）	公共服务设施	交通设施	市政设施	公共绿地面积（公顷）
01	130.94	工业	241.8	11.5	9班幼儿园（2所）、27班九年一贯制学校、文化活动中心（2处）	公交首末站（4处）	220千伏变电站、110千伏变电站、垃圾转运站（2处）	2.84

地块控制指标一览表

街坊编号	地块编号	用地代码	用地性质	用地面积（平方米）	地块容积	配套设施项目名称
01	01-01	R2	二类居住用地	34183	—	幼儿园（9班）、社区健康服务中心、邮政所、体育活动场地、社区管理用房、社区服务中心、社区警务室、公共厕所
	01-02	M1	普通工业用地	31808	—	
	01-03	G1	公园绿地	798	—	
	01-04	MO	新型产业用地	13641	—	社区健康服务中心、公交首末站（1500平方米）、党群活动中心
	01-05	GIC2	文体设施用地	6825	—	文化活动中心
	01-06	G1	公园绿地	3669	—	
	01-07	G1	公园绿地	2860	—	
	01-08	M1	普通工业用地	74244	—	通信片区机房（200平方米）
	01-09	G1	公园绿地	2906	—	

图4-9 深圳某片区的法定图则的标准单元管控
（来源：《深圳市龙岗104-03&10&T2&201-04&05&07&08&T1号片区【大运枢纽站及周边地区】法定图则》）

2. 核心内容与要点

（1）综合研判现状条件与战略需求，找准更新目标

中观层面城市更新规划是突出规划引领与统筹更新实施的重要抓手，为有效指导城市更新工作的开展，首先需要界定统筹片区范围，并通过多种手段综合研判、精准识别片区实施城市更新的核心诉求，找准更新目标，才能做到有的放矢、科学谋划。

一是衔接规划管理与实施需要，合理界定统筹范围。详细规划单元是国土空间规划体系中进行空间资源统筹和要素管控的基本单位，面积一般为1～3km^2，与大部分城市的社区管理范围相当，可以有效衔接和落实“15分钟社区生活圈”建设标准，塑造高品质邻里社区提供了便利。因此，片区更新统筹范围以及更新规划单元范围建议以详细规划单元为基础，结合行政管理边界进行划分，这有利于对详细规划的实施情况进行系统性评估，并可结合更新发展需求对原控规的用地布局、开发规模、配套设施等提出优化建议。针对部分土地利用情况以及权属关系复杂的片区，采用该范围划定方式，有利于统筹城市更新各项重点工作，若确有必要，基于基础设施和公共服务设施相对完整的原则，在更新统筹研究范围的基础上还可结合实际需要进一步划定统筹实施范围。

二是落实宏观战略与区域定位，综合研判更新方向。伴随着国家全面推进“实施城市更新行动”，中央和部委结合各地实践相继出台一系列文件对城市更新的价值导向和底线要求加以规范和引导。中观层面城市更新规划作为指导更新实施单元详细规划的重要抓手，需要充分发挥其统筹协调作用，在结合片区现状发展特征的基础上，衔接和落实宏观政策导向和发展要求，明确片区开展城市更新工作的主要目标和原则，并结合有效的更新管控手段，推动片区渐进有序地实施城市更新。除此之外，片区更新统筹还需要从区域发展层面进行综合研判，识别和挖掘片区的核心发展价值，为后续有针对性地识别存量发展资源锚定方向。一般而言，宏观层面会对重点更新片区的规划定位和发展方向予以明确，只需要在中观层面进行整合和深化；而一般更新片区可能还会面临价值定位不清晰的情况，需要将统筹片区放在更大范围内进行综合研判，理清功能关系，才能挖掘出片区的核心价值所在。

三是构建在地适配的评估标准，精准识别更新重点。区别于宏观层面城市体检工作对城市发展总体性指标的约束，中观层面需要更贴近片区的功能特征和发展状况进行系统性评估，找准制约片区发展的核心问题。针对居住区、工业仓储区、商业街区、公共设施、公共空间及历史文化街区等不同地区的特征，需要结合现状条件和规划导向，建构差异化的潜力评估指标体系，有效建立高精度识别低效、低质空间资源的技术方法。

（2）统筹更新方式与空间资源配置，优化发展结构

更新规划要转变以往的“大拆大建”思维，在明确更新目标的基础上应结合存量资源特征合理划分“留改拆”区域，特别是针对能够代表城市特色和城市记忆的区域应更多地采用以微更新为主的渐进式有机更新方式，审慎选择拆除重建更新，并有针对性地对片区内的空间增量分配和公共服务资源配置进行统筹引导，从而优化片区发展结构。

一是明晰“留改拆”标准，审慎确定更新方式。针对城市更新对象，首先需要结合相关政策法规、更新目标、现状条件、规划要求、更新意愿等评估因子建立“改造需求”综合评估体系，将评估结论作为选择更新方式的参考依据。在此基础上，还应结合更新实施的政策性准入条件以及更新对象特征作进一步研判。例如部分更新对象的建筑质量、使用功能需要改善，城市基础设施、公共服务设施需要完善，环境品质也亟待提升，但具备一定历史人文价值或产业空间保护价值，在确定更新方式时仍应该优先选择微更新方式；而对于那些现状环境恶劣、存在重大安全隐患或经专业机构鉴定为危房且无修缮保留价值，现有土地用途、土地利用效率、建筑物使用功能与经济社会发展要求严重不符，城市基础设施、公共服务设施严重缺乏、急需完善的更新对象，通过微更新确实难以有效改善或消除的，才应适当考虑选择拆除重建更新方式。

二是框定开发总量并协调增量分配，合理确定开发规模。城市的资源环境承载力有限，对应到更新片区中也存在极限开发总量。为了科学、合理地控制片区建议规模，预留一定的适应发展不确定性的弹性空间，需要衔接落实上层次规划的增量指标要求，开展片区层面的城市更新方案研究，研判片区的留改拆规模和利益平衡需要所产生的增量，并与综合片区的空间密度、交通支撑、市政支撑、水资源承载力等多类型要素评估得出的资源承载力情况进行双向校核，再结合片区城市设计的空间形态要求，才能框定出可以良好适应片区发展的总量规模。空间增量分配作为协调片区发展结构、优化空间格局的重要手段，需要对存量用地更新方式以及潜力价值的深入解读进行整体统筹，才能有效促进空间资源集约利用，实现核心价值提升和功能完善。

三是完善市政、交通和公共服务等配套设施，妥善落实公益诉求。统筹优化片区配套设施是中观层面城市更新规划编制的重点内容之一，一方面是由于城市更新往往难以实现基于规划合理性的最优解，导致详细规划层面确定的城市道路或公共服务设施、市政设施等存在难以落地的问题，造成片区长期的配套服务紧缺；另一方面，由于城市更新产生的空间增量一般会造成片区服务人口的增长，导致片区的交通、市政和公共服务配套设施压力相较更新实施前有所提升。因此，在规划编制中需要结合增量人口进行科学的承载力评估，并对交通组织和设施布局进行优化调整，形成可实施的规划方案，应结合微更新和拆除重建区域统筹存量空间资源，用于落实必要的道路、医院、学校等独立占地设施，以及社区健康服务中心、老年人日间照料中心等附设型设施，并明确具体规模、布局等管控要求。

（3）优化底线管控与实施统筹手段，夯实规划传导

一是明确底线管控要求，作为下层级规划基础条件。为充分发挥中观层面城市更新规划的实施统筹作用，保障公共利益的实现，需要在规划编制中强化底线管控手段，通过片区层面详细规划实现管控，结合划分的更新实施单元保障有效落实。其内容主要包括总体开发规模、主导功能、配套设施，以及蓝线、绿线、紫线等规划管控要求等。

二是提出更新规划指引，可供下层级规划编制参考。结合城市设计研究，提出对空间尺度、城市风貌等特色引导要根据需要，提出城市更新实施单元指引。更新实施单元的划分应综合考虑土地权属、土地利用以及规划合理性等要素，以保证土地整理的可操作性以及规划功能的完整性，基于更新方式的不同，主要可划分为“微更新单元”和“拆除重建更新单元”等类型。同时，应将规划统筹确

定的公共利益责任划分并绑定到各单元中，作为下一步编制更新实施单元规划和更新实施方案的指引。由于城市更新的复杂性，片区层面一般难以明确更新实施单元的范围和具体要求，但可提出“指引”来体现统筹要求。

三是制定更新行动计划，有序安排更新时序。可根据需要在片区层面对各城市更新实施单元的行动和实施计划进行统筹安排和指引。实施计划的制定需要考虑片区现状问题的紧迫性、项目实施难度以及权利主体意愿等，在实践中一般可以分近、中、远期制定分期实施计划，优先解决片区存在的重大结构性问题，例如更新实施单元涉及片区重要的功能节点塑造、公共空间提升以及城市廊道打通等相关内容，则应该优先推动实施。除此之外，在面对需要多项目协调以完成土地整理相关程序或落实重大公共利益项目等情况时，需要更加谨慎地安排时序，避免各期计划产生冲突。

4.2.4 微观层面：城市更新的精细方案与实施路径

微观层面的城市更新规划是指导城市更新项目实施的直接依据，需要落实上位规划要求，衔接既有详细规划，协调相关主体诉求，精细化制定改造方案，明确实施路径，指导更新项目的具体实施。这其中，如何协调各方诉求并有效衔接详细规划，是微观层面更新规划的重点和难点。目前各地在城市更新实践中结合地方实际进行了多元探索，为该层面的城市更新规划提供了诸多有益启示和经验。下面首先梳理微观层面城市更新规划的探索情况和存在问题，并就未来发展趋势进行讨论，进而分析微观层面不同更新规划类型的核心内容和工作要点。

1. 微观层面城市更新规划的多元探索

微观层面的城市更新规划是应城市更新项目实际需求而出现的规划类型，各地在既有规划体系的基础上，结合地方实际进行了规划体系和管理机制的多样化探索，其中上海、广州和深圳是不同探索模式的典型代表。

（1）上海：更新实施计划与控规调整分别推进

上海市城市更新实践开始时间较早，但直到2015年出台《上海市城市更新实施办法》及《上海市城市更新规划土地实施细则（试行）》，才正式以城市更新的名义指导相关工作，并规范了城市更新的规划体系和基本内容。

依据上述政策，上海微观层面的城市更新规划主要为实施计划，包括编制更新项目意向性方案、编制更新单元建设方案、形成实施计划、报批实施计划四个步骤[①]。实施计划以区域评估划定的更新单元为单位，由区县政府指定的组织实施机构会同街道办、区县相关部门等，组织更新单元内相关主体制定更新项目意向性方案并汇总，经统筹优化后形成更新单元建设方案，征求相关利益群体、社会公众意见后确定最终建设方案，进而与更新项目主体签订项目协议，形成实施计划进行报批。对于实施计划涉及容积率、用地性质等控规内容调整的，还需同步开展控规调整工作，按照法定程序进行审批（一般需要半年到一年时间）。

在实践过程中，许多城市更新项目从立项到实施的周期过长且难以预测，需要付出较大的时间和人力成本，一定程度上抑制了市场和业主参与更新的积极性[②]。2021年上海出台《上海市城市更新条例》，对微观层面的城市更新规划作了进一步调整细化，明确了更新区域由统筹主体编制“区域更新方案”，明确了规划实施方案、项目组合开发方案、土地供应方案、资金统筹以及市政基础设施、公共服务设施的建设、管理、运营要求等内容，经认定后由统筹主体组织实施。零星更新项目由物业权利人编制“项目更新方案”，明确了规划实施方案和市政基础设施、公共服务设施的建设、管理、运营要求等内容，经认定后实施。改革后的更新方案与详细规划的衔接机制及其实施成效等仍有待进一步观察。

（2）广州：单元详规与项目实施方案分层编制

广州城市更新规划的探索主要来源于“三旧”改造实践，早期在中微观层面构建了“片区策划方案—项目实施方案”的两级架构，即在中观层面制定更新片区策划方案并同步开展控规调整，在微观层面编制更新项目实施方案，从而分层传导规划管控要求，指导项目实施。

在此模式下，更新项目实施方案重点基于片区策划方案细化空间规划方案、明确实施路径，其内容根据更新项目类型和实施需要进行相应调整。对于全面改造类的城市更新项目，实施方案主要包括：①梳理现状情况和更新资源，划定更新改造范围；②制定改造方案，明确拆迁补偿安置方案，测算项目改造成本收益；③制定更新规划空间方案，落实上层次规划要求，明确用地布局和指标控制要求、设施配建要求，制定城市设计方案；④提出土地整备方案，明确土地归宗、历史用地手续完善、零星国有用地整理等内容；⑤开展效益评估，分析项目经济、社会、环境效益和潜在风险等。对于微改造类项目，可结合项目实际情况调整侧重点，如历史地段有机更新实施方案主要包括：调查现状情况与诉求、完

① 周俭，阎树鑫，万智英. 关于完善上海城市更新体系的思考［J］. 城市规划学刊，2019（1）：20-26.

② 唐燕. 城市更新制度建设——顶层设计与基层创建［J］. 城市设计，2019（6）：30-37.

善功能业态、优化空间形态和设施配套、分类保护历史文化资源、估算项目造价、安排开发时序等。

2020年广州出台《广州市城市更新单元详细规划编制指引》，提出编制城市更新单元详细规划，以加强规划统领和衔接，由此，在中微观形成“片区策划方案—城市更新单元详细规划—项目实施方案”的三级规划架构。城市更新单元详细规划作为国土空间详细规划层面的法定规划，由市自然资源部门统筹、区政府组织编制，其主要内容包括：城市更新单元划定、现状调查分析、土地整备、单元详细规划方案、城市设计指引、经济可行性分析、利益统筹、分期实施方案、专项评估等。其中，城市更新单元以城市更新项目范围为基础，以成片连片为基本原则，综合考虑道路、河流等要素及产权边界等因素，结合更新资源占比、近期重点项目空间分布等情况，保证基础设施和公共服务设施相对完善，落实国土空间详细规划单元划分要求，划定城市更新单元。城市更新单元内可结合具体更新项目划分子单元（街区单元）。

广州中微观层面自上而下的城市更新规划体系架构，可以较好地保障城市规划意图的落实，推动城市更新项目有序实施。然而，相对复杂的规划层次和内容体系一定程度上提高了规划编制成本和审批周期。此外，更新项目的诸多不确定性也对更新单元详细规划的编制和管控提出了挑战。

（3）深圳：详细规划与实施方案一体化编制

深圳在经历了多年探索后，于2009年出台《深圳市城市更新办法》，创设城市更新单元规划，按照“控规层次、修规深度”进行编制，兼具详细规划和实施方案的双重作用：一方面，该规划由项目申报主体（一般为开发商或物业权利人）编制草案，协调相关利益主体诉求，明确规划实施路径，保障了规划的可实施性；另一方面，规划经政府批准后视同对法定图则（即深圳的控制性详细规划）的修改或编制，保障了规划的法定地位。

随着深圳市城市更新的不断探索和实践，更新单元规划内容逐步完善，并通过出台《深圳市城市更新单元规划编制技术规定（试行）》等政策得以规范和标准化编制。根据上述文件，城市更新单元规划的主要内容包括：①开展居民意愿调查和土地信息核查，分析现状概况；②划定更新范围，包括更新单元范围、拆除范围、移交政府的独立用地范围、开发建设用地范围等；③确定更新目标与方式，明确不同更新方式对应的空间范围；④制定规划方案，明确地块划分、用地性质、开发强度、设施配套、道路交通、地下空间开发、历史文化保护等控制要求；⑤开展城市设计，提出针对性城市设计策略，明确城市设计要素和控制要求；⑥制定利益平衡方案，综合现状权益和相关政策影响，明确项目拆除、土地移交和设施配建等方面的责任；⑦制定分期实施方案，结合分期要求制定各分期利益平衡方案，并保障公共利益优先落实。同时，上述文件规定，城市更新单元规划均应进行公共服务设施专项研究、城市设计专项研究、建筑物理环境专项研究、海绵城市建设专项研究、生态修复专项研究，并结合单元情况编制产业发展、交通影响评价、市政工程设施、历史文化保护等方面的专题或专项研究，以此加强城市更新单元规划的研究论证和支撑。

深圳城市更新单元基于更新项目范围划定，规模一般不小于1hm^2，由单一主体申报计划、编制规划草案，规划经批准后再由单一主体按照规划实施。这一模式保障了更新从谋划到实施的连贯性，缩减了规划审批流程，一定程度上改变了单宗地改造“各自为政”的局面，成为“引导政府、开发商与物业权利人协商互动的平台”[①]。然而，由于城市更新单元主要由权利人及开发商自下而上划定和申报，导致政府缺乏统筹发展的抓手，重大战略项目和大型公共设施难以通过城市更新单元落实，城市更新碎片化和叠加谬误的问题逐渐凸显。

（4）微观层面城市更新规划的发展方向探讨

纵观各地微观层面城市更新规划的多元探索，可以看到，如何在更新项目中平衡自上而下的规划管控要求和自下而上的多元主体诉求是其中的关键。在国土空间规划体系改革和全面实施城市更新行动的当下，我们需要结合城市更新空间治理的实际需求和地方特征，探索更具适应性的微观城市更新规划制度。

结合各地实践，微观层面的城市更新规划主要包括地块层面的国土空间详细规划（更新实施单元详细规划）和项目层面的实施方案，两者关系紧密：前者是法定的国土空间规划，是后者编制的依据；后者是前者的深化落实，保障更新项目的可实施性。

对于涉及国土空间详细规划（或既有控规）调整、细化或补缺的城市更新项目，往往意味着公共利益和私人利益边界的重新界定，这需要对详细规划调整的必要性与可行性展开深入论证，并在政府、开发商和权利人之间重建发展共识。针对该类情形，按照法定规划调整程序，应先行开展面向实施的前期研究进行充分论证，然后编制或修改地块层面的详细规划，再依据经批准后的详细规划编制项目实施方案。

而对于不涉及国土空间详细规划（或既有控规）调整或细化管控的项目，一

① 黄卫东．城市治理演进与城市更新响应——深圳的先行试验［J］．城市规划，2021，45（6）：19-29.

般不涉及城市公共利益的突破或重构。建议在政府指导下，主要由项目统筹主体或物业权利人直接依据国土空间详细规划（或既有控规）编制实施方案，有效落实详细规划管控要求，细化明确空间方案和实施路径，并按方案有序实施。

下面分别针对更新实施单元详细规划、城市更新项目实施方案的核心内容及工作要点作进一步讨论。

2. 更新实施单元详细规划的核心内容与要点

更新实施单元详细规划作为地块层面的国土空间详细规划，需要有效落实上层次更新规划单元详细规划要求，协调利益相关方的意愿和诉求，重点细化明确单元范围、更新方式、土地利用、规划指标、空间管控等开发控制要求和项目实施责任等规划管控内容，保障城市公共利益和物业权利人的合法权益，作为城市更新项目实施、核发城乡建设项目规划许可、进行各项建设等的法定依据（图4–10）。

（1）综合上位规划与改造意愿，划定单元范围

城市更新实施单元的划定是开展现状评估和制定规划方案的首要环节，应基于城市更新项目诉求，综合考虑上位规划要求和物业权利人改造意愿，结合现状建成情况和土地权属进行合理划定。

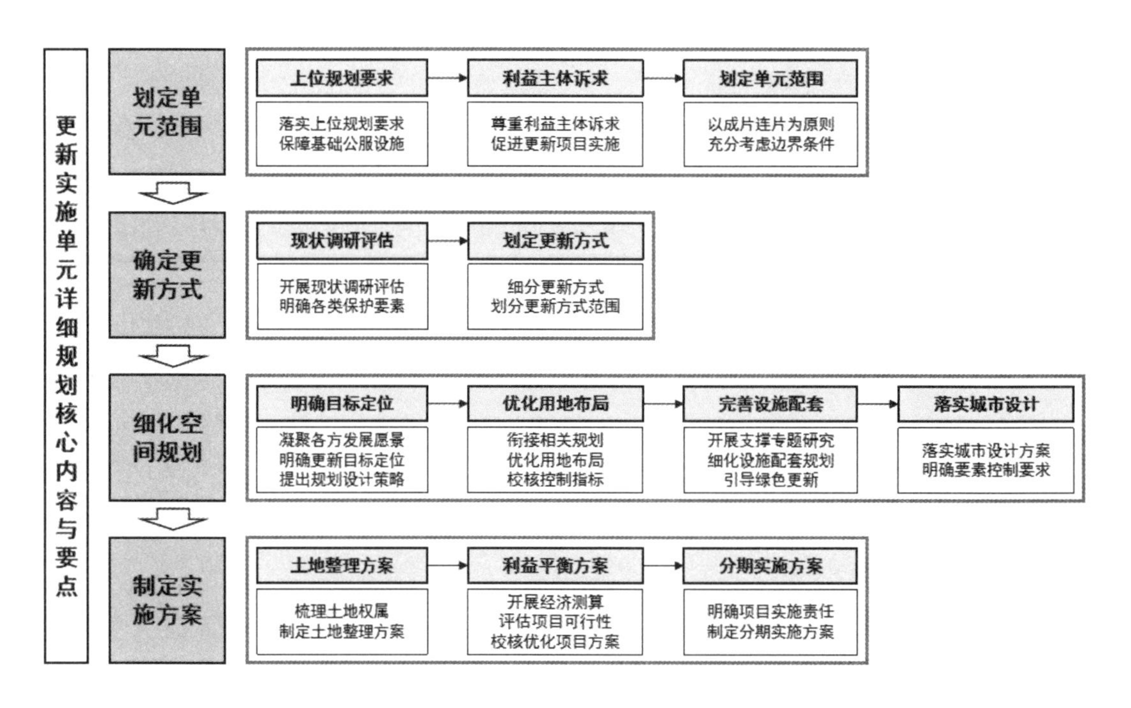

图4–10　更新实施单元详细规划的核心内容与要点示意

一是有效落实上位规划要求，保障基础设施和公共服务设施相对完善。对于上位规划已开展更新规划单元详细规划或片区统筹方案编制、划定实施单元范围或提出指引的，原则上应落实该范围，可以结合实际权属范围和实施需要等进行微调，但应保障上位规划意图和管控要求的有效传导实施。当上位规划确定的实施单元范围确难落实或有必要大幅调整的，应进行详细论证说明，并明确开发总量、设施配套要求等的分割比例和依据。

二是充分尊重相关利益主体的意愿和诉求。物业权利人的改造意愿是实施单元划定的重要基础，需要保障单元内同意改造的权利人占比达到相关政策法规要求，以促进更新项目的顺利申报和实施。同时，实施单元划定宜尽量实现单元内利益平衡，从而有效吸引市场主体参与和推动更新项目的实施，实现市场化运作。此外，在城市更新的实际操作过程中，部分地方政府会结合现实情况提出将零星国有用地、低效或闲置用地等划入更新项目统筹实施的要求，经相关利益主体协商后，可按照有关政策规定将其一并纳入单元范围。

三是以成片连片为原则，结合地物边界、权属边界和行政边界等划定单元范围。城市更新实施单元主要结合城市道路、河流、山体等要素和土地权属边界等进行范围划定，同时应充分考虑行政管理事权边界，尽量避免出现管理重叠或空缺。此外，在更新资源集中成片的地区，为保障单元规划的完整性，可将少量已开发完成且没有改造需求的地块一并纳入实施单元，进行统筹谋划。一个实施单元可以包含一个或多个城市更新项目。

（2）深入开展现状调研评估，精准确定更新方式

在微观层面开展城市更新单元规划，应在现状深入调研评估的基础上，全面贯彻有机更新理念，坚持“应留尽留”，全力保留城市记忆，审慎确定项目更新方式，细化明确各类更新方式的具体空间范围。

一是通过现状调研评估细化明确现状历史文化资源和保护要素。特别是历史地段、工业遗产、城中村等具有较丰富历史文化资源的改造项目，应针对既有建构筑物、城市格局、环境景观要素等开展详细调查，鼓励通过社区工作坊、公众问卷调查、专家访谈等形式，深入挖掘各类历史文化遗存、城市记忆要素、特色风貌要素等，并依据相关政策法规和保护规划，制定资源地图和保护清单，明确各类保护要素的名称、坐落、现状情况和保护要求。

二是贯彻有机更新理念，基于现状评估结果精准划定各类更新方式及范围。更新实施单元详细规划应在现状调查评估的基础上，针对更新对象的保护等级、保护要求等进一步细化分类城市更新方式，如现状保留、保护修缮、立面整治、

改扩建、拆除重建等，明确不同对象应采取的具体更新方式，划定相应管控范围，保障更新单元应保尽保、应留尽留、有机更新。以深圳金威啤酒厂城市更新单元为例，项目所在地原为深圳惟一的本土啤酒品牌——金威啤酒的制造厂区，是深圳城市记忆的重要载体。项目组通过深入调研，重新发掘了金威啤酒厂具有历史保留价值的工业建筑、设施及设备等元素，并组织专家及设计机构讨论研究详细保护方案，最终根据现状工业建筑及设施的风貌特征、保留价值及产权归属情况等，划分更新方式及范围（图4–11），在保障工业遗产有效保护和活化的同时，满足产业转型发展的空间需求。

图4–11　深圳金威啤酒厂城市更新单元更新方式管控图及规划保留的建筑和设备
（来源：深圳市城市规划设计研究院股份有限公司，《罗湖区东晓街道金威啤酒厂城市更新单元规划》，2015）

（3）结合精细化城市设计，细化空间方案与管控要求

更新实施单元详细规划作为微观尺度的法定规划，应充分融入政府、权利人和开发商等的发展愿景和诉求，结合精细化城市设计进行空间推敲、布局优化和要素管控，保障通过城市更新有效实现城市功能完善和品质提升（图4–12）。

一是凝聚各方发展愿景，明确更新单元目标定位和规划设计策略。城市更新实施单元应基于所在区域的总体发展格局和价值判断，结合上位规划的功能定位，有效整合地方政府、权利人、开发商的多元诉求和发展愿景，综合确定更新单元目标定位。对于产业类单元，还应加强产业发展研究，明确产业发展方向、主导产业体系和功能业态指引等内容。然后，基于目标定位，针对关键议题提出针对性规划设计策略，明确具体发展思路和改造措施。

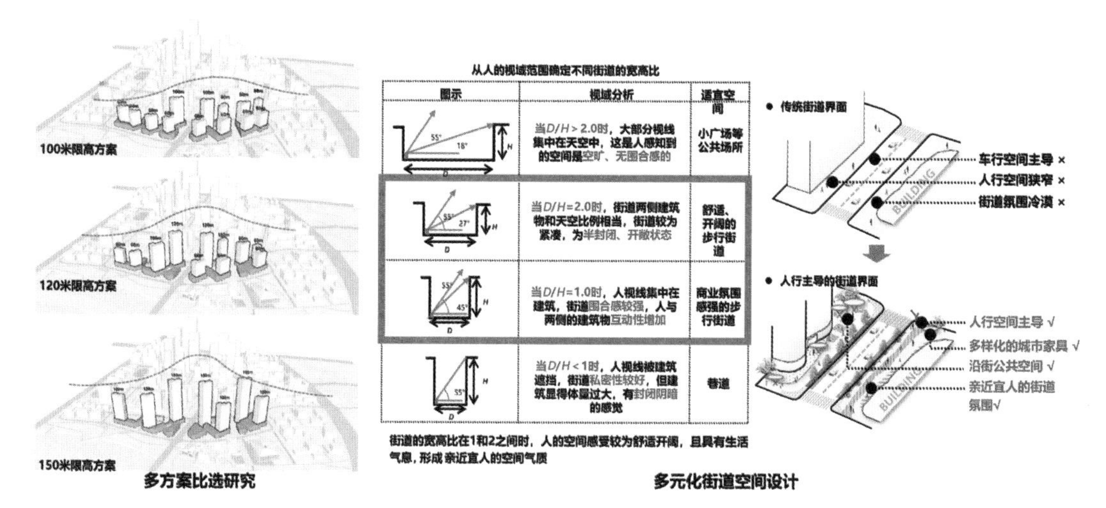

图4-12　精细化城市设计

二是有效衔接相关规划，结合城市设计校核优化用地布局与控制指标。城市更新实施单元应首先梳理相关国土空间总体规划、详细规划和相关专项规划，明确规划条件，落实规划管控要求，对于存在冲突和难以落实的，进行统筹调整并充分解释说明。其次，基于既有规划，结合目标定位、现状情况、更新方式管控和各方诉求等，优化细化用地布局，保障公共利益的有效提升。再次，依据相关政策规范和上位规划，结合城市设计校核及经济可行性评估，测算项目开发强度，明确各地块容积率、建筑密度、绿地率、建筑高度等方面的控制指标。

三是深化支撑系统研究和管控，促进完善设施配套，实现绿色更新。城市更新往往意味着人口和产业结构的调整，相应地对公共服务设施、道路交通体系和市政基础设施等提出新的要求。这需要城市更新实施单元开展相关专题研究，对设施现状、未来需求和缺口等开展影响评估，提出应对策略。基于评估结果，结合更新单元改造方式和空间供给潜力，制定设施优化方案，明确各类设施的类型、数量、规模和布局等管控要求。此外，还可根据地方政策和实际需要，开展环境影响评价、生态修复、海绵城市、建筑物理环境、土方平衡等方面的专题研究，以促进单元绿色发展和有机更新。

四是落实城市设计方案，明确城市设计要素控制要求。在各方协同推进城市更新实施的过程中，为保障城市风貌的合理管控和空间品质的有效提升，有必要将城市设计方案提炼为城市设计要素管控图则，纳入详细规划体系和城市更新管理文件，以指导项目实施主体按照法定要求有效实施。上海针对城市更新重点地区，主要依托控规制定“附加图则”，明确功能空间、建筑形式、开放空间、交通空间、历史风貌等城市设计要素的管控要求，指导项目实施[①]。深圳则依据城市更新单元规划制定地上和地下空间控制图，明确建筑退线、建筑高度、公共开放空间、慢行通道、出入口等空间控制要素，并将其纳入规划批复文件和更新项目实施监管协议，以保障更新项目有效落实。

（4）制定土地整理与利益平衡方案，明确项目实施责任

作为项目层面的空间治理和更新实施依据，更新实施单元详细规划需针对土地整理、利益平衡、分期实施等制定详细方案，明确项目实施主体应承担的具体责任，保障规划方案的落实和更新项目的有效实施。

一是依据相关政策法规制定土地整理方案，保障用地规划可落地。更新实施单元详细规划需依据《土地管理法》及地方城市更新相关政策，根据实际需要对现状土地产权进行调整和完善，明确需征收或收购用地、需置换土地、需清退土地、零星国有用地、需完善历史用地手续的用地等的范围和实施路径，以保障用地布局规划的有效落实。

二是结合经济测算制定利益平衡方案，统筹协调各方收益。合理的收益预期是吸引政府、开发商、权利人参与城市更新、保障更新单元规划落实的重要基础。更新实施单元详细规划可结合项目经济测算，评估不同更新实施模式的经济可行性，通过适当调校土地移交比例、设施配建比例、实施模式组合等实现各方收益的合理分配，提高社会资本参与的积极性。对于实施单元内难以实现利益平衡的，可通过异地安置、容积率转移、货币补偿等手段实现异地平衡。

三是明确项目实施责任，制定分期实施方案，保障公共利益优先落实。更新实施单元详细规划需基于规划方案，明确单元内各更新项目的实施责任，如历史文化保护与活化、既有建筑改造、环境综合整治、土地清拆与移交、公共设施配建等，形成责任清单，以便于纳入规划管理文件和实施监管文件，使项目实施主体明确自身责任与收益预期，保障规划意图的有效落实。对于需要分期推进的更新实施单元，应结合规划方案和各方诉求制定分期实施方案，明确各分期的项目实施责任，保障公共利益空间（如公共设施、道路、绿地等）优先纳入首期实施，并促进各分期项目的经济平衡。

3. 城市更新项目实施方案的核心内容与要点

城市更新项目实施方案是项目申报立项和实施的重要依据，一般在地方政府指

① 周偲. 上海城市设计管控方法的演进与优化［J］. 上海城市规划，2018（3）：92-96.

导下，由项目实施主体、物业权利人等依据国土空间详细规划编制，需要重点确定项目范围、改造方案、投融资方案、建设运营模式和实施计划等，并对项目效益和潜在风险等进行评估，从而使各相关利益主体能够充分了解更新项目的改造效果、实施路径和成本收益情况，促进多方协同推进更新项目实施（图4–13）。

（1）针对不同项目制定实施方案

更新还应结合项目特征和实际需要制定产业发展、历史文化保护、老旧小区改造、拆迁补偿安置、土地整理等方面的具体方案。

涉及历史文化资源的更新项目，须制定详细保护活化方案。对于更新项目中存在文保单位、历史建筑、古树名木及传统风貌要素等的，应细化、明确各历史文化要素的具体保护修缮和活化利用措施，制定功能业态引入的正面和负面清单。

涉及老旧小区的更新项目，应制定小区改造方案。老旧小区改造项目重在完善小区功能、提升居住品质，应基于居民改造意愿，制定改造方案，优先保障居民安全需要和基本生活需求，制定市政配套基础设施改造提升和建筑公共部位维修方案。结合居民实际需要，可进一步提供小区环境及配套设施改造、加装电梯、建筑节能改造、公共服务设施建设等方面的详细设计方案，以指导城镇老旧小区改造的具体实施工作。

涉及旧工业区、旧商业区的更新项目，应制定产业发展策划方案。该类项

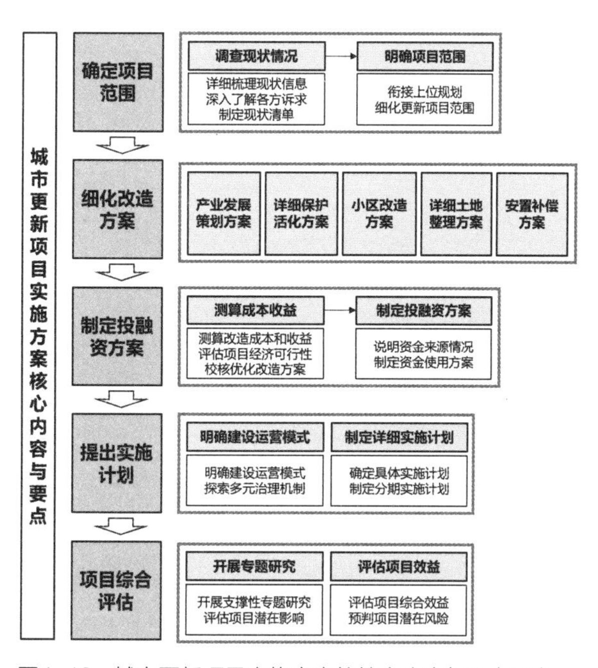

图4–13　城市更新项目实施方案的核心内容与要点示意

目往往面临产业转型和业态升级的需求，需要深入开展产业发展研究，分析现状产业基础和发展背景，提出产业发展目标和方向，明确产业细分门类选择，制定产业策划方案。对于旧工业区更新项目，可细化明确计划引入产业门类、重点招引企业和淘汰转移产业门类，制定产业生态优化发展策略，提出产业配套服务和设施需求。对于旧商业区更新项目，可重点策划商业主题、业态选择和目标品牌等，提出特色商圈营建和多元消费场景打造等方面的发展策略。

涉及土地整理的更新项目，应确定详细的土地整理方案。城市更新项目需要进行土地整理的，应依据有关政策法规，结合上位详细规划和项目空间方案，制定详细的土地整理方案，明确土地收储、土地供应、土地置换、历史用地手续完善等的责任主体和具体实施路径。

涉及拆迁补偿的更新项目，须明确安置补偿方案。对于更新项目中涉及建（构）筑物拆迁补偿的，应结合相关政策法规、物业权利人及开发商诉求等，制定拆迁安置补偿方案，明确安置补偿对象情况、安置补偿标准、拟安置房屋、操作程序、资金规模及来源等。

（2）测算改造成本收益，制定项目投融资方案

城市更新项目实施方案需合理测算改造成本和收益，评估项目的经济可行性，为实施主体提供明确的收益预期，进而制定项目投融资方案，合理拓宽资金来源，强化资金支持，保障项目顺利实施。

一是测算改造成本和预期收益，评估项目的经济可行性。实施方案应基于项目改造方案进行财务测算，计算项目改造涉及的土地、建安、管理、运营、财务等各类成本，估算项目实施后的预期收益，分析投资收益率和回报周期，评估项目的经济可行性。基于财务测算结果，可适当校核、优化项目改造方案，合理提高项目的经济可行性。对于难以实现财务平衡的项目，提出财政支持、税费优惠、异地平衡等方面的对策。

二是制定项目投融资方案，合理降低资金成本。为提高项目资金保障水平，实施方案还需对资金来源进行详细说明，明确自有资金数量、融资规模、融资渠道和方式、利息偿还、担保主体、资金使用情况等。对于符合有关政策的更新项目，鼓励积极引入政策性银行贷款、政府专项基金、住宅专项维修资金等，有效降低资金成本。

（3）明确项目建设运营模式，制定详细实施计划

城市更新项目实施方案还需针对项目特征开展实施模式研究，确定适宜的建设模式和运营模式，鼓励多元主体协同参与，促进更新项目顺利建设和长效运

营，并有效提升基层治理体系和治理水平。同时，需制定详细的实施计划，明确各项工作的时间节点和分工安排，保障更新项目稳步实施。

一是研究明确项目的建设运营模式，引导多元协同治理。更新项目的建设运营模式受国家和地方政策法规、城市更新项目特征、相关利益主体意愿等的多重影响，需要深入开展相关研究和模式创新，合理界定政府、物业权利人、开发商、运营商及社会组织等的权责边界，确定更新项目宜采用的建设运营模式，并在实施方案中明确负责项目建设、运营的各个责任主体及其合作方式。鼓励结合更新项目推动基层治理体系改革，加强党建引领，完善基层自治，引导各相关利益主体积极参与更新项目的规划、建设和运营，形成共商共建共治共享的治理新格局。

二是合理制定实施计划，保障项目稳步推进。项目实施方案应基于项目建设目标和现状条件，制定具体实施计划，明确前期研究、土地供应、建设施工、招商营销、竣工验收和试运营等工作的时间节点和分工安排，提出实施主体在资金、技术、工作组织等方面的保障措施。对于项目规模偏大、不确定性因素较多的项目，可制定分期实施计划，明确各分期实施内容和各项工作节点，并保障公共利益的优先落实。

（4）开展支撑性专题研究，评估项目效益与风险

城市更新项目经实施后，往往对项目内部和周边的交通、市政设施和公服设施等造成较大影响，需要结合项目实际情况开展相关专题研究，加强规划论证和研究支撑，进而综合评估项目实施后带来的经济、社会、文化、环境等方面的效益（图4-14 ~ 图4-18），并对项目潜在的风险点进行识别和合理应对。

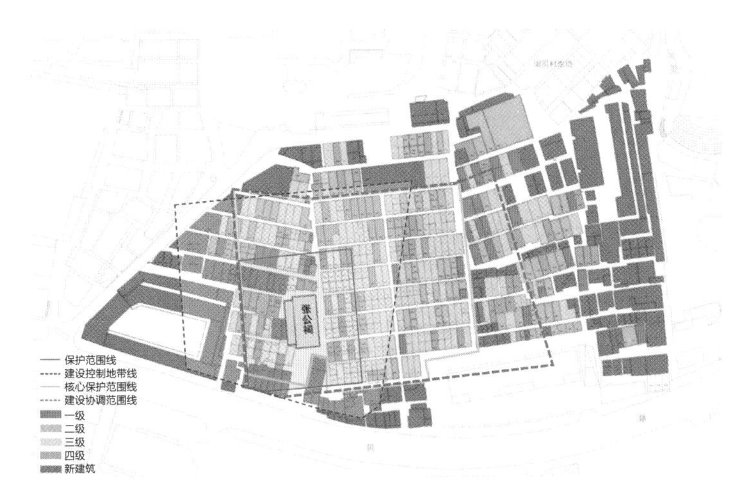

图4-14　历史文化保护专项现状建筑风貌价值评估

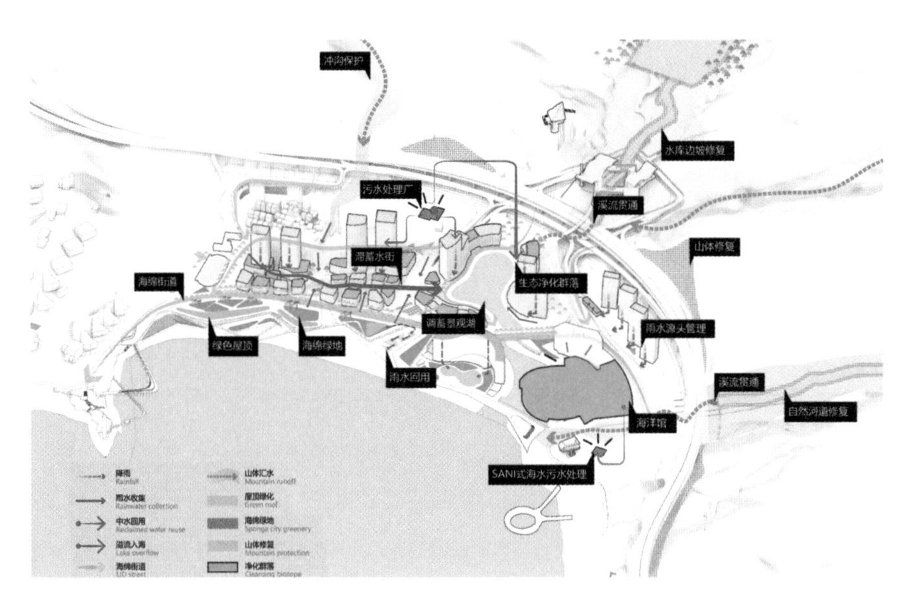

图4-15 海绵城市专项:海绵设施布局

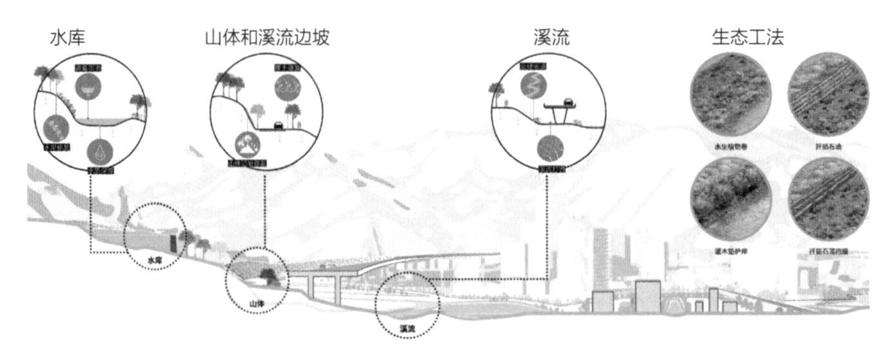

图4-16 生态修复专项

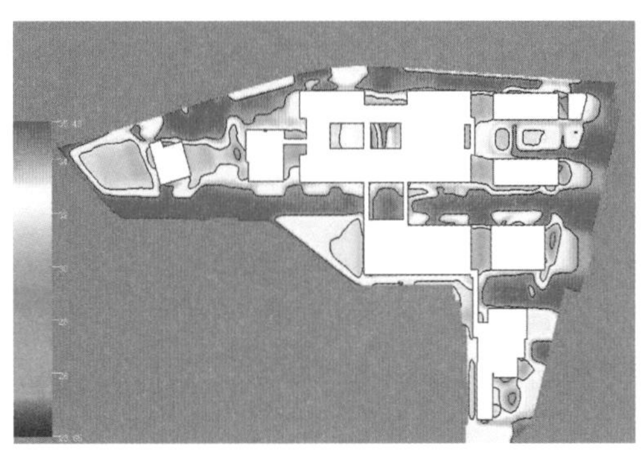

图4-17 建筑物理环境专项：16：00时场地温度分布

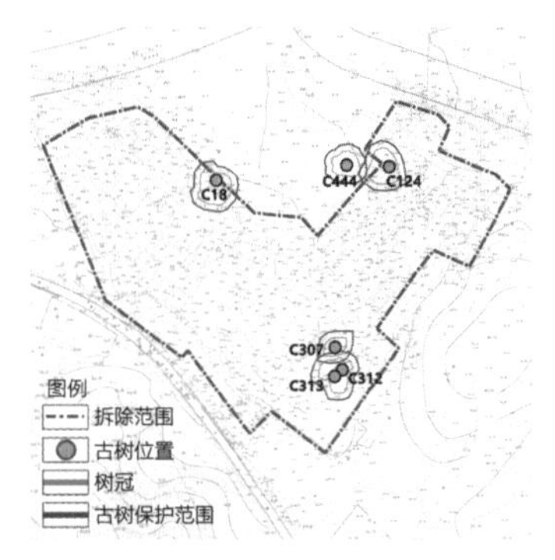

图4-18 古树名木保护专项

一是加强支撑性专题研究，评估项目潜在影响。城市更新项目实施方案一般需开展环境影响评价、交通影响评价、历史文化遗产影响评估、公共服务设施和市政基础设施承载力评估、社会稳定风险评估等，可结合地方相关政策和项目实际情况制定相应专题研究报告。对于城市更新实施单元详细规划已开展相关专题研究，且项目实施方案未对详细规划方案进行调整的，可不再重复进行专题研究。

二是综合评估项目效益，合理预判存在的风险。基于项目实施方案，预估其将带来的经济、社会、环境、文化等方面的效益，鼓励将项目效益落实在具体量化指标上，如新增产业经营面积、经营收入和税收、提供就业岗位、增加公共服务设施和市政基础设施规模、增加生态用地和绿地规模、实现历史文化遗产保护规模等，凸显更新项目实施对城市的有益贡献。此外，可结合项目实际需要，合理预判项目实施中可能存在的主要风险点，并提出应对措施和风险管控建议。

4.3 规划方法：面向高质量发展的精细化规划方法创新

4.3.1 全面系统更新调查评估

城市更新是个复杂的系统工程，相较于新区未建用地的规划建设，城市更新工作面临更多的现实问题与制约要素。通过前期城市体检和调查评估工作，精准识别问题、明确更新任务，是科学推进城市更新工作的基础与前提。

1. 全面而精细化的评估，保障城市更新的系统性和精准性

目前，城市体检评估机制已初步建立，成为我们在新时期城市工作中重要的前置性制度设计。我国各大城市结合自身更新工作实践与理论课题研究，基本建立了“先调查后评估”“无体检不更新”的工作共识，不断探索、优化城市更新工作方法。面向常态化的城市更新，调查评估需要重点做好以下工作：

一是贯彻落实全要素覆盖的城市更新调查。一方面，利用国土调查成果与城市体检数据，厘清现状土地与建筑，分析土地使用功能、经济效益、开发强度，以及各类建筑的功能、面积、质量等内容，尤其要摸清土地与建筑权属信息，明确权属边界、权属类别、权属年限、权属主体及相关权益人等情况；梳理人口规模和结构特征，摸清现状设施，明确各类公共服务设施和市政基础设施的数量、规模、质量、分布及服务情况；要加强历史文化和特色风貌资源、生态环境与韧

性安全等方面的调查，分析城市不可移动文物、历史建筑、传统风貌建筑、古树名木等历史资源，以及生态资源的现状及保护情况。另一方面，城市更新涉及复杂多元的利益群体，通过现场调研、访谈宣讲、大数据分析等多种方式进行调查，收集和梳理相关利益主体和公众的更新需求、意愿与建议。

专栏4-1　大连城市更新专项规划的更新调查评估

《大连市城市更新专项规划》围绕“城市发展+城市治理”两大线索，全流程坚持“目标+问题+结果”导向相结合的原则，聚焦存量底盘，制定“三步走”的更新诊断步骤（图4-19），系统识别更新潜力资源与潜力图斑。以目标找落差，通过对比存量本底情况与上位规划构想，聚焦存量目标，明确存量发展差距与任务。以问题定图斑，结合城市体检评估，系统梳理存量特征，聚焦发展与治理问题，分类建立五大本底更新评价体系，识别城市问题图斑。以结果促实施，基于城市问题，叠加更新意愿等实施可行性，构建更新潜力评价体系，最终形成大连市更新潜力总图。

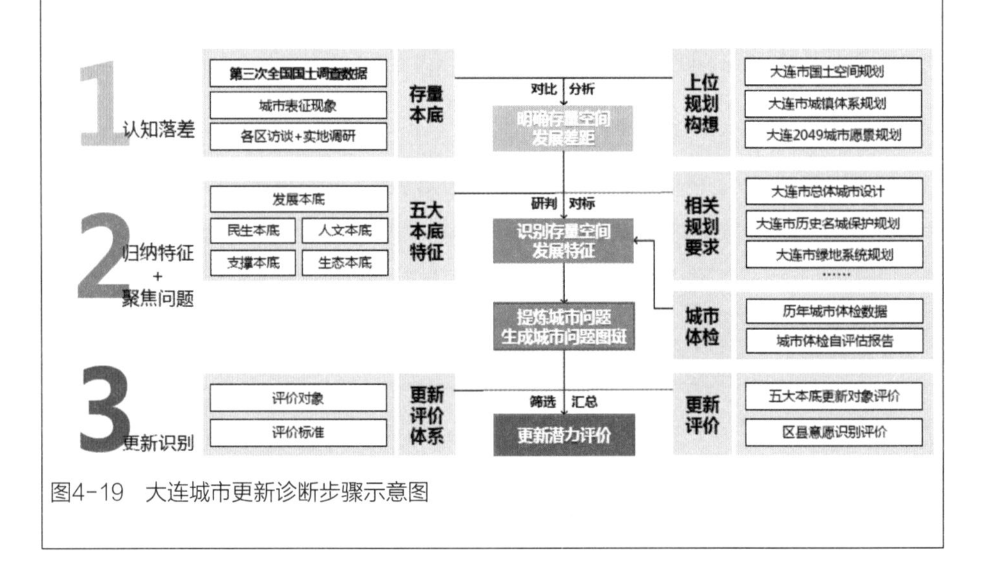

图4-19　大连城市更新诊断步骤示意图

二是坚持目标、问题、结果导向相结合。综合研判存量建设与战略目标的发展落差，明确存量发展的方向与任务，突出重点。强调评估的针对性与精准性，结果导向，将是否具备实施可行性纳入评估范畴，结合当地政府的治理能力、财政情况，市场企业的建设成本、经济诉求，人民群众的改造意愿和需求程度等，综合判断更新改造难度与综合效益。

三是分级分类建立多层次、多维度评价标准体系，精准识别更新对象及其分布。不同类型更新对象的现状特征和改造目标各不相同。例如，老旧小区的主要任务是改造和完善各类基础设施和公共服务，提升老旧小区的居住环境和活力，评价过程中需要侧重于与空间品质和环境品质维度。而老旧厂区主要以提高土地利用效率和促进产业转型为目标，最终实现产城融合，评价的过程中则更侧重于产业发展、能效提升、政策规定与环境污染等维度。为了提升更新评估的针对性与精准性，需要分类建立评价标准体系。并且不同层级治理主体的工作目标、数据来源、评估标准以及关注的问题均有不同，为了打通不同级治理主体的信息连接、避免系统性的合成谬误与多重决策博弈、实现高质量的决策共识与工作联动，需要建立上下结合的工作机制，搭建分级评价标准体系。如市、区层面注重高位统筹与宏观视角，建立存量底盘的整体认知，掌握各类要素的总体数量、分布、规模等。片区和项目层面则注重中、微观尺度的详细摸查，包括地块及建筑层面的各项具体数据。通过分级分类构建筛选标准与评价体系，上下结合进行数据摸查，差异化识别更新对象，是面向精细化城市更新的必然要求。

深入实施的城市更新要善于借助现代科技手段与城市智慧基础设施，加强规划技术方法的创新与应用，提高信息化与智能化水平。多渠道采集、掌握全要素的数据信息，为评估分析提供基础支撑；标准化整合、建立数字化的更新数据库，加强数据集成与交付的规范性，建立城市更新的时空大数据库；针对性应用、提供精准化的分析测算和应用服务，辅助城市更新全流程、全业务的精细化管理，实现科学决策；常态化管理以及数据动态监测，保证城市各阶段历史数据可核查、可复用，促进城市规划的有效监管。

2. 科学划定“留改拆”范围，审慎选择更新对象与方式

当前，我国城市更新的目标逐渐从追求土地增值收益的经济维度转变为城市有机体的多元化价值与可持续完善，城市更新方式由“拆改留”式大拆大建向“留改拆”式有机更新转变。

因此，立足存量特征，结合更新评估，科学划定“留改拆”范围，审慎选择更新方式，才能真正做到统筹兼顾、多策并举，进行城市有机体的可持续完善。

4.3.2 因城施策，明确更新目标

城市更新是城市自我完善与修复的动态过程，城市更新目标通常涉及城

市发展阶段、经济发展动力、城市问题短板及社会治理模式等多维因素影响。目标的决策过程，是一种以实施为导向，基于多元、复杂诉求下综合博弈的结果。城市更新的目标更需要兼顾城市发展阶段、发展战略意图、城市问题诊断与实施行动指引等。城市在不同发展阶段，推动城市更新工作的主线亦不同。城市更新的工作主线需要紧扣城市发展阶段，深刻把握不同阶段的城市发展特征与更新需求，深度理解城市各类存量资源，研判内在组织逻辑，进而厘清城市更新的工作边界，明确城市更新的作用，因地制宜、因需而为制定城市更新目标。

1. 落实城市发展战略

城市更新要以城市发展战略为方向，厘清存量现实与蓝图愿景的差距，围绕更新实施，聚焦发展问题，强调落实、修补以及调节城市发展战略，引导更新要素有效地投放在重点潜力地区，进而实现城市发展的战略意图，起到以点带面的示范作用。因此，城市更新的目标设立需要与城市发展战略相契合。

结合城市展战略，重点研判城市更新战略地区，引导城市更新有的放矢，保障具有战略价值的区域或结构性区域的更新改造；把握机会空间的更新改造，通过“点激与补短”，注入创新要素或缺失板块。城市更新的工作需要放大到更长的时间跨度内，强化持续性的动态修复，通过重点地区的更新改造，逐步去调节全局的底盘格局与空间结构，进而实现对战略意图的动态调整。

2. 修补城市发展短板

助力产业的转型发展。城市更新需要把握城市内在发展动力逻辑，响应产业发展内外环境的变化，明确更新改造目标，积极优化产业功能布局，提升产业短板领域，助力产业功能的升级与提质，积极引导城市功能互动发展，整合优质要素资源，推动产、城、人的深度融合。

改善和完善民生保障。城市中常见的学校和医院等各类公共服务设施不足、道路交通拥堵、市政基础设施老化等民生保障问题，是城市更新工作推进的重点任务。从“有没有”到“好不好”，聚焦人民群众最关切的问题作为重点破题点，精准施策，主动作为，推动城市系统的更新完善。

保护与传承历史文化。城市历史文化遗存是城市内涵、品质、特色的重要标志。城市更新要妥善处理好保护和发展的关系，注重延续城市历史文脉，主动识别和保存具有历史文化价值的建成空间。同时，要强化保护与利用并存的思路，积极处置新与旧、改与留的关系，大力推动有机更新、活化焕新、场景运营等微更新模式，在城市更新中实现历史文脉的永续留存。

提升生态与环境品质。目前，城市存量空间中生态修复与环境品质提升的需求迫切，如何实现从“+生态”到“生态+”的转变，如何全方位实践并在地化探索“两山”理论，已成为城市更新的核心议题。

3. 符合城市发展实际

城市更新的目标是对城市发展要求的行动化转译，符合城市的实际情况尤为重要。在城市更新目标的制定过程中，需要摸清城市开发运转的模式，梳理研判符合发展实际的城市更新实施方式、路径与保障措施，做到“目标与实际契合，任务与需求契合，方式与路径契合”，从而推动城市更新的有序开展。

一方面城市更新推进应与城市实际情况符合。城市更新目标设定要符合城市的实际需求和城市政府的供给能力。结合城市更新实施主体的实际情况，包括主体意愿、市场动力和供需关系、资源情况等，让更新目标有效成为工作推进的指引。另一方面可以分类、分阶段设定城市更新目标。城市更新的实施涵盖空间与时间两个维度，城市更新目标往往需要一个分解过程，形成各系统与分阶段的任务指标，把城市更新工作重置于更大的时空跨度中分阶段推进，强调过程推进与动态修正，以保障城市更新能够顺利实施。

4.3.3 增存统筹，提升土地效益

在严格控制新增建设用地总量、严格耕地保护、严禁大拆大建等新形势下，面向内涵集约式高质量发展的城市更新行动，需要严格落实集约节约用地要求，创新存量用地盘活利用方法，促进低效用地再开发，切实提高土地资源利用效率。首先，基于全域增存统筹视角，发挥好国土空间规划对增量与存量空间的统筹作用，精准研判更新工作任务。其次，综合运用城市更新土地政策，因地制宜地探索土地整合置换、储改结合等多元实施路径，促进存量集中连片改造。同时，创新土地混合、立体复合的开发模式，科学拓展城市发展空间，提升用地综合开发利用效率。

1. 统筹增存土地，明确更新任务

在新一轮国土空间规划编制中，要坚持严控增量、盘活存量的思路，结合城市本底条件与总体目标，精准配置建设用地计划指标。因此，实施城市更新不仅需要关注存量盘活，还要结合增量建设用地，全市资源“一盘棋”统筹谋划。坚持规划引领，基于城市总体发展战略与空间格局，系统研判存量工作任务。统筹新增用地与存量用地资源配置，明确存量开发总规模与重点片区。并结合规划

期内城市在住房供应、产业转型、生态历史保护等方面的发展目标，细化存量盘活的各分项任务与空间需求。深入挖掘评估城市存量资源要素，精准策划更新项目，结合分期发展需求与实施效率，明确更新项目时序安排。

2. 创新土地整理模式，促进连片改造

随着城市更新逐渐步入“深水区”，存量土地利用问题以各种复杂的形式凸显出来：一是土地权属混杂，集体土地与国有土地混杂，建设用地与非建设用地等交错，大量分散边角地难以统一规划利用，土地整合难度增大；二是破碎化实施，以自身宗地或项目边界为实施范围推进改造，缺乏对周边其他存量及增量用地的整合，与片区统筹规划脱节，实施管控力度不足；三是基础配套薄弱，部分以市场逐利为导向的更新倾向于高利益地块，导致公共配套、市政基础设施及边缘建设用地建设难以落地实施。基于现实需求，创新更新政策机制，完善土地整理的方法路径，促进低效用地再开发，是城市更新实施的重要命题。具体可从以下三个方面开展：

一是促进集体与国有用地连片改造。以政府为主导，针对原农村集体实际掌握的用地与大量国有已出让用地、已征未完善出让手续用地等其他类型低效用地交错的区域，实施土地整备，综合运用整备资金、留用土地等形式，按照规划实施要求把零散、低效的用地整合为成片、成规模的用地。探索土地置换路径与政策，支持集体土地之间、国有土地与集体土地之间的置换整合，稳妥推进连片、成片的土地整备。

二是支持零星建设用地归并开发。零星建设用地主要指城镇用地范围内因为城市道路红线、轨道、河道及土地权属等界线分割而形成的边角地、夹心地、插花地等无法单独出具规划条件，或难以独立开发的国有未出让用地，具体规模参考各地相关政策规定。探索完善零星建设用地出让政策，纳入邻宗土地或更新项目一并开发，提高土地利用效益。

三是强化片区统筹规划实施保障。在更新实践工作中，针对涉及多宗地、多主体实施改造的存量区域，鼓励通过片区统筹规划，倡导多宗地、多主体联合改造，打破单个项目边界，推动土地归并腾挪、化零为整，以落实整体规划格局。由相关职能部门结合上位规划要求，通过更新规划方案与规划批复，统筹调配各项目指标与利益。为进一步保障规划落地性，尤其是公共配套与基础设施的建设，有些城市探索引入城市片区综合运营商模式，即由一家市场企业与政府签订合作协议，承担片区建设运营开发工作。该企业作为片区投（融）资统筹主体，为存量改造片区提供完整的基础设施和公共服务配套，构建存量发展的信用机制。同时依托企业产业优势和资源优势，营造良好招商环境，推动片区可持续发展。

3. 土地混合利用与空间立体开发

基于当前产业深入融合、弹性工作和生活模式的动态变化与多元诉求，城市更新作为拓展发展空间的重要抓手，要紧密结合各地土地利用改革的实践，探索创新土地混合利用与空间复合开发。打破单一地块单一功能用途的局限，拓展地块土地用途的混合性；推进地上、地下的综合开发与建设管理，拓展垂直空间维度的复合性。通过土地用途的有序聚集以及建筑功能的空间复合，实现土地在横向和纵向上功能兼容、空间联动，提升土地效益。建立系统完善的土地管理政策，科学供给混合用地，也将成为各地城市更新工作的重要任务。

（1）土地多种用途混合、集约利用

通俗地讲，土地混合利用是指土地用途分类时单一宗地具有两类或两类以上使用性质，包括土地混合利用和建筑复合使用方式。合理的混合利用，可以将一系列互相关联的功能紧凑地集聚在同一个区域（宗地）内，可有效推动职住平衡、产业升级，提升城市活力和用地集约度。推广土地混合利用，应符合环境相容、保障公益、结构平衡和景观协调原则。

常见的混合类型有居住用地里面配建一定比例的幼儿园、小型商业、可附设的市政公共设施，以及商业与办公的混合。近年来，面向产业升级转型需求，各地正积极推进产业类混合用地改革试点工作，探索产业由单一制造向制造与研发、设计、创意、办公等融合发展。同时在充分保障各类公共设施建设规模和使用功能的基础上，鼓励公用设施与各类功能在用地上混合。在实现用地功能混合的同时，为保障城市空间和环境的品质，需要不断运用城市规划与建筑设计方法，创新城市空间组合方式，拓展建筑三维空间的多样性功能混合，鼓励建筑功能复合。

（2）地上、地下复合利用，立体开发

科学合理地进行城市地下空间综合开发与利用，是缓解城市空间资源紧张、提升土地综合利用效率的重要途径，也是当前国土空间规划的重要内容。实施城市更新行动，要全域、全要素、立体地看待国土空间的保护与利用，紧扣地下空间的特点，探索地上与地下空间的复合利用与协同发展路径。同时，有机更新背景下，面对城市建成区内大量“留改”区域的地上、地下空间复合利用，需要更多的创新策略与制度以应对“先地上后地下”的现实挑战。

面向立体开发、有机更新的地下空间规划，要加强地下空间规划设计、治理管控与制度保障等方面的工作，多措并举盘活地下空间资源。需要结合城市更新评估与智慧基础设施，开展地下空间现状调查与地质勘查，统筹好各类市政基础设施以及交通、人防、综合防灾等公共服务设施，加强地上、地下的综合统筹与一体化管理，处理好现状与新建空间的衔接。在城市中心区、交通枢纽、地铁站点周边等重点地区的城市更新中，要加强地上、地下一体化综合规划，充分发挥城市轨道交通对地下空间开发的带动和促进作用，积极探索地下空间开发利用机制创新，建立地下空间有偿出让、权属登记等制度。规范地下空间项目建设审批管理，加强地下空间安全使用和信息化管理，实现互联互通、人防与地下空间融合发展。

4.3.4 保护底线，优化空间格局

城市更新作为城市发展过程中的重要环节，需要以国土空间规划为基础，从保护格局与修复本底、短板修补与系统完善、功能优化与结构调整、聚焦重点与引领实施四大方面对城市展开结构优化。

1. 保护国土开发格局，修复空间资源本底

经历了以工业化建设为主的城镇化发展，大多数城市的存量区域内存在着诸如生态空间侵占、海洋岸线侵蚀、生态功能减退等严重影响国土开发格局的“城市伤疤”，城市更新作为存量时代城市发展中最有力的实施手段，急需强化底盘思维，严格落实国土空间规划的刚性管控内容，尊重底线管理要求，优先对影响、侵占资源环境底线的非法占用、历史遗留等非法建设行为进行城市更新处置，最大限度地修复与保障资源环境底线空间。

2. 聚焦战略重点地区，发展结构引领更新实施

城市空间发展结构多强化前瞻属性，是对未来城市愿景的描摹；而城市更新侧重于实施的属性，是以存量资源为载体，统筹各类发展要素落位，引导城市空间及内涵有序更迭的过程。城市更新需要强化以城市空间发展结构为行动纲领，梳理更新资源，研究判断结构关系与未来城市发展方向，以城市更新来塑造未来的重点片区，有序引导城市更新的实施。基于各地城市更新实施情况，不难发现，城市更新实施过程中存在高成本投入与长周期运营等特点，这也就决定了城市更新实施必须要有的放矢，聚焦具有战略价值的重点地区或结构区域。

以大连为例，《大连市城市更新专项规划》在编制之初就明确了把《大连2049城市愿景规划》中的城市远景发展结构作为全市城市更新行动的重要上位依据之一，强化城市空间发展结构在城市更新规划中的指导作用，优先对城市结构

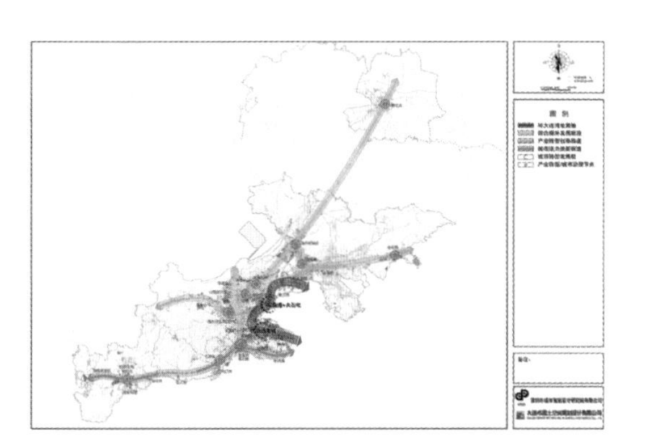

图4-20 大连中心城区城市更新空间结构图

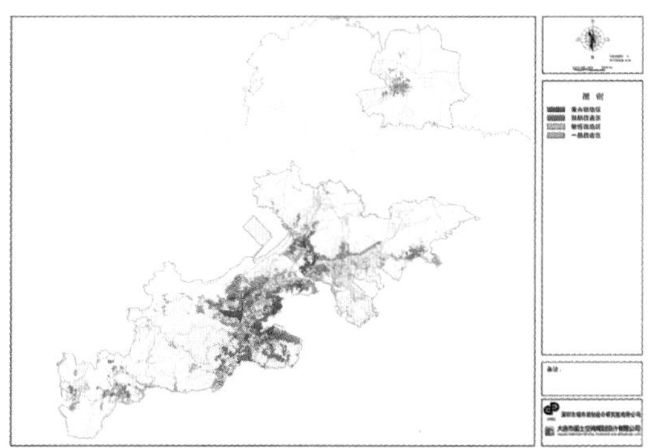

图4-21 大连中心城区城市更新策略分区图

（来源：深圳市城市规划设计研究股份有限公司，大连市国土空间规划设计有限公司，《大连市城市更新专项规划（2021—2035）》，2021）

明确的重点发展的各级城市中心和城市发展主廊道等区域，开展存量资源的盘查与梳理，明确存量潜力资源的底图与底数，依托城市更新的工作主线，提出城市更新行动框架，结合城市更新的推进，进一步落实与完善城市空间发展结构的要求（图4-20、图4-21）。

3. 把握重点地区的功能升级，引导城市发展功能的优化调整

城市更新方式主要分为微更新和拆除重建更新两种类型。微更新区域多以保护利用、综合整治与功能调整等为主，其本质上是强调采用“少干预+多修补”的方式，推动片区实现渐进式的有机更新；而重建更新区域对于城市发展来说，属于一种潜在的发展机会空间，机会空间内的更新调整内容需要与城市发展的实际需求紧密衔接。一方面，关注“点上优化”，强调城市更新对机会空间的功能布局优化作用，结合重建更新区域的城市区位价值，综合考量片区短缺功能与城市更新后的发展需求，兼顾更新实施的客观要求，调整重建更新区域的功能构建，进而优化城市层面的功能格局。另一方面，重视“面上调节”，强调一定范围内的土地使用功能的规模调整与总量平衡关系，通过对功能规模的调整去引导重点片区的城市更新，进而逐步引导对于城市发展功能优化调整。

以义乌为例，《义乌市城镇有机更新近期实施规划（2021—2025）》把城市发展功能优化调整作为有机更新实施规划的重点内容，立足于全市“十四五”规划纲要，从全面优化中心城区功能发展结构入手，提出“工业更迭、居住提质、设施补齐、城市织补”四大更新策略。注重中心城区内拆除重建区域更新后的功能构成情况，划定全市层面城市更新后的功能规模底线，并结合国土空间规划要

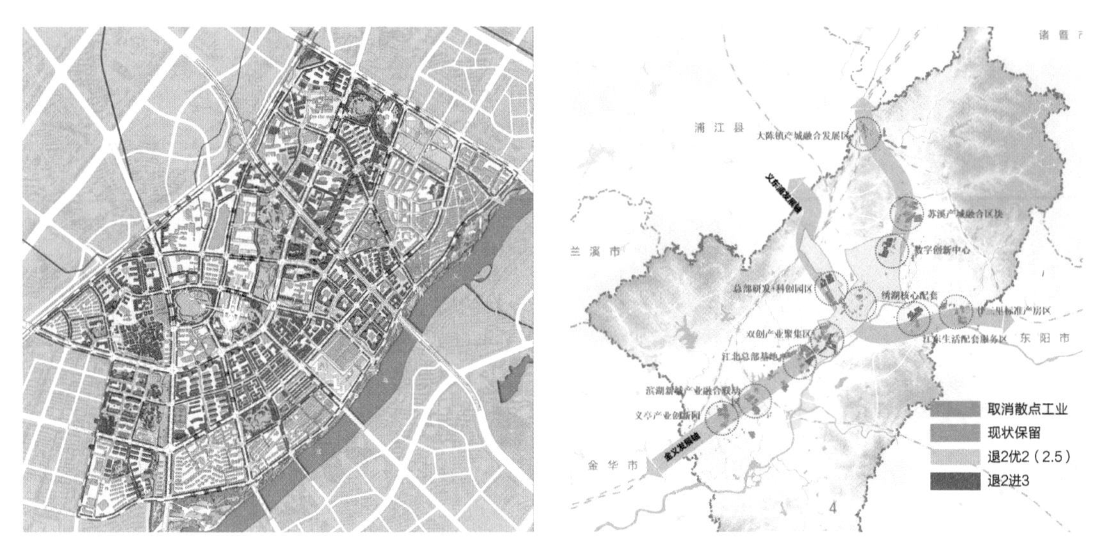

图4-22　义乌老城区有机更新城市设计平面图　　图4-23　义乌中心城区产业空间更新改造范围图
（来源：深圳市城市规划设计研究股份有限公司，《义乌市城镇有机更新近期实施规划（2021—2025）》，2021）

求，优化中心城区内功能布局，继续强化中心城区内综合服务功能供给，在保障全市产业规模和占比总量平衡的前提下，调整低效产业空间的规模，引导产业空间完成转型升级与腾笼换鸟（图4-22、图4-23）。

4.3.5　多元路径推动功能优化

1. 产业升级：产业空间优化与转型

我国城市经过多年不断的建设与发展，社会经济得到快速发展，但部分城市逐渐面临增量用地指标紧约束、产业用地低效、环境污染严重、职住失衡等问题，严重制约了城市创新驱动及经济转型升级，影响了城市功能结构优化与竞争力提升。在存量发展时代的背景下，城市更新成为产业转型升级与经济活力提升的重要举措。通过挖掘空间资源潜力、优化产业发展格局、供给高品质产业空间、完善配套设施、改善投资环境，可有效促进产业转型升级，实现创新驱动，为城市发展提供新的生命力。

（1）综合评估现状效能，识别低效产业用地

一是综合多元维度，开展存量产业用地效能评估。推动产业转型升级，首先需要对现状产业用地的效能进行合理评估，判断哪些用地经济产出高效、产业发展态势良好，需要合理保护，哪些用地则低效闲置，产业发展滞后，高污染、高能耗，需要加快转型。一般而言，现状产业用地的效能主要从土地开发强度、建

设情况、产业发展、污染能耗等维度进行评估，以此对存量产业用地进行综合评估。例如在顺德的旧厂房改造专项规划中建立了“园区—用地—建筑—企业”四类数据关联的立体台账，并通过容积率、建筑密度、空闲地比例、建筑质量、地均税收、地均产值、就业人口密度、创新企业数量、生态管控要素比例、产业集聚区等指标对存量工业用地进行综合评估，进而识别高效、中效、低效用地，作为后续更新规划的基础。而在苏州，则通过研发经费占销售收入的比例、职工人数、亩均税收、亩均增加值、亩均销售、全员劳动生产率、单位能耗增加值、单位主要污染物增加值等指标，对工业企业进行常态化评估，进而划分为A、B、C、D、E五档，作为产业监管和城市更新的重要依据。

二是基于产业效能评估，识别低效产业用地。通过对存量产业用地的效能评估，即可判断低效产业用地的规模和分布情况，从而明确产业转型升级的发展潜力和重点地区。需要注意的是，产业效能评估是一个连续分布的结果，而低效产业用地的识别需要合理判断其指标阈值，以保障低效用地的识别能够有效符合实际情况。在宏观尺度上，城市更新规划可以在效能评估的基础上，通过自然间断点分级法对产业用地进行初步分档，进而通过次区域部门意见征求、抽样校核、旧工业区更新意愿对照等方法，校核分档的合理性，适当调整阈值，使其更加符合实际情况。在中观尺度上，则可结合产业效能评估，深度调查访谈相关企业运作情况、更新意愿和诉求，进而更加精准地识别低效产业用地，并基于产业边界划定用地范围，作为产业园区更新规划的重要基础。而在微观层面，则需充分衔接更新实施主体和原权利人的诉求，细化校核需更新改造的用地范围，并深入评估现状建筑的质量、风貌、历史文化价值等，合理划分“留改拆”范围，推动存量产业用地的有机更新。

（2）加强空间管控和重点谋划，优化产业发展格局

紧密衔接国土空间总体规划和产业规划，划分产业功能区或产业单元，引导关联产业集聚发展。存量产业空间的转型发展，首先需要进行高位谋划，明确产业发展的方向和重点。在城市更新规划中，需有效落实城市产业发展的战略部署，遵循产业发展规律，合理划定产业功能区，明确片区发展定位和主导产业，引导关联性产业集聚发展，促进产业链补缺和延伸，形成现代化创新型产业集群。同时，鼓励针对产业地区进一步划分产业单元，提出存量产业用地更新指引，引导存量地区通过城市更新释放产业空间，适配产业发展需求。例如金华经济技术开发区城市更新专项规划中，通过衔接国土空间总体规划和产业部门诉求，结合现状建设情况和改造功能差异，形成了十大发展主题分区，并对各片区

主导产业和更新方向提出了指引。并且存量产业空间的改造提升，往往依赖地方财政的大量投入，在有限的资金和人力的支持下，难以全面铺开，因此需要识别重点地区，引导资源要素集中投放，规划重大产业平台，作为招商引资龙头企业、产业链主导企业等的空间载体。

合理划定工业保护线，避免对实体产业造成冲击。存量工业用地由于开发强度较低、产权主体单一，更新成本相对较低，往往成为拆除重建和功能转变的主要地区。合理的工业区功能转变有利于完善城市功能，促进片区转型发展。但是过度改造，一方面会使工业用地规模急剧降低，容易引发工业用地和厂房租金的持续抬升，增加生产成本，导致实体产业流失；另一方面，工业用地通过更新转变为商住功能往往可以获取较高的土地增值收益，在管控不足的情况下，容易引发实体产业投入房地产开发，带来“脱实向虚”的隐患。为保障实体产业发展空间深圳、广州、苏州、东莞等越来越多的发达工业城市开始划定工业保护线（或称工业保障线、工业区块线等），同时合理建立动态调整机制，以适应城市发展的实际需求。并明确工业保护线的管控要求和法律责任，提高工业保护线的管控力度。

针对旧商业区，优先聚焦城市核心地区和公共交通枢纽等重点和特色地区，引导低效工业和商业用地的改造，结合市场实际需求注入新产业、新功能、新业态，激发城市活力。此外，针对历史文化、生态景观等特色资源富集的地区，可通过适当活化利用、引入特色服务产业和商业，提升环境品质和设施配套，形成特色商业、文旅街区、金融或科创产业集聚区等，充分发挥特色资源的潜在价值，形成新的活力中心。

（3）多模式并举，提升产业用地效率

有序推进低效产业用地改造提升，构建现代化产业园区，引导产业转型和升级。针对建筑质量差、产出效益低下、环境污染严重、产业类型不符合城市发展导向的产业片区，可采取拆除重建的改造方式，为产业转型升级提供设施配套齐全、综合功能互补的高标准产业空间。例如深圳红花岭工业区城市更新项目中，由地方国企主导，对低效产业用地进行空间重构，打造高层工业楼宇，容纳高标准弹性化生产单元，组织立体化货运交通体系，配套研发办公、展示交流、员工宿舍等服务设施，形成面向新兴产业和创新人才需求的高品质“工业上楼”园区（图4–24）。推动产业园区的改造提升，还应注重更新的时序，积极探索渐进更新的路径，保障园区产业的平稳发展。

鼓励通过微更新推动产业空间转型，有效承载新产业、新业态。针对建筑现

图4-24 深圳市红花岭工业上楼项目
（来源：深圳市城市规划设计研究院股份有限公司，《南山区桃源街道红花岭工业南区城市更新规划》，2022）

状质量较好、布局较合理、基本满足当前产业发展需求的旧工业区与旧商业区，以及具有一定历史文化价值的工业遗产等，应优先采取微更新手段，通过建筑修缮和改造、局部功能改变、容积率提升等手段，补足产业配套，优化产业空间品质。深圳市在《关于打造高品质产业发展空间促进实体经济高质量发展的实施方案》中提出打造高品质产业空间的总体目标，其中保留提升100km^{2}工业区，鼓励开展工业区综合整治类城市更新及产业用地容积调整，划定范围并长期锁定，全面保障对深圳具有战略性、支撑性意义的实体产业空间需求，形成预期稳定、成本适中、集约高效的先进制造业集聚区。

（4）探索多元实施路径，促进产业空间高效供给

存量产业用地更新往往面临产权复杂、业主意见难以统一、工业区内用地功能复杂、更新成本收益难以平衡等问题，需要针对项目实际情况和产业发展目标，探索适配的实施路径。更新模式从实施主体上可以归纳为政府主导土地整备、市场力量参与、权利主体自主改造三类。

政府主导的土地整备有助于解决历史遗留问题，落实宏观发展战略。该模式是快速推进落实产业空间格局的重要途径之一，一般针对发挥区域综合服务功能、具有重要战略意义的产业片区，或土地权属不清、需增存土地联动统筹的连片低效产业发展区。政府通过征收土地、收回或收购土地使用权等方式对拟改造范围内的用地进行整备和收储，并通过公开方式出让土地使用权。以燕罗国际智

能制造生态城土地整备项目为例，项目采取土地整备为主、城市更新及综合整治为辅的方式，以街道为范围编制城市片区级综合规划，精细化制定利益分配细则，利用“土地+资金+规划”的创新手段，一揽子平衡土地收益与解决历史遗留问题，为国际智能智造生态城建设供给连片产业用地。

市场力量和社会资本参与的模式可减轻财政压力，推动高质量产业空间供给。部分城市在实践中探索了政府引导、市场参与、受益主体共担的路径机制，拓宽了融资渠道。以深圳市天安云谷更新项目为例，项目基地原为以劳动密集型产业为主的老旧工业区，在龙岗区政府积极引导实力强、有经验的品牌企业参与城市更新的背景下，引入专业化产业运营商负责规划、开发、建设和运营的全流程，打造以云计算、互联网、物联网等新兴产业为主导的产业综合体，建成后将引进约2500家科技企业与研发机构，是深圳市产业升级示范与城市更新示范项目①。

权利主体自主改造的模式有利于业主根据自身需求供给定制化产业空间。该模式指由政府制定相关激励政策并发挥引导作用，权利主体根据长远发展目标，综合项目现状建筑可用性及片区发展趋势，自身作为实施主体进行统筹谋划和改造，实现定制化改造效果。例如佛山市南海区松岗富豪网络线材厂的改造项目，旧厂房无法满足新型生产工艺需求，权利主体受益于佛山市南海区产业用地“工改工”奖励政策，自主出资拆除重建，打造规格高、适应新型产业需求的先进制造产业空间载体②。

（5）加强规划整体统筹，促进产城融合发展

针对产业片区功能单一、配套缺失、空间布局失衡等问题，在城市更新中应统筹“产、城”关系，充分考虑“人”的需求，完善城市功能，促进产城融合发展③。

一是推动生产、生活空间的统筹谋划、协同更新。结合产业发展需求，在一定范围内连片统筹旧厂房、旧村庄、旧居住区等更新对象，整体优化生产、生活、生态空间格局，完善公共设施配套和公共住房，优化交通和市政基础设施体系，打造产城融合发展的产业社区。例如深圳市龙岗区龙腾工业区（二期）城市

① 郭亚梅，凌镘金．产城融合背景下城市智慧社区管理模式研究——基于深圳天安云谷的经验思考［J］．广西质量监督导报，2020（8）：3.

② 黄健源．南海狮山：坚持“工改工”，探索出适合狮山村改的路子［N］．广州日报，2021-04-28.

③ 贺传皎，陈小妹，赵楠琦．产城融合基本单元布局模式与规划标准研究——以深圳市龙岗区为例［J］．规划师，2018，34（6）：86-92.

更新单元规划，拆除范围内以老旧工业区为主，涉及部分城中村用地，规划通过统筹谋划，打造智慧型产业总部及服务枢纽，构建“文化—居住—创意工作”一体的国际化片区。需要注意的是，虽然“工改工”项目和“工改商住”联动更新可在一定程度上提高产业类更新项目的经济可行性，促进项目内部自平衡，但是对于存量居住用地占比偏高、未来新增住房需求有限的城市，过度的居住用地供给容易冲击住房市场，并导致实体产业脱实向虚，因此，在探索联动改造模式时，应加强指标管控，合理限定旧工业用地改为居住用地的规模。

二是通过多元途径加强生产性与生活性配套设施，满足产业发展和就业人员的需求。面向产业园区的配套设施与居住社区存在较大差异，主要包括生产性设施和生活性设施，其中：生产性设施包括技术服务平台、研发服务平台、商务服务平台等，有助于孵化科技企业、拓宽和延伸产业链、帮助企业突破技术瓶颈；生活性设施包括面向就业人群需求的住房、教育设施、商业设施等，有助于促进城市综合竞争力和吸引力提高，形成产、城、人的良性互促。产业园区更新中可综合利用贡献用地、盘活存量建筑、项目配套建设等方式，按照运营链需求分类别推动生产性服务设施建设，并根据不同产业人群的消费水平提供多元化生产性服务设施，助力创新驱动及产城融合发展。例如南山区高新区北区升级改造统筹规划实施方案提出，高新北应由功能单一的产业园区向产城融合的复合型城区转变，探索产业城区的统筹更新路径，如通过整合贡献用地，优先落实保障性住房、教育设施、文体设施，集中建设移交政府用房的方式，建设产业服务平台，落实国家级实验室、孵化器、中试空间、创客平台等产业配套设施（图4-25）。

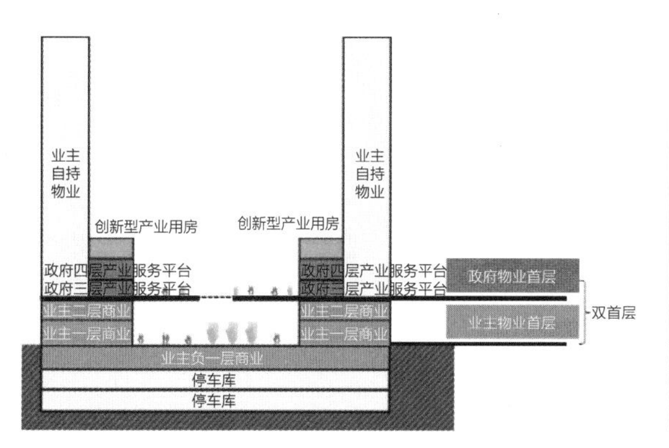

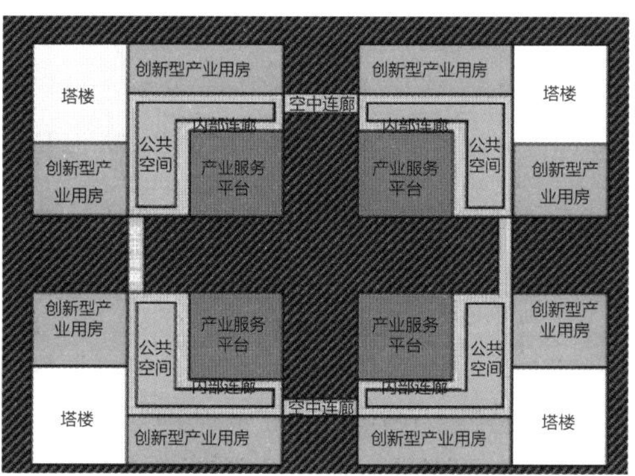

图4-25 深圳高新区通过移交政府用房集中建设生产性配套设施的模式示意
（来源：深圳市城市规划设计研究院股份有限公司，《南山高新区北区升级改造统筹规划实施方案》，2018）

2. 居住保障：包容共生保障住有宜居

以人民为中心推进城市建设，增进民生福祉已成为城市发展的主旋律，住房是决定城市生活成本和生活品质的首要因素。我国人口大量净流入的大城市的住房普遍存在供给量偏少、房价偏高的情况，新市民、青年人等群体的住房困难问题比较突出。如何破解大城市住房突出问题，加大住房有效供给成为各地政府急需解决的难题。面对土地紧约束与住房需求旺盛的双重挑战，全国各大城市也开始积极探索基于存量的集约式住房发展路径。

土地资源紧约束下，住房供需关系紧张、结构不合理、保障不充分等问题更为普遍与突出。存量空间的优化和提升作为空间资源拓展的重要方式，是落实住房发展的重要实施路径之一。适应存量发展的住有宜居探索，破解土地资源紧约束条件下居住空间的供给瓶颈，结合各地实践经验，均从加强住房规划统筹、完善住房政策保障、推动社区宜居治理等方面作了相关尝试。

（1）加强住房发展规划统筹、探索有效规划传导机制

在空间资源紧约束的背景下，粗放建设转向精细化治理，对住房发展及居住空间提出了更高的要求。加强住房发展规划统筹，探索更为匹配的住房供需关系，需进一步协调旺盛的住房需求和紧缺的土地资源，形成良好的人—房—地总量平衡。从加强住房精准供给，支撑城市良性发展及人才留驻的角度来看，实现存量时代的住有宜居可从供需匹配、结构提升、空间优化以及规划传导等四个方面着力。

1）供需匹配，实现有效供给。一是基于未来人口住房需求研判，综合人口规模及人口年龄、学历、就业结构等方面，整体研判住房需求总量。二是摸清差异化需求，整合经济、空间、人口、房地产交易等多元大数据分析，识别分区分类差异特征、人物画像，关注不同产业类型就业人口、不同年龄段人才的住房需求特征。三是供给渠道拓展，在土地资源紧约束下探讨可行的住房供应手段，在增存并举的基础上鼓励各类用地的集约立体开发，保障居住空间供给，如公共设施及枢纽车辆段上盖配建公共住房开发等。

2）结构提升，推动多元包容。在兼顾品质提升与居住成本的前提下实现住房结构优化，结合供应路径提出具体策略。具体来说，需进一步结合实施难度、政策导向以及对住房成本的影响等住房结构影响因素，分情景安排存量利用推进速率。控制好老旧小区、城中村等低成本住房的拆除重建，避免低成本住房大量减少引起住房成本上涨，以此设定各供给途径的住房供应指引。随着城市发展水平的提高和流动人口的沉淀，部分居住需求也将由低成本便利性的临时租赁式居

住逐渐向高品质自有产权住房过渡。在保障住房的可负担性和提高住房的自有率的基础上，提升高品质成套住房比例，保障广义可负担住房（含公共住房、城中村、宿舍）比例，支撑未来产业结构优化调整和人才住房需求。

3）空间优化，促进人、产、城协调。构建沿轨道交通向外伸展的居住体系，鼓励中心区增加紧凑型住房和租赁式住房，而外围以自有产权的商品住房和可售公共住房为主的居住空间布局。识别住房保障重点区域与潜力用地，建立住房供应评价多因子体系，评估供应布局适宜性，引导居住空间布局向合理均衡、便捷宜居的方向发展，推动大型安居社区建设，以更科学合理的职住空间结构，提高居民生活的幸福感和城市运行效能。

4）有效传导，谋划近远安排。远期编制与国土空间规划相衔接的住房发展战略规划，近期编制与国民经济和社会发展五年规划相衔接、面向实施的住房发展规划，两者之间形成良好的传导关系。远期住房发展规划注重核心指标传导，明确总量、结构、布局和品质目标，合理安排住房分期供应节奏。近期住房发展规划细化落实发展策略要点，开展片区层面的住房统筹规划，构建匹配住房供给的公共交通和服务设施缺口预警库机制，建立空间风貌评估模型，协调整体城市风貌。结合社区意愿提出有针对性的改造模式及实施路径，统筹公共服务设施落地，构建面向实施行动的项目库。

（2）完善住房相关政策及技术指引、保障宜居空间实施

党的十九大报告强调："坚持房子是用来住的、不是用来炒的定位，加快建立多主体供给、多渠道保障、租购并举的住房制度，让全体人民住有所居。"2020年，中央经济工作会议强调："解决好大城市住房突出问题，高度重视保障性租赁住房建设。"2021年，国务院《关于加快发展保障性租赁住房的意见》明确了国家住房保障体系的顶层设计，提出加快完善以公租房、保障性租赁住房和共有产权住房为主体的住房保障体系。梳理多地住房相关政策文件，主要在房地产调控、公共住房建设及供应、人才安居、租赁市场规范等方面落实中央提出的多主体供给、多渠道保障、租购并举的住房导向。充分发挥政府、企业、社会组织等各类主体作用，优化调整增量住房结构，保障宜居空间实施。

一是引导多主体参与。存量时代政府手中掌握的用地有限，土地二次开发权大多集中于市场主体。宜居空间实施急需调动市场积极性，鼓励社会力量参与住房建设以及积极探索市场主体参与建设公共住房的"微盈利"模式。如《深圳市落实住房制度改革加快住房用地供应的暂行规定》明确提出市场主体可利用自有用地建设出售的公共住房，《关于加强和改进城市更新实施工作暂行措施》提出

在“工改保”模式中配建公共住房可获得一定比例的商品性质的建筑，实现合理的投资收益率，以此吸引多主体参与建设供应。

二是拓展多渠道保障。政策引导，着力保障存量空间资源挖潜，完善住房供给体系。在保证项目经济可行的基础上，可以通过政策创新引导不同的存量开发路径提供合理的公共住房规模。以深圳为例，结合城市更新，分类分区制定配建公共住房政策指引，着重引导重点片区公共住房建设；结合棚户区改造，规定住宅部分除用作搬迁安置住房外，应当全部用作公共住房；利用城中村存量用房，通过综合整治提升及规模化租赁，筹集保障性租赁住房；允许低效的、空置率较高的非居住存量房屋改租，补充保障性租赁住房。

三是保障住房可负担。对比国际一流城市，在同样的房价收入比水平下，大多城市的公共住房总量处于保障不足区间。但城中村住房、工业配套宿舍等低租金、产权不完整的住房充当了可负担住房，成为深圳、上海、广州等城市竞争力的重要支撑。未来城市发展需重新审视城中村、产业配套宿舍以及旧住宅区的多元价值。《深圳市城中村（旧村）综合整治总体规划（2019—2025）》标志着深圳对城中村城市更新的理解和导向进入新的阶段，以强调保留城市发展弹性、保障低成本空间和建设和谐的特色城市空间为目标，在全市99km^{2}的城中村居住用地范围内划定了约55km^{2}的综合整治分区，限制拆除重建类的更新，采取综合整治提升的方式，使城中村成为低成本住房的重要保障、全市职住平衡的稳压器。

（3）推动多元共治社区治理模式、打造品质宜居范本

围绕街道、社区探索15分钟社区生活圈建设标准与机制，打造面向儿童、老龄人口的全龄友好的社区空间和配套。应对人民美好生活需求的全面提升，建立住房和社区可持续的品质提升与宜居治理机制，是实现从住有所居到住有宜居的重要保障。深入探索社区规划师制度以及政府、物业、业主协同共治的社区营造机制。例如在全龄友好社区建设中，深圳将儿童友好理念与社区治理紧密结合，探索完整的社区建设与治理方式，构建多元共治格局，实现以儿童需求引导建设及社区治理提升。

一是共建共治，推进老旧小区改造。随着城市人口净流入放缓，未来人口老龄化和楼宇老龄化的“双老”问题严重，应定期开展存量住房建筑老化与配套设施评估与应对机制，确保建筑结构、消防安全和核心民生要素有保障。结合各地城市的经验，老旧小区改造的尺度应从单个小区改造转变至社区、街道的片区尺度，综合研判系统解决方案。分类推进老旧小区改造工作，制定老旧小区品质行动方案，在提升共享空间品质、探索可持续共建改造模式以及远期共治管养机

制等方面显得尤其重要。在国家层面的相关文件的指导下，各地政府成立市城镇老旧小区改造工作领导小组，推动相关实施意见政策出台以及专项规划编制、发布，明晰老旧小区改造总体目标、改造方向、主要任务等方面的内容。深规院编制的《深圳市老旧小区改造"十四五"规划》以现有老旧小区信息库为基础，深入分析老旧小区楼宇条件、基础设施建设和小区环境整治等发展现状及存在的主要问题，研究提出"十四五"期间全市老旧小区改造总体目标、改造方向、主要任务，推动构建"纵向到底、横向到边、共建共享共治"的社区治理体系。

老旧小区改造需要加强社区或片区层面的统筹提升。例如上海曹杨新村，以15分钟社区生活圈提升行动为契机推进片区内老旧小区改造。通过开展多途径的公众参与了解居民的更新意愿与诉求，梳理现状社区问题，识别有潜力的改造空间。其次，强调空间的全要素更新，围绕宜居、宜业、宜游、宜学、宜养等方面，形成一张"五宜"提升行动规划蓝图。强调局部项目与整体谋划相结合，空间上整合各部门相关职责事项，优化对社区内实施项目的统筹推进。

提升共享空间品质方面，紧密结合老旧小区基础情况，区分基础类、完善类、提升类等进行差异化改造以契合居民的需要。可以鼓励试点先行，推进创新实践，精细提升老旧小区品质。2019年底，北京市开展"小空间 大生活——百姓身边微空间改造行动计划"，东城区民安小区公共空间改造项目作为首批试点项目之一，由深规院主持设计并实施落成。主张实处着手，关注细节，让改造更加契合居民实际需求，与老百姓共同缔造美好社区。落实"无障碍设计""儿童友好""文化传承"等大理念，以"欢声笑语的院子"为主题，用实实在在的设计为老百姓带来身边的幸福。改造方案最大限度地将低效空间转变为精细品质的公共空间，通过复合利用，提供丰富的活动场所，收纳消极功能，整治房前屋后的停车空间。微空间改造解决了老百姓的急难愁盼问题，老百姓认可度高、获得感强，并将他们喜爱的公共空间当成自己的家一样去布置，不断地添砖加瓦、发挥创作，受到社会各界关注与高度评价，为城镇老旧小区改造提供了可复制推广的方法。

探索可持续共建改造模式方面，苏州、青岛、台州等市均有先行先试经验，项目大多采用政府与居民合理共担机制筹集资金，如政府发地方专项债、公积金，居民成立住宅专项维修基金、自筹资金等手段。此外，引入社会力量和社会资本（如国企、具备经验的大企业等）亦是重要手段之一，由愿景集团参与的北京市朝阳区劲松小区改造，采取"设计+改造+运营"模式实施提升类改造，以自有资金投资改造，利用改造后的物业服务收费和资产运营收益收回改造成本，充分发挥市场活力，减轻了政府财政负担。建立健全动员群众共建机制方面，充分发挥基层组织力量，坚持“党建引领，群众主体，共建共治共享”原则，引入专业物业管理，搭建沟通议事协商平台，引导居民共建共治，形成长效管养机制。

二是因村施策开展城中村综合整治提升。城中村作为城市重要的组成部分，随着城市发展变化，人们对城中村的认知不断改变，从早期被很多人认为是阻碍发展的“城市毒瘤”到孕育多元、创新、包容的“低成本空间”，城中村的改造方式开始从大拆大建走向有机更新转型探索。以深圳为例，城中村是很多奋斗者来深圳的首选落脚地，承载着近1000万人的居住与生活，为深圳的发展作出了巨大贡献。作为一种仍将长期存在的空间形态，城中村的高质量和可持续发展势在必行。2019年，深圳发布了《深圳市城中村（旧村）综合整治总体规划（2019—2025）》，落实有机更新理念，注重人居环境改造和历史文脉传承，高度重视城中村保留，合理有序、分期分类地开展全市城中村的各项工作。2018—2020年，深圳市将城中村综合治理列为重大民生工程，启动了为期三年的城中村综合治理行动计划，完善基础设施、提升环境风貌。近年来深圳稳步推进城中村改造已极大提升了城中村的居住环境、公共服务和基础设施质量，但对比现代化的城市社区而言，城中村在空间品质、生活环境、公共服务水平、社区治理等方面均仍存在差距，进一步的改善提升迫在眉睫。

2023年3月，深圳市住建局发布《深圳市城中村保障房规模化品质化改造提升指引》，探索提高城中村住房精准保障、规范优化城中村租房供应和管理、建立健全城中村住房租赁改造实施机制，通过区政府、村集体股份公司、大型企业合作的方式，筹集保障性租赁住房，以解决新市民、青年人阶段性需求。以深圳南山区的平山村综合整治为例，平山村毗邻西丽湖国际科教城，作为城村一体和城中村综合整治提升的试点，针对未来的青年、大学师生、蓝领等群体的需求，由深圳南山区属国企出资进行规模化租赁和品质化改造提升，改造后的保障性住房将纳入南山区保障性住房体系统一管理（图4–26、图4–27）。规划采取“综合整治+土地整备”的创新联动路径，通过综合整治对村内各类建筑进行针对性的保护修缮、改造提升、局部拆除、功能转换，完善整体空间结构并提升空间品质；通过土地整备、利益统筹，解决部分土地历史遗留问题，落实社会福利用地和居民的回迁安置，盘活空地提高土地使用效率。综合整治与土地整备两者在政策应用、空间置换、回迁安置、功能格局、审批路径上充分融合联动，高效合规地推动项目从规划、审批到落地实施，为城中村有机更新的路径探索提供示范性的创新实践（图4–28）。平山村综合整治规划共涉及建筑、交通、市政、生态、

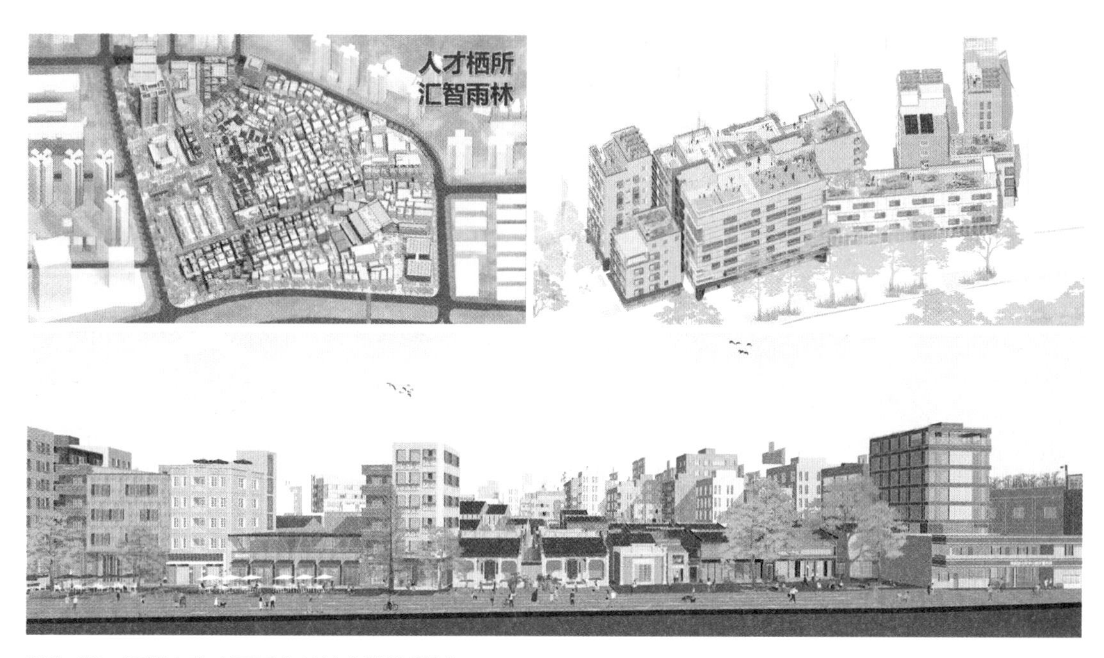

图4-26　深圳市南山区平山村综合整治规划
（来源：深圳市城市规划设计研究院股份有限公司，《深圳市南山区平山村综合整治规划》，2023）

图4-27　深圳市南山区平山村的保障性住房
（来源：深圳市城市规划设计研究院股份有限公司，《深圳市南山区平山村综合整治规划》，2023）

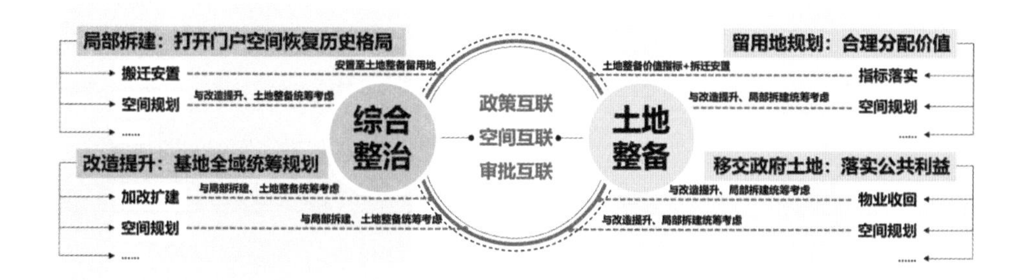

图4-28　深圳市南山区平山村的改造模式
（来源：深圳市城市规划设计研究院股份有限公司，《深圳市南山区平山村综合整治规划》，2023）

经济、文保等14个专题专项研究，由深规院规划团队统筹多专业技术团队联合协作，规划过程中多次听取周边大学、校友组织、金融和产业团体等各类单位的痛点和期望，与村股份公司、本地村民租户充分协调，紧跟诉求，数十次的交流会谈形成共商共议、共建共享的多维度公众参与模式。

4.3.6 完善设施提升服务水平

在城市更新实践的起步探索和快速发展阶段，通过城市更新项目的持续实施，有效缓解了城市快速发展过程中公共配套供给不足带来的城市运行压力，但随着高质量、可持续、以人为本等理念不断渗入城市规划建设，在城市更新中完善公共服务遇到的配套设施规模和标准跟不上城市需求的变化、配套设施难以落地、配套设施使用管理效率低等诸多难题更为突出。新时期，如何创新公共配套设施的规划方法、空间模式以及治理手段来适应高质量发展导向下的城市更新行动的新要求，成为开展城市更新规划研究工作的重要任务。

在未来城市发展需求更加多元化和既有城市空间限制更加严苛化的双重影响下，城市更新作为完善城市功能和提升城市服务的重要抓手，需要以体现公共服务的社会公平性和均等化为发展原则，着重从社区服务设施、道路交通设施、市政配套设施等方面入手，通过片区统筹精准识别公共服务需求和配套设施承载力、创新集约共生的空间功能复合模式、强化公共配套设施的共建共享共治协同模式，努力构建全龄友好、高标韧性的社区生活圈，实现“民生七有”向“民生七优”的高质量升级。

1. 完善公共服务设施

城市公共服务设施如何与城市发展需求相匹配，是在推进城市更新的过程中尤为突出的问题。一是公共服务设施的规模、覆盖面和运行效率不足；二是现实的改造及新增空间极其有限；三是保障可实施性的捆绑权责难以厘清。因此，为充分保障公共利益，有必要结合城市更新实际，研究可实施传导的设施供给路径，逐渐形成空间布局合理的公共服务体系。

（1）补短板，保障居民基本公共服务需求

随着城市开发建设进入内涵提升阶段，城市更新成为破解城市发展问题和短板、完善社区公共服务设施体系、推动社区生活圈建设的主要手段。社区是居民生活的基本单元，也是城市公共服务供给的基本单元，更是保障社会安全韧性的基本单元。

一方面，对标社区生活圈营建标准，评估公共服务设施需求和缺口，合理区分基础保障型、品质提升型和特色引导型等不同公共服务设施类型，引导城市更新规划优先填补基础保障型设施缺口，保障居民的基本公共服务需求。另一方面，存量地区公共服务设施评估应坚持以人为本，从人民的需求出发，充分考虑各类居民的实际需求，识别人民真正所缺、所盼、所需的公共服务设施，以促进设施的精准供给。

（2）提品质，满足不同人群的多样化需求

城市更新应深入研究社区居民的人口结构特征和实际需求，结合片区或项目的功能定位，针对不同人群的需求导向，构建差异化公共服务体系，合理供给各类品质提升型和特色引导型公共服务设施，有效提升社区公共服务品质和水平。对于以居住功能为主的城市更新片区或项目，鼓励优先考虑老年人、儿童、残疾人等社会弱势群体的具体公共服务需求，针对性供给综合为老服务中心、托儿所、学龄儿童托管中心、康体服务中心、全民健身中心等特色化设施，针对相应人群合理优化设施布局，提高设施可达性。对于以产业功能为主的城市更新片区或项目，应充分考虑就业人口的公共服务需求和产业配套服务需求，合理设置托儿所、文化展示馆、健身中心、共享办公、交流中心等特色设施。结合社区实际需求，鼓励积极打造集便民服务、社会交流、社区治理等为一体的社区综合服务中心，促进公共服务设施复合设置，通过分时共享、弹性转换等手段，提高公共资源的共享程度和利用效率。

（3）挖潜力，明确公共服务设施多元供给路径

存量建成区可供公共服务设施落实的增量空间往往非常有限，需要深度挖掘各类潜力空间资源，结合各类设施的空间需求进行合理布局，形成相对明确的设施供给路径，保障规划设施的有效落实。

优先利用闲置用地和边角空间，落实各类公共服务设施。城市更新片区或项目中存在闲置用地、违法用地、未建设用地、低容积率或临时建设用地的，优先落位独立占地的大中型公共服务设施，满足重大设施和民生保障设施的用地需求。同时，鼓励充分利用底层架空空间、屋顶空间、边角空间、桥下空间等各类剩余空间，在符合相关法律规范的前提下，适当设置小型公共服务设施，灵活满足居民各类生活需求。例如成都于2021年发布的《成都市“中优”区域城市剩余空间更新规划设计导则》倡导结合剩余空间特征属性，通过改造和植入口袋公园、体育运动设施、文化活动场地、点式生活服务设施等，形成城市休闲交往功能的新载体。

挖潜存量用房空间，多措并举实现公共服务设施供给。一方面，可以结合城市更新，通过收回、购买、租赁等手段筹集各类闲置或低效用房，纳入公共物

业系统，结合居民实际需求进行整合调配，设置相应公共服务设施。例如在成都新桂东社区改造项目中，通过对社区内闲置的国有厂房、宿舍、商铺等房屋进行改造提升，形成了社区综合服务中心、社区图书馆、社区课堂、众创空间等，为社区居民提供了一系列高品质公共服务空间。例如在深圳南山区爱文学校改造项目中，将原有厂房改造为特色化国际学校，通过廊桥搭接和建筑改造，形成了便捷的教学联系通道，以适应青少年学习和活动需求。另一方面，可以对既有公共服务设施进行更新改造，通过推动公共设施立体复合化、功能多元化、规模集约化、技术低碳化，扩展公共服务空间，满足居民需求。例如在新加坡“淡滨尼天地”，就是将原有的体育场改造为集社区体育场馆、图书馆、健康中心、政府机构服务处、社区商业和便民服务设施等于一体的新一代社区综合体，满足了社区居民的多样化需求，形成了社区重要的公共活动中心，并促进了项目的良性运营。此外，鼓励公共设施适当提升空间适用性，推动学校、单位文体活动空间等错时开放，在不同功能间“弹性转换”促进资源共享，提高空间利用效率，满足居民日常公共活动需求，避免公共设施的过度供给和地方财政压力的增加。

加强城市更新统筹谋划，有效供给成片连片公共利益用地，保障大中型独立占地设施的落地实施。例如深圳城市更新片区统筹规划中，在摸底盘查片区内城市更新项目立项情况及意向项目情况的基础上，整体划定平均移交率（一般为30%~40%）作为利益平衡的基础，进而通过捆绑大型更新项目、联动相邻更新项目、引导土地置换等手段，落位占地面积较大的公共服务设施。同时，可通过设置转移容积率、奖励容积率等，引导拆除重建类城市更新项目加大附属型公共服务设施的供给，进一步满足公共服务需求。

（4）管控要求刚弹结合，细化更新项目设施配建责任

面对诸多不确定性和各方利益诉求，需要通过城市更新规划对公共服务设施配建责任进行合理管控，并纳入实施监管体系，以保障设施的有效实施。

构建分层传导细化的管控体系，合理平衡公共服务设施管控的刚性与弹性。城市更新规划一方面需要有效保障公共服务设施的落实，促进城市功能完善和品质提升，另一方面又要充分考虑城市更新项目实施成本和推进时序的不确定性，这就要求城市更新中关于公共服务设施的管控不能一刀切，需要从宏观到微观，结合实际情况逐层细化明确设施配建任务和管控要求。在宏观层面，建议衔接国土空间总体规划及相关专项规划，对重大公共服务设施进行地块控制或点位控制，并明确次级区域（区县、街道等）需通过城市更新落实的主要公共服务设施类别、数量和规模等，形成公共服务设施配建任务清单。在中观层面，重点明确

独立占地型公共服务设施的用地性质、范围和规模等，允许城市更新项目在满足相关规范和不减少用地规模的前提下，可对用地边界进行适当调整，同时可对城市更新实施单元或项目需配建的各类附设型公共服务设施进行指引。在微观层面，则需细化明确各类独立占地型公共服务设施的具体用地边界和建设要求，明确各个地块需附设的公共服务设施详细配建要求，以具体指导城市更新项目实施。

细化明确更新项目的公共服务设施配建责任，强化全生命周期管理。建议通过更新实施单元详细规划或项目实施方案，细化明确城市更新项目需落实的各类公共服务设施配建责任，包括设施配建的类型、规模、数量、具体建设要求、建设主体、移交责任等，形成项目责任清单，以有效保障公共服务设施的建成品质。同时，将公共服务设施配建责任纳入规划条件、规划行政许可、土地出让合同、实施监管协议等文件，并通过规划验收确保城市更新项目实施过程中有效落实相应要求，实现公共服务设施建设的全生命周期监管。

2. 提升道路交通设施

交通设施在城市中扮演着空间骨架的重要角色，也是城市正常运行的重要保障。然而在经历快速化发展后，我们的城市开始受到“城市病”的困扰，其中交通领域的供需矛盾问题尤为突出，特别是在老旧片区，道路交通拥堵、公交出行不便、慢行设施缺乏、停车难等问题已成为政府开展城市治理的普遍难题。通过城市更新行动完善交通设施成为解决问题的重要抓手。

城市更新在为存量地区带来设施空间优化契机的同时，也会对地区内开发强度、产业形态、人群构成、出行特征等产生影响和调整。为此，在基于城市更新的交通设施完善规划工作中，重点是协同各层次城市更新规划开展交通承载力评估，通过科学研判更新后地区可能出现的交通需求规模和特征，结合项目类型对地区内的道路、公交、慢行、停车等交通设施制定相应的改善策略和措施，从而达到有效缓解交通拥堵、促进绿色交通发展的目的。

（1）面向不同层面的城市更新开展多情景交通承载力评估，科学研判交通需求特征变化

开展交通承载力评估是城市更新潜力评估的重要内容，也是城市更新规划方案校核的关键步骤。与新区开发、新建项目的交通影响评价工作不同，面向城市更新的交通承载力评估不仅要在规划前期阶段提前介入，而且对不同层面的城市更新的评估重点要有所侧重，尽量避免因过度关注空间需求和经济平衡而忽视城市资源要素的协同配置引发一定时期内城市更新规模过大、进度过快的激进现

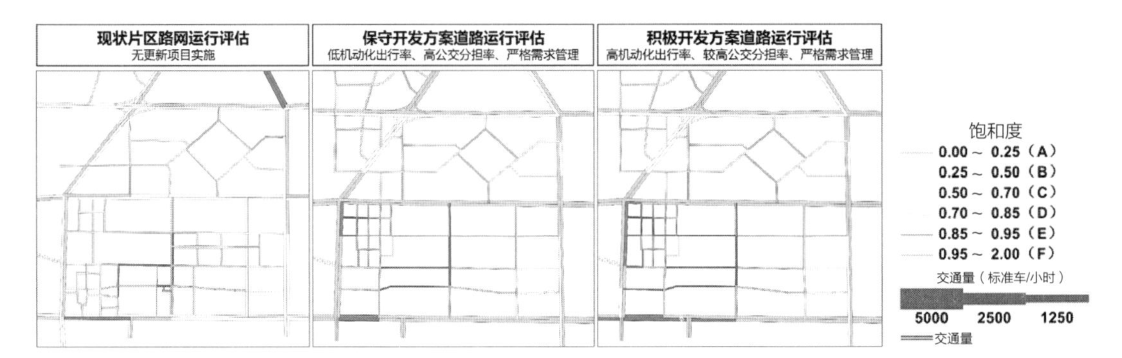

图4-29 不同情景下的片区交通承载力评估示意
（来源：深圳市城市规划设计研究院股份有限公司，《华强北街道上步片区第一更新单元城市更新规划研究》，2023）

象。面向战略层面的城市更新专项规划、面向协调层面的城市更新片区统筹规划、面向实施层面的城市更新单元规划在开展交通承载力评估时应关注的重点如图4–29所示。

城市更新有其自身的特殊性，城市更新将对更新片区内的用地性质和交通出行需求产生重大影响，既有的交通设施体系难以适应并支撑更新后的片区发展，同时，无论是政府还是市场主导的城市更新，都将带来一定的开发强度和规模提升，对其周边的交通系统也会造成一定的冲击，为此，在更新片区的交通承载力评估工作中，必然要对不同类型的城市更新项目进行多因素组合设计的多情景综合测试，在解决片区内部交通问题的同时，还要兼顾城市更新产生的系统环境影响带来的诸多不确定性，从而为科学研判未来交通需求的规模和特征提供理性判断。

城市更新项目的交通承载力评估需要重点关注交通供给、交通需求、交通政策三项因素的不同情景组合的影响，通过综合考虑更新片区的社会经济活动对交通设施的依赖程度、空间资源环境对交通供给的支持程度以及交通系统自身的组织管理方式，对于不同交通需求特征（包括出行强度、时空分布等）、不同交通供应水平（包括道路、公交、轨道、停车等设施）以及不同交通管理政策（包括限购限行、提高收费、公交优先等）等情景，以综合交通模型为技术工具，评价测试各情景下交通系统供需的均衡水平、交通运行特征及其外部影响，并结合发展目标优选情景方案，对规划决策提供具体建议。一般技术框架如图4–30所示。

在城市更新规划的前期阶段开展交通承载力评估，不仅可以辅助政府相关部门和更新主体对更新开发规模、强度等指标进行理性决策，还能通过协调相关

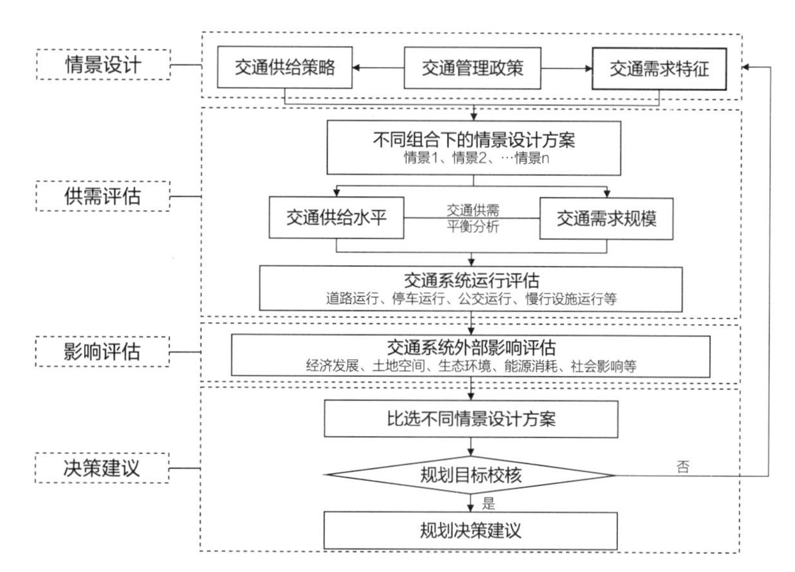

图4-30　交通承载力评估技术框架示意

上位规划，有针对性地进行道路、公交、慢行、停车等交通设施的改善优化，为指导下阶段的交通设施设计提供有力依据。当前，交通承载力评估在城市更新规划工作中越来越受重视，基本已成为前期甚至策划阶段的必选专题工作，例如在《深圳市拆除重建类城市更新单元规划编制技术规定》等政府管理政策文件中，交通影响评价专题研究被列为必须要开展的专题工作之一。

（2）优化道路网功能层次和结构，支撑城市更新空间布局优化和活动组织调整

亟待进行城市更新的片区最突出的交通问题无疑是道路交通拥堵日益加剧，除了因机动化交通需求快速增长导致的道路交通供需失衡外，在道路功能组织、交通秩序、路权划分等管理方面仍然有很大的整治空间。尤其在老旧小区，道路空间使用秩序上的混乱导致人车混行、违规占道经营、违法停车等现象频发，道路交通安全、运行效率和管理秩序被诟病，还有因缺乏统一规划建设管理出现的道路无序建设，道路设计不满足规范，在片区内形成错位交叉口、断头路，交通指引标志缺失等现象，导致片区道路网交通微循环不畅，道路交通拥堵问题日益严重。为此，在城市更新行动中正确处理好新改建道路设施与片区既有路网的关系尤为重要，特别是要在尊重片区历史空间肌理的前提下进行交通设施完善工作。为了能够在城市更新地区构建与土地利用相适应、结构合理、功能完善、尺度宜人的道路网，在城市更新的交通设施改善规划工作中要重点关注道路功能组织、道路精细化设计和改善实施策略三个方面。

需要针对不同更新方式需要制定不同的道路改善策略，拆除重建类城市更新

项目应统筹各利益方需求，以完善道路网功能为主，适应更新后的空间布局，承载更新实施后片区新的交通活动组织；微更新类城市更新项目以道路设施整治翻新为主，尽可能打通瓶颈路段和节点，优化路权划分和交通微循环，对于改变功能的建筑要以周边道路改善为主，结合建筑使用需要优化道路设施空间布局和出入口组织。

（3）挖潜空间布设交通场站设施，依托城市更新促进空间资源集约复合化利用

因城市更新导致片区交通出行强度、方式结构的变化，对于交通系统承载力已捉襟见肘的城市密集区来说，带来的不仅是传统的道路、停车压力，更是对轨道、公交、人行系统等的客流集散设施提出了更高的要求[①]。但是，受工程技术、管理水平、投资体制等的限制，交通设施的规划建设一般具有独立占地、平面布局、单一管理等特点，对于城市更新片区土地空间资源极度紧张的状况来说，以往“独立占地、平面建设”的交通站场设施往往因用地需求偏大、土地权属复杂等原因而难以在城市更新中落实，其平面化、低容积率、功能单一的土地使用特点也使得开发建设动力不足。在城市更新中如何通过空间资源集约复合化利用来充分挖潜交通站场设施的布设空间，是交通设施完善工作的重点和难点。

深圳于2013年明确转变公交场站发展模式，由传统的“独立占地、功能混合、平面建设”模式向“立体综合车场+配建公交场站”模式转型，并发布实施《大型建筑公交场站配建指引》，为城市更新、土地整备等存量开发规划中配建公交场站在片区层面的规划统筹工作提出了重要指导。上海市为探索新的枢纽建设模式，缓解交通设施用地的紧张局面，提高公共交通吸引力，在杨浦区结合城市更新工作规划建设了多个交通“微枢纽”。该类微枢纽结合地块开发或既有建筑改造进行一体化设计，或微枢纽部分交通方式结合退界空间进行设置，对公交中途站、出租车上落客位、公交专用道、非机动车道、隔离设施、信息化设施等都有非常精细的设计指引，实现了交通站场由功能单一的设施向功能复合的综合体的转变。

（4）优先保障提升慢行交通系统，重塑更新片区舒适宜人的慢行活力空间

在快速城市化和机动化的双重影响下，随着私家小汽车迅速进入家庭，城市道路设施建设一度过分强调机动车主导地位，在路权分配和组织管理上忽视了慢行交通需求，特别是在城市存量地区，道路空间被机动车使用和停放占用，慢行

① 林云青．密集区城市更新项目交通配套改善研究［J］．交通与运输，2016（z1）：5-8，16.

空间一再地被压缩，在慢行交通设施上突出表现为慢行道宽度不足、缺乏安全的机非隔离设施、违法停车占用慢行空间、慢行过街设施不足、轨道公交的慢行接驳设施缺失、非机动车停放空间不足等诸多问题。慢行方式在引导形成绿色交通出行模式方面发挥着关键作用，在当前城市高质量发展转型时代，通过开展城市更新行动优先保障提升慢行交通设施建设品质，是优化更新片区交通方式结构、促进公交优先、倡导绿色出行、营造高品质公共活力街道空间环境的重要措施，也是构建15分钟生活圈的必要保障。国内外城市在慢行交通设施改善方面已经获得了非常丰富和成熟的规划设计成果，这里主要强调在城市更新工作中应该重视慢行接驳设施和慢行设施环境等两方面内容，努力构建安全连续、立体复合的慢行网络和出行便捷、优质舒适的慢行环境。

（5）坚持有限供给和协同治理并重，逐步缓解更新片区停车压力，实现供需动态平衡

停车难问题几乎是所有城市更新片区普遍存在的交通顽疾，表面上看是由于停车设施供给不足导致出现一系列停车管理难题，但实质上是多种因素影响下的累积效应。一是老旧片区大多数建筑由于建设年代较早，配建停车设施不足，且难以通过平面空间挖潜适应机动车保有量的增长需求，导致小区内停车秩序混乱甚至溢出至外部道路，侵占车辆通行和慢行空间；二是老旧片区道路空间有限且难以执行严格的停车管理，同时，因公交慢行出行不便而进一步依赖私人小汽车出行，导致乱停车、停车难现象持续加剧；三是基于小区或建筑的封闭式停车管理方式，加上缺乏差异化的停车收费机制，片区内停车设施资源难以得到充分利用，致使片区内停车供需难以匹配。为此，城市更新中的停车设施改善并非停车供给侧的单向努力，还需要结合促进绿色出行方式转变、调控私人小汽车使用强度、加大停车协同治理等综合手段，保障在片区交通设施合理的承载力范围内实现停车供需动态平衡。

城市更新中的停车设施完善工作主要包括：新改建建筑合理配建车位，满足基本停放需求；存量空间挖潜，补充部分供给缺口、片区停车设施资源共享等。

一是要精准供给，严格按照城市规划管理对各类新改建建筑配建停车位的规定执行，不鼓励为弥补片区停车供给缺口而突破政策约束提高配建标准，原则上商业、办公类建筑取配建标准下限，居住、公配类建筑可视片区居民拥车意愿、公交便利度和停车缺口情况考虑是否取标准上限。

二是要扩容增量，科学评估片区停车供应缺口，考虑利用低效闲置用地、公共绿地等空间，充分挖掘地上和地下空间资源，合理布局立体公共停车场，在不

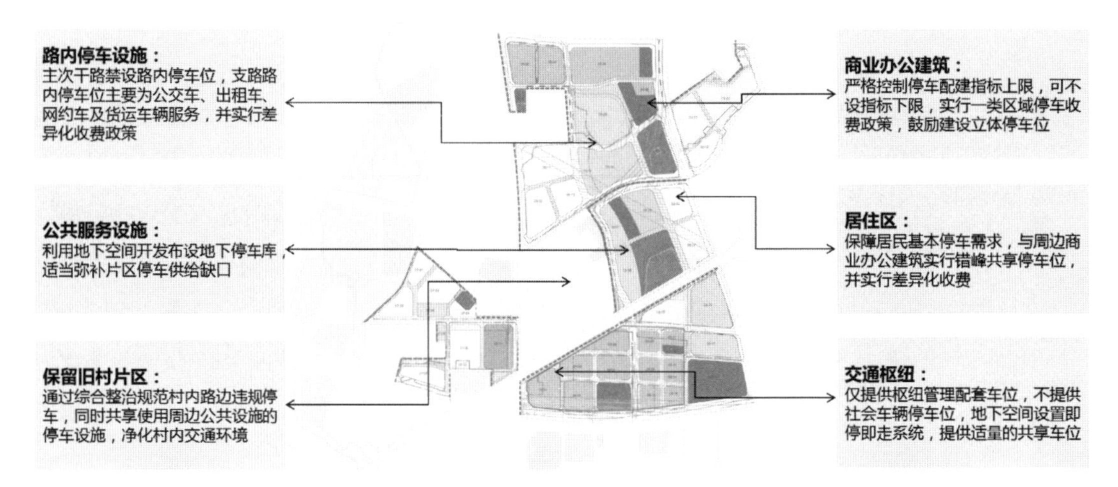

图4-31　不同类型更新片区的停车策略
（来源：深圳市城市规划设计研究院股份有限公司，《五和枢纽及周边地区概念规划及详细城市设计和实施方案研究》，2021）

影响片区路网运行效率的前提下灵活布置路内停车位，鼓励小区内挖潜改造建设机械式立体停车设施。

三是要分时共享，建立片区停车共享机制，通过错峰共享停车充分利用商业、办公、公共设施等非居住类用地的停车泊位，通过差异化收费管理合理调配片区空闲停车资源，提升片区智慧停车管理水平（图4-31）。

3. 市政基础设施支撑

基础设施建设是城镇化进程中提供公共服务的重要组成部分。改革开放40年来，我国的基础设施建设取得了十分显著的成就，覆盖比例、服务能力和现代化程度大幅度提高，新技术、新手段得到广泛应用，功能日益丰富完善，其承载力、系统性和效率都有了长足的进步，推动了居民生活条件的改善①。

高速的发展为城市奠定了坚实的基础，但也积累了诸多问题。随着城镇化转型步伐的加快，基础设施建设如何与城市发展均衡协调是当前我们面临的一个重大课题，旧城、旧村或老旧工业区等待城市更新区域问题尤其突出。待城市更新区域内部的市政基础设施建设标准低、品质低，配套不完善，支撑能力以及改造、新建空间不足，通过城市更新进行市政设施提标、供给能力提升成为解决问题的重要抓手。城市更新为存量地区市政设施建设和优化带来机遇，但更新本身

① 刘应明，等. 市政工程详细规划方法创新与实践［M］. 北京：中国建筑工业出版社，2019：4.

会对用地开发强度、使用功能进行优化与调整，调整后常导致市政需求增加，对项目周边的市政设施和管道造成较大的压力，若考虑大量城市更新带来的需求叠加，区域基础设施也将难以承载与支撑。因此，在基于城市更新的市政设施完善规划工作中，核心是要协同城市更新规划科学、合理地确定市政需求，开展系统性的市政设施承载力评估和区域统筹，落实“绿色智慧”“共建共享”的高质量发展理念，提出市政系统多元供给、品质提升措施，改善基础设施服务水平，结合需求在更新中开展市政设施空间融合，致力于提供更安全、绿色、智慧的市政支撑与服务（图4–32）。

（1）区域统筹市政需求的叠加效应与影响

市政设施完善规划的核心是开展市政系统承载力评估。评估中应对片区市政设施的供给能力和存在问题作出合理的分析和判断，充分结合城市更新建设规模、地下空间开发和交通改造方案，开展市政负荷需求预测，评估基于现状及已批上位规划的市政系统支撑能力，从供给侧检验城市更新项目空间方案与建设规模的合理性和可行性。

城市更新的市政系统承载力分析应结合市政设施的服务范围扩大评估范围，系统性地评估市政设施及主干管网的供给能力，结合项目的实施周期，统筹近、远期的市政供给需求与方案，使评估结论及规划方案更科学、合理，具有较强的可实施性。

（2）改善与提升市政系统供给能力与品质

老旧城区往往市政基础设施陈旧落后，居民生活极为不便，同时部分街巷狭窄，路面无法敷设多种市政管线，也产生了强弱电线架空敷设的安全问题以及燃气管线无法入户、雨污合流、消防安全等问题。

对于市政基础设施陈旧落后这一问题，需要结合城市微更新完善消防设施配套与建设，全面实施生活垃圾分类投放、分类收集、分类运输和分类处理，开展旧屋小区的易涝风险区治理，正本清源，全面、系统地治理点源、面源污染，整

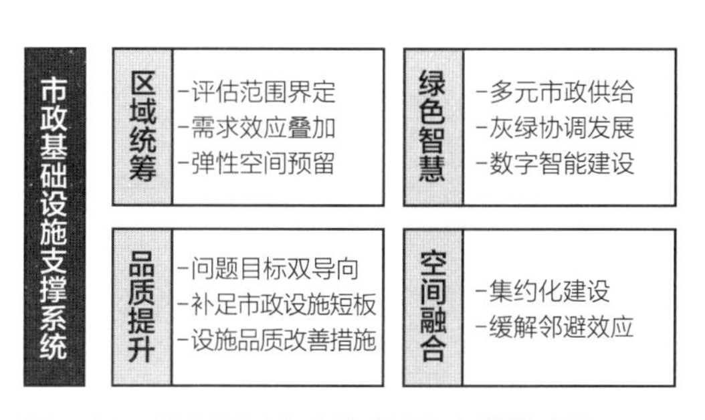

图4–32 城市更新市政基础设施支撑模式图

体提升区域的环境品质。

针对因街巷狭窄而无法敷设多种市政管线带来的市政设施短板，因地制宜地设计市政管沟系统，采用微型综合管廊，使得水、电、气、通信等管线集约化布置，实现燃气入户、强弱电下地、雨污分流等，补齐市政短板，全面改善居民生活质量。南京小西湖片区建设微型市政管廊，管廊中设置腔体，使得管线的间距尽量减小，可在2～3m宽的街巷里将7种市政管线全部整齐有序地集成到地下，供水、强弱电、燃气、消防等管线可进入每个院落单元，提高了市政基础设施供给能力，也有效地解决了安全问题。

（3）推进集约化建设，缓解邻避效应，探索城市更新空间融合新模式

为了保证市政系统的服务质量以及供给方案的技术、经济合理性，市政设施需深入负荷中心进行布局，但对于建成度较高的待城市更新片区，增量空间匮乏，难以提供独立占地、功能单一的市政设施用地；部分市政设施，特别是变电站、垃圾转运站等厌恶性设施由于运行时会产生臭气、噪声等邻避效应而难以落地，对于持续增长的市政负荷需求，原有配套不足，难以有效保障发展和城市服务的需求，急需通过资源整合与空间融合提升土地利用效率。

城市更新是城市空间重构的过程，在更新中统筹市政设施的建设需求，通过用地空间的共建共享、集约建设，探索分散式污水处理设施、附建式变电站和垃圾中转站等市政设施建设空间融合的新模式，在提升市政系统服务水平的同时，为城市释放出更多的用地空间。

（4）推动市政设施绿色智慧发展，整体提升系统供给安全与韧性

2020年2月，中央全面深化改革委员会第十二次会议发布了《关于推动基础设施高质量发展的意见》，意见中提出要以整体优化、协同融合为导向，统筹存量和增量、传统和新型基础设施发展，打造集约高效、经济适用、智能绿色、安全可靠的现代化基础设施体系。城市更新需以绿色低碳和数字智慧为导向推进基础设施的高质量发展，结合项目实际条件和区域的资源禀赋条件，分析清洁能源、雨水综合利用、智慧城市等先进技术的适用性，推进市政设施及管网的多元化布局、集约化和智慧化建设，并提出绿色市政设施改善提升的措施和方案。

4.3.7 精细提升城市空间品质

以往的一些城市更新实践忽视城市空间品质的塑造，导致城市整体风貌失控、公共空间割裂、传统文脉被破坏等问题。在新时期的高质量发展导向下，实施城市更新行动需由“增量”转向“提质”，通过城市更新工作弥补过往粗放式

发展造成的欠账，切实推动城市功能完善和品质提升。城市更新作为改善城市空间品质的重要契机，需要树立“以人民为中心”的发展理念，在空间特征识别、城市风貌协调、公共空间织补、街道活力提升等方面发力，通过精细化设计传导与管控，增强城市更新地区的空间效益、空间品质、空间治理，实现更新片区中城市物质空间与人文空间的整体提升，推动高质量发展，创造高品质生活。

1. 依托整体空间特色，塑造协调城市风貌

城市的风貌特色、空间形态具有较强的公共属性，是城市治理的重要方面，它是由城市中的生态、建筑、空间、景观、地域人文等要素构成的集合体。既往城市更新更多地关注开发利益的博弈和分配问题，对城市风貌等精细化治理话题的关注度较弱，容易造成更新区域容积率高企、空间形态单一、城市文脉断裂、乡愁记忆消失等问题。随着相关部门对有机更新的倡导和强化，未来城市更新工作的评价标准将从更新的效率转变为追求优美的风貌、精细化的品质等更高层次的质量要求。

相关实践表明，为避免城市更新对既有城市风貌产生冲击，并为了让城市更新真正起到协调、优化城市风貌的作用，规划工作需要处理好两个关系：

一是改造与留存的关系。需充分识别有价值的物质空间和人文印记，历史建筑物、特色街道、山水景观、独特地貌等物质空间，以及艺术、文化、民俗、活力场景、特色功能等人文特征，均为城市发展中值得保护的“价值片段”，予以保护传承；并通过挖掘物质与人文“家底”，延续文脉；赋予风貌保护地区一定的更新动力，通过环境提升和功能改造，提高原空间的经济价值，在风貌保护的同时获取租金或产业活力的提升。

二是个体与区域的关系。需在更大的范围内审视片段式的更新与城市形态尺度、景观风貌的协调性。强化对更大范围的缝合织补、空间肌理修复和对区域特色的强化复兴。更新片区的空间品质需要建立在大区域系统性的规划整合和设计指导之上，协调各类物质和人文要素，融合本地人文特色，创新物质空间体验，提出精细化的空间优化策略。

2. 因地制宜地增量提质，塑造宜人公共空间

中国城镇化建设初期，由于过度追求速度和规模，普遍缺少科学系统的公共空间规划。当前，公共空间面临一系列的困境：①公共空间供给量不足，缺乏长效供应保障；②公共空间系统性不足，缺乏整体布局谋划；③公共空间吸引力不足，缺乏品质特色。尤其在城市老旧区域，这些问题尤为显著。当前，国家提出“实施城市更新行动”“推进以人为核心的新型城镇化”，需要重新建构以人为核

心的城市更新目标体系。公共空间是增强城市活力、提升人民享有高品质城市生活的重要载体，是最能体现城市更新幸福指数的部分。因此，在工作中不仅需要大处着眼，更需要小处着手，需要更多地使用精细化的“绣花”功夫，通过空间系统的织补、空间活力的激活以及空间体验的提升来改善人居环境，构建老百姓喜闻乐见的城市公共空间（图4-33）。

（1）空间织补——精细化空间挖潜，多维度系统连接

城市更新中的公共空间一般具有面积较小、分布零散但总量大、分布面广的特征，借助城市更新完善片区公共空间覆盖率，提升公共空间系统科学性显得尤为重要，具体手段包括通过政策法规等引导更新主体贡献增量公共空间、精细化挖潜结合创新设计来盘活存量的消极利用空间、推动空间复合集约利用以大力拓展立体空间、多维度织补完善慢行网络等。

保障增量，盘活存量空间。结合城市更新积极探索多维度挖潜路径，在重建更新中注重立体化增加公共空间及完善制度保障。例如，深圳积极探索在政策层面为重建更新中的公共空间增量奠定基础。《深圳市城市规划标准与准则》（2013）要求除规划确定的独立地块的公共空间外，新建、重建项目均需提供占建设用地面积5%～10%独立设置的公共空间。

在微更新中注重精细挖掘和创新盘活，对那些由于规划缺位、管理缺失、运营不当等原因，尚未被利用且具一定规模的空间，依托城市更新植入新功能后可以有效增加公共空间，甚至可以利用建筑底层架空、室内室外一体化空间设计、灵活整合激活邻近空间等方式，增加公共空间供给。例如，深圳在南头古城

图4-33　城市更新中的公共空间更新策略

的城市更新中通过拆除少量违建植入口袋公园，并将部分沿街建筑底层架空以拓宽街道，增设休憩停留模块，使密布的街巷成为承载市民休憩活动的公共空间。上海福山路着重利用街旁边角空间，将社区周边违规停车的空间、消极使用的绿化带、建筑退距空间整合利用，通过铺设塑胶跑道、提升景观绿化环境、增设城市家具、一体化打造街道界面等方式改造为“跑道花园”。南京小西湖历史风貌区微更新中，创新采用“共享院”的方式，在保留民居功能及院落形态的前提下，将临街院落改造为共享区域，使原本封闭的院落变为邻里与游客共享的公共空间。

多维复合，拓展立体空间。可以通过屋顶或交通设施上盖空间叠加运动休闲、花园、自然教育等功能，大规模增加公共空间。例如，以深圳地铁2号线车辆维修段上盖空间为例，其建成后一直是消极利用的绿地，在片区更新中，通过丰富立体空间，增加排球、网球、足球等多种体育运动场所，成了专业运动员训练和周边学生、市民进行体育活动的基地。深圳福田区岗厦1980屋顶海绵花园由社会组织联合设计师和海绵城市技术顾问，依托海绵城市专项资金和社会捐赠，在城中村的屋顶空间增加了户外交往空间、自然种植空间以及运动空间，形成了集户外休闲与自然体验于一体的立体公共空间。可通过资金补贴或空间奖励，激励相关主体开发立体空间。新加坡市区重建局推出LUSH计划对符合要求的开发建设项目提供总建筑面积豁免或奖励的政策，国家公园局推出空中绿化激励计划，对屋顶绿化的建设成本给予50%的经费补贴。

慢行连接，优化空间系统。从整体布局出发，系统谋划、统筹考量空间要素配置，结合城市更新契机，完善公共空间慢行网络，链接并形成层级清晰、空间联动、功能互补的公共空间网络。具体可通过地面、空中、水上及其他立体复合方式灵活实现空间贯通，还可以通过连接建筑屋顶、加建平台实现慢行系统的连接。例如，深圳市深业上城通过两座600m的空中连廊缝合生态斑块、城市绿地、慢行系统等要素，并利用屋顶空间形成开放式步行街区作为连接面，有效避免车行交通阻隔割裂，不仅依托慢行连廊形成系统复合的公共空间，还最大限度地增强了公共空间的集群效应。上海滨江空间借助城市更新契机，构建了以滨江为主轴、有效链接腹地、纵横交织、立体复合的慢行网络体系，通过多类型、针灸式的设计实现了空间复合立体连接，新增慢行路径与多道合一的复合连桥打通慢行断点，加密与江岸垂直的慢行通道，衔接公共交通。此外，可加强公共空间的分时共享，对有条件通过改造共享使用的公共文化设施附属空间错峰使用，诸如学校建筑附属的操场等公共空间，将其变为城市公共空间的有效补充。

（2）空间激活——多方位内涵提升，多方式活力提振

拆围共享，塑造开敞界面。城市由于管理权属复杂等原因，造成空间割裂，存在众多物理阻隔，公共空间的使用有效度远低于空间效益本身。因此，可借助城市更新，拆除或改造围墙、围栏等物理空间屏障，激活公共空间界面，提升公共空间的开放性和可达性，有效盘活、整合围栏内外空间，统筹布局多要素，使之连接形成新的空间有机体，提供更为复合的公共功能服务。很多城市近年在“公园城市”理念的指引下展开了“拆围透绿”行动，通过拆除公园的围墙和围栏，向城市开放共享公园。郑州在2019年初开启的三大公园拆围透绿行动，清疏林下密闭植被，形成了开敞的草坪空间，设置休憩港湾、活动广场与景观廊架，变公园实体围墙为临街景观休憩带，最大化公共空间的公共价值与公共属性，成为市民新的空间活动载体。遇到无法拆改的围墙、围栏时，可以借鉴昆山对围墙、围栏进行的功能化改造做法，满足隔离内外的管理需求的同时，通过功能重组与空间重构，植入景观绿化及休憩亭阁、互动设施等，活化沿街界面，重构沿街界面的开敞度，使原本封闭的空间成为开放共享的场所，为市民在家门口提供便捷的休憩和交往空间。

场地改造，植入功能设施。“简单、粗暴是城市的天敌，复杂、包容、生长、多样是城市的天性”①，依托更新地区不同的自然资源、历史文脉和业态资源优势，聚焦公共开放性、功能完善性，以场地改造为契机配置公共功能、配套服务功能等，从人的使用需求出发，策划复合的空间功能，增添空间活力。空间更新中可重点增加休憩设施、体育设施及商业设施等欠缺的功能，植入的方式有永久性功能模块及临时可移动功能模块两种，可根据具体情况灵活设置。成都交子金融大道通过改造提升为公共空间赋予了更多功能属性，创新利用50m宽的绿化带结合建筑退距区域，植入多达26处“功能场所”和“商业盒子”来承载休闲生活、文化艺术展览、创新消费业态和优质商业资源，汇集公共活力，创造了新场景、新活力。

艺术融入，提升环境景观。以深圳市人民南商圈更新为例，区别于重投资、大面积拆改的方式，以片区环境品质提升作为切入点，以“国际范、艺术化”为总体方向，引入世界顶级公共艺术品，全域景观家具将采用艺术定制化设计，引入露天全景沉浸式艺术灯光秀，通过原创性、艺术化的呈现方式提供极具吸

① 文林峰，杨保军．全面实施城市更新行动　推动城市高质量发展——专访住房和城乡建设部总经济师杨保军［J］．城乡建设，2021（16）：4-35．

引力的场所环境，强化场所活力。上海愚园路更新借由2017年“城事设计节”的契机，以“艺术策展式”的微更新理念，对街道界面风貌、环境景观进行多项更新，通过统一沿街店招、色彩控制、植入特色艺术空间，将百年老街转变为有内容、有韵味、有趣味、有温度、有未来的艺术生活街区。

（3）空间体验——全龄化关怀体验，在地化空间魅力

空间给予使用人群的感受直接决定了空间使用效率以及使用满意度。城市更新既需要尽广大也需要致精微，要坚持以人为本，从人使用的角度去营建公共空间，只有这样，城市更新才会得到更多人的认同和支持。营造空间体验的方式方法不胜枚举，可以在不同城市通用的经验包括满足原需、强化文化认同以及建立情感连接：满足原需即不同人需要的空间类型以及空间功能是具有显著差异的，因此需依据适合全年龄段的目标去打造公共空间，既满足全民诉求又可以契合特殊人群的需求；文化认同是在多个年代层积的场地文化中梳理、提炼最能够引起共鸣的部分，通过设计语言给予展示，对内可以保育在地文化特征，对外则通过不可复制的场地惟一性形成品牌吸引力；情感连接则是唤醒市民的主人翁意识以及家园情感，通过参与式的公共空间更新实现人与空间、人与人的再连接，从你的、我的、他的变为“我们的”，一旦情感的连接成功构建，那么还会实现从使用空间到主动运营、维护空间，实现共建共治共享的人民城市新格局。

全龄友好，提升人性体验。在空间环境上促进公共空间的“儿童友好”“老年友好”“青年友好”“特殊人群友好”，提供全龄化配套设施，塑造全龄友好型空间，提升公共空间的活力。不仅需要供给适宜全龄人群使用的空间形态，还要在空间功能上平等地满足不同年龄群体和弱势群体的需求，从公共空间的舒适性、丰富性、便捷性、灵活性、安全性等角度着手：儿童活动区域确保儿童使用安全，设置多元化的活动设施，增加儿童进行探索性活动的机会，周边灵活增加其他休闲设施供儿童的看护人使用；老人的身体机能逐渐衰退，公共空间设置应尽可能靠近居住地，设置大量休憩设施供老人休憩与社交使用。残障人士活动不便，公共空间应开敞、无障碍、方便易达，并配备无障碍交通系统和标识信息系统。深圳上步绿廊公园带将地铁开挖的裸露地更新转变为包容全龄人群的城市公园带，重视全龄友好和弱势群体的无障碍通行，全部出入口以坡道代替台阶，布置满足全年龄人群的功能分区，包括供3～8岁儿童使用的儿童活动区、服务9～12岁儿童的以宇宙探索及健康运动为主题的星球乐园、服务13～18岁青少年交往运动的综合运动区、服务青年人的环形跑步道及服务老年人的健身与休憩设施等，满足了全龄使用需求，激发了城市空间活力。深规院设计的深圳笋岗火车花园将

图4-34 深圳市笋岗火车花园

街角荒废的绿地改造为家门口的儿童友好空间，以“Nature Play”为核心准则，从环境安全、材料友好、植物友好、尺度友好、游戏友好的角度践行儿童友好理念，利用场地原有的天然草坡及旱溪构成了场地自然型的玩乐设施，通过儿童参与式设计，与儿童共同确定了以沙坑、梅花桩以及跷跷板为基础性的玩乐设施，满足儿童游玩和探索的需求，最后成了周边社区儿童的户外游乐场（图4–34）。

记忆复兴，维育人文意趣。历史文化遗产既链接历史，又与现代人生活相连接，是增强市民对公共空间的认同度的重要着眼点。城市更新可以将历史文化保护传承与公共空间营造紧密结合，融文化特色于空间，为公共空间赋予内涵和厚度，增强特色吸引力。上海滨江空间的更新充分挖掘并保护了滨江的历史文化遗产，针对历史建筑、工业遗存以及历史环境整体开展风貌设计，并策划了10条串联历史遗产的经典文化探访路线，通过历史特色空间复原、历史建筑提升改造、历史特色要素演绎、特色场景重现、特色景观家具、特色标识系统等方式，将上海的人文历史与公共空间巧妙结合。其中杨浦滨江段对老码头上遗留的工业构筑物、刮痕、肌理等进行保留，将原有高桩码头空间转变为承载大型活动的场地，将码头原有的起重机转变为滨江的视觉焦点和观景台，以图片、雕刻展现片区的历史文脉，使公共空间成为历史的展陈载体以及可参与的户外博物馆。上海滨江的一系列更新工作充分挖掘并保护了上海拥江发展工业的历史，并与滨江公共空间进行融合，不仅用“上海老味道”吸引着本地市民前来回忆往昔生活，还欢迎全国各地游客争相前来体验并了解上海历史文化，使旧迹斑斑的“工业绣带”蜕变为文化时尚的“生活秀场”。

共建共享，空间模式情感赋能。城市更新应鼓励模式与机制的创新，自上而下与自下而上相结合，以创新的设计方法、建设模式、运营模式，切实推动资源利用、资源整合，强化社会参与感、认同感和获得感。深圳市笋岗火车花园开展了共建花园行动，历经线上、线下投票共同选址，多次共同设计，共同建造工作坊，建成后与社区居民共同运营，以低造价、低维护的“群众路线”进行城市更新，探索了“政府+居民+社会组织+技术单位”的共创团队、“一小带一家”的参与机制及“居民自治+社区辅助”的自运营机制。通过全流程市民参与，以空间更新建造为媒介，使人与公共空间发生情感联系，吸引周边居民高频率使用并自发维护运营这片家门口的公共空间，使空间成为承载每个人的温暖城市记忆与情感的共同家园。

上海以老旧社区公共空间为对象，基于责任规划师制度，依托城市更新打造以社区为核心的公共空间，并以公共产权的公共空间更新带动私有空间的自主更新，实现公私合作共赢，锚固人与公共空间的情感联系及空间吸引。北京依托高校师生及国企大院的资源，从公共空间的日常性出发，采取社区规划师制度，对胡同空间进行自主更新的探索，充分调动高校师生、城市居民、具有社会责任感的设计服务单位，融合了原住居民和多元人群的生活，将其打造成为具有群众吸引力的当代特色公共空间和文化载体[①]，为老城自下而上进行公共空间更新提供了生动的样本。这些创新举措都不同程度地增强了社会各界对于公共空间更新的参与度和认同度，实现了“共商、共建、共治、共享”，赋予城市更新新的吸引力。

3. 以人为本，关注体验，塑造活力公共街道

在快速城市化发展时期，国内大多数城市的街道建设均采用优先保障机动性的“道路”模式，也客观留下了街道生活性功能不足的历史欠账。当前，国家提出践行“窄路密网”、引导绿色出行、提升街道品质等高质量发展要求，城市化程度较高的地区开始关注城市道路向活力街道的功能转变，各地政府部门也纷纷出台本地化的街道设计导则用以指导城市道路的品质提升，但从街道活化的推进实施情况来看，仍然存在一些困难和不足，主要包括：低等级道路和普通街巷的更新改造中重车轻人现象普遍、存量地区因道路空间受限导致街道公共空间难以拓展、重道路红线内各类设施主体的协调而轻街道活化参与者的共治、过于关注街道的工程设计质量而忽视街道的空间文化特质。

以北京、上海、广州、深圳为代表，一些城市在城市更新行动中通过引入市场或社会力量积极探索交通性道路向以人为本的活力公共街道的创新性转变，在促

---

① 侯晓蕾，郭巍．社区微更新：北京老城公共空间的设计介入途径探讨［J］．风景园林，2018，25（4）：41-47.

使街道价值从重视通行效率转变为关注使用体验、街道功能从侧重于道路交通转变为兼顾公共活动、街道改善从道路红线管控转变为空间协同共治、街道设计从工程项目思维转变为特色空间营造等方面提供了非常值得借鉴、推广的实践经验。

（1）回归人本视角，促使街道价值从重视通行效率转变为关注使用体验

与国外城市偏重经济效益的街道活化不同，国内城市更多的是将街道视作公共基础设施，以社会关注度较高、人流较密集的主干道路、商业步行街、历史街区等为对象进行活化改造，而次干路、支路以及社区街巷等很难得到更多的公共资源投入，仅限于为保障机动车通行效率进行的维持基本道路交通功能的常规维修养护工作，因此借助城市更新行动来对这些承载居民日常活动的低等级道路进行街道活化，显得尤为重要。无论是重建更新类还是微更新类城市更新，更新片区内的街道价值都需要从以往车本位的道路通行效率保障回归到人本位的关注街道参与者使用体验上来，契合城市更新行动改善宜居环境、提振社区活力的目的。

街道活化的人本回归，首要任务就是全面、精准地识别街道使用者的类群及其活动特征，最真实地挖掘街道活动背后动态的、社会化的组织逻辑，其次是按照活动属性针对交通出行、生活休闲、社会活动三类人群在街道空间内的活动体验需要给予相应的空间保障和人文关怀，从而为各类街道使用者量身定制街道设计方案（图4–35）。

（2）拓展空间边界促使街道功能从侧重于道路交通转变为兼顾公共活动

街道空间不仅仅是交通空间，更是城市交通与城市公共空间的共同载体，但在存量地区已建成的道路空间内开展街道活化捉襟见肘。以实现街道的公共空间属性为目标，在城市更新行动中借空间重塑之契机，将街道空间从原来的道路空间拓展至建筑前区，即建筑退线空间，从原来的平面空间拓展至地上地下立体空间，使得原有的道路空间属性权重降低，实现街道在承载交通基本功能的同时，

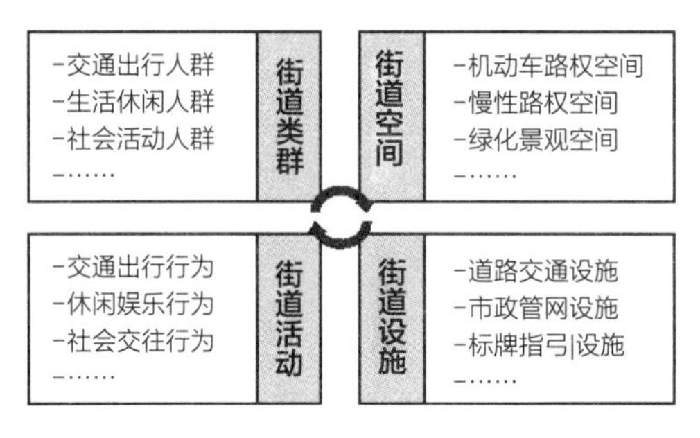

图4–35　街道设计内容要素构成

兼作城市公共空间的重要载体。

要实现街道空间由道路空间向城市公共空间拓展，不仅要在规划设计管理上对街道空间设计边界进行拓展指引，还要在空间拓展实施中不断创新设计手法、融入先进理念和高新技术。

随着智能自动驾驶技术的逐渐成熟和应用，未来城市空间布局和街道空间设计也将产生巨大的变化，智能自动驾驶的实现将极大地提高道路资源的使用效率，进而减少车辆对道路资源的占用，释放出更多的空间给予街道本身。

（3）突破条块分割促使街道改善从道路红线管控转变为空间协同共治

由于街道规划设计工作涉及众多沿线用地和物业的业主单位，道路的管理以道路红线作为用地协调和交通管理的边界线，红线内外的管理主体不同，仅道路红线内就涉及交通、市政、城管等十几个部门单位，条块分割管理制度给街道整治工作带来巨大的困难。城市更新行动提供了一个协同共治的工作平台，使更新主体进行多部门协调、公众参与，实现完整街道的改善成为可能。通过制定街道设计导则，实现多专业衔接、多部门协同；通过在更新规划中开展城市设计，协调街道的空间风貌特色，实现街道与城市环境的协调衔接；通过城市更新实施主体从规划、设计到施工实现街道设计的一体化衔接，保障街道价值和功能的实现。

要实现街道活化参与者的协同共治，应充分借助城市更新项目平台梳理清楚政府、市场、社会、公众等各类相关主体的参与角色和分工，通过全过程的互动反馈多轮迭代街道设计方案。在街道设计的参与角色分工方面，政府职能部门通过制定相应的设计标准、指引导则等相关技术文件来规范街道设计的具体内容与流程；规划设计人员则负责街道设计过程中的问题识别与技术方案；更新实施主体则从经济利益发展的角度出发探索街区的转型与发展，保障街区活化工作的可持续性。另外，一些社会组织或志愿者可以凭借自身的专业素养与热情参与到街区问题的研究中，用非传统的方式与方法，开展社会传播，带动公众参与。例如北京大栅栏在探索更新改造之初就成立了一个开放的工作平台——大栅栏跨界中心，作为政府与市场的对接平台，在这个平台上，通过与城市规划师、建筑师、艺术家、设计师以及商业家合作，寻求街区的更新与改变。深圳南头古城也因深港双年展契机，整合了艺术家、建筑师、企业、政府、学校等资源，对历史街区的活化进行了一些探索与尝试。

深规院在城市街道治理的规划设计实践中，聚焦于步行空间全要素，针对街道治理要素多、协调难的现状痛点，协助政府制定街道整治工具箱和全周期标准化的闭环流程，打造舒朗宜行的街区空间，进而提升城区活力和品质（图4–36）。

图4-36 深圳市盐田路街道改造
（来源：深圳市城市规划设计股份有限公司；Chitt Shine 丘文三映）

另外需要强调的是，目前在政府部门主导的街道改造项目中，更关注街道作为公共基础设施进行改造后带来的社会效益，并不会考虑其经济效益，而城市更新行动中的街道活化，除了需要积极争取政府财政的支持外，更加需要更新实施主体重视街道活化的商业价值评估，在充分结合街区空间优化和商业开发策划的同时，探索创新更加多元的街道更新机制。

（4）植入精品理念促使街道设计从工程项目思维转变为特色空间营造

过去，街道整治往往局限于工程项目思维，最终只是做了设施翻新、穿衣戴帽的表面功夫，难以达到吸引人群活动、激发街道活力的目的。通过城市更新行动进行品质提升、改善人居环境、营造特色文化的高质量改善工作，街道作为社区更新的重要组成部分，能够植入多元设计的精品理念，结合城市特质对街道进行特色化的空间营造（图4-37）。

每一条公共街道都应该赋予独特的活力特质，作为城市公共空间体系的重要构成，街道空间要对使用者的活动需求进行功能承载和积极响应，植入多专业融合、全空间设计等设计理念，以期成为整个更新项目打造精品的重要亮点。高品质的街道需要首先从技术上打破各专业之间的分隔，只要是有人活动的空间，都应该统一纳入整体规划设计范围内，避免由于专业的分隔造成活动空间割裂以及设施使用不便①；在规划设计阶段，应建立多专业团队，引入城市设计、景观设计、道路工程设计、管线设计、交通管理、风貌保护、文化保护、商业策划等专业团队；突破传统道路工程设计思维，以街道全空间为设计对象，对车行道、人行道、绿化带、建筑前区、街道设施、微型公共空间等全要素进行统筹考虑，开

① 戴继锋，李鑫．新时代街道规划设计工作的实践与思考［J］．城市交通，2019，17（2）：17-25.

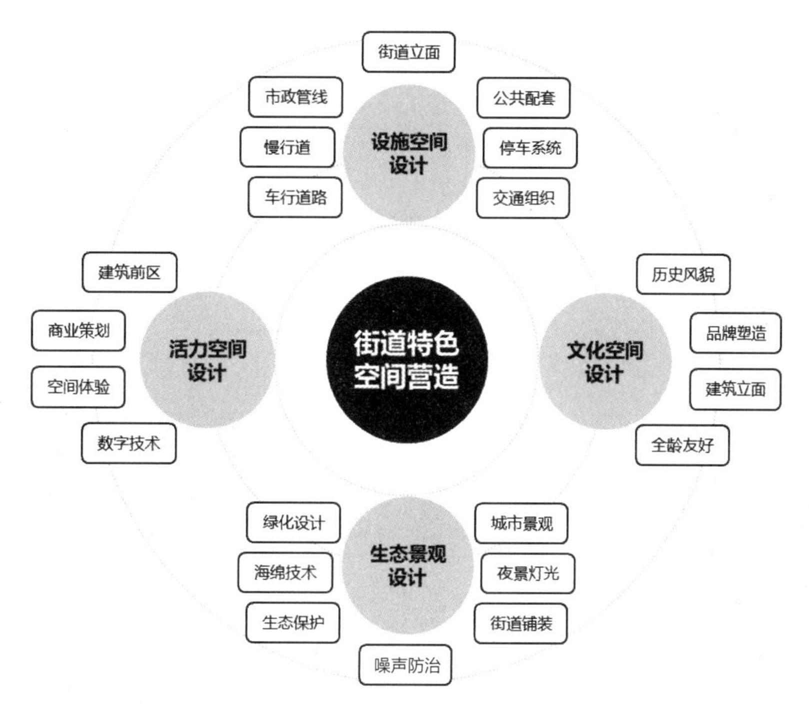

图 4-37　街道特色空间营造的多元技术交互示意

展精细化和特色化设计①。

4. 促进城市空间的文化生成和可持续发展

纵观国内外，城市公共艺术在城市建设、更新和城市美学形象塑造过程中扮演着重要的角色，成为“城”与“人”的精神、情感交流的重要切入点。深圳通过一些创新实践探索，推动着艺术向前发展。其中以深圳市福田区中康路的公共艺术项目为例，在长1km的“一街一路”的更新建设中，将艺术作为重要专项组成部分进行统一策划与设计，充分发挥公共艺术的在地性、互动性、开放性与包容的参与性特征，通过引导、沟通、协同创作和场景营造，结合艺术活动整合政府、社区、公众、艺术家、设计师等资源，通过艺术塑造“中康艺术长廊”的全新面貌（图4-38）。

（1）在地性，微介入方式加强艺术的空间融入

在城市更新中，可以用微介入的视角重新审视空间，从实际的空间需求出发，更精准地体现城市美学。与此同时，亦需要艺术家懂得适当地妥协和让步，

① 王韡，李海军，马成喜，等．武汉市街道全要素规划设计试点实践与后评估［J］．城市交通，2021，19（1）：74-81.

图4-38 “中康艺术长廊”街道景象（2019~2020年）
（来源：张晓飞）

接受在公共艺术介入机制约束下产生的成果。比如通过老旧墙体的艺术化改造，电箱、井盖等设施的艺术化处理，短时效的艺术品展览展示等艺术融入方式达到精细化品质提升的目的。以中康路围墙更新为例，作品《都市风景线》和《梅林印象》巧妙地利用饱含在地元素的剪纸艺术作品，在留住老墙的同时，赋予其全新的形象和活力。通过艺术家的在地性微介入手段，能让城市空间更具独特性和艺术性（图4–39）。

（2）参与性，增强公众的互动共创

艺术融入城市公共空间后，它就不再是美术馆内高高在上的形象了，既需满足艺术水平的高度、观念角度和态度，又得显得平凡而贴近公众的温度，从而成为市民生活的一部分，让艺术激发城市活力，让市民拥有更大的幸福感和归属感。“中康艺术长廊”是通过艺术展览和活动，整合一批居民、艺术家、设计师、高校师生、艺术爱好者及艺术推广志愿者共同打造而成的。艺术家与空间和居民产生了更多的互动交流和对话。这里的市民开始尝试接触艺术，了解和阅读艺术，最后接受了艺术，共同参与艺术的创作。由此让市民对城市及生活街区产生了更多的认同感和荣誉感。

《都市风景线》

《梅林印象》

图4-39 废旧围栏改造，26个梅花的生长画面
（来源：潘英标）

（3）可持续，注重文化艺术的延续及生长

城市更新中美学品质的提升，需要在市民及管理者的共建、共享、共生中逐渐形成。空间的持续生命力需要内容的更新和运营，需要时间促使城市文化的生成及延续“生长”。在第五届深圳公共雕塑展中，建筑师将破旧的围墙转变成了“墙美术馆”空间，拓展了文化生长的更多可能性，但后续因缺乏运营管理，目前处于暂时空置状态。在第六届深圳公共雕塑展中，充分利用“墙美术馆”空间，设置了“深圳公共雕塑四十年图文展”专题内容，重新激活了空间。

公共艺术教育和传播是城市更新中文化生长的另一重要组成部分。中康艺术长廊在构建过程中结合艺术展征集了多个批次的导览志愿者，开展专业的艺术作品欣赏的导览培训、对社区在地人文的介绍培训，这些由不同年龄段的居民组成的志愿者团队，成为日后街区文化艺术的推广和传播者。一场场导览及培训活动让越来越多的人了解他们的生活空间和他们的在地文化，以裂变的方式推动着城市文化的持续更新及不断生长。

5. 城市设计贯穿全程，加强要素管控传导

在新时期城市高质量发展导向下，在城市更新中加强精细化的城市设计传导管控具有重要意义。目前城市设计在城市更新规划体系中纵向传导机制尚不完善，管控要素和方式尚不明晰。在实践中，城市更新项目常呈“小型化”“碎片化”，更新规划中的城市设计偏微观层次，缺少宏观层面的空间引导与中观层面的统筹衔接，即使项目层面做了精细设计，仍会造成对城市整体空间格局破坏的情形。因此，有必要将城市设计纳入各层次的城市更新规划中，建立宏观（城市）–中观（片区）–微观（项目）的设计传导管控机制（图4–40）。

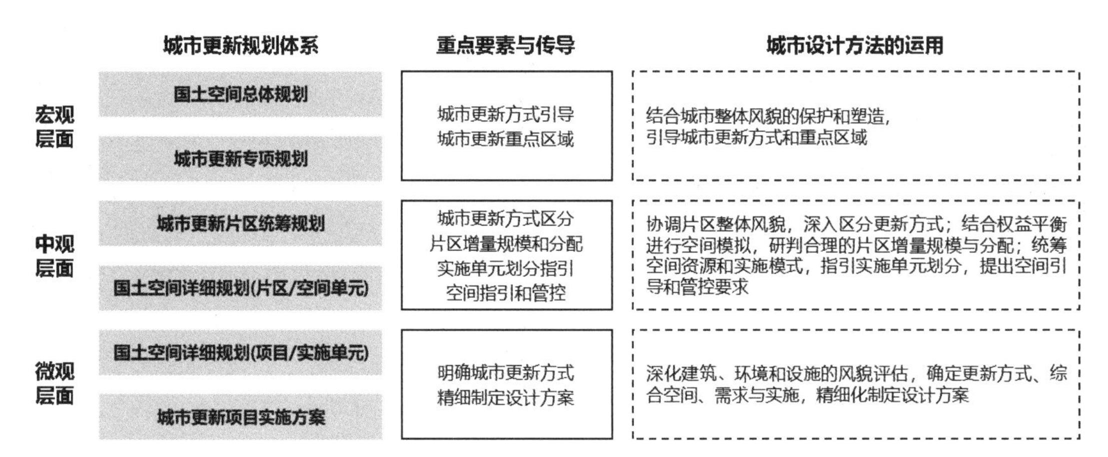

图4-40　各层次城市更新规划中城市设计方法的运用

在宏观层面上，城市更新规划需要结合城市设计更好地协调与塑造城市整体风貌格局。城市更新改造，尤其是涉及拆除重建的部分，由于利益平衡的需要，往往建筑量翻倍，由低层建筑变为高层建筑，因此城市更新规划中“留改拆”的研判不仅需要考虑城市发展目标和现状问题，还需要运用城市设计方法，研判其对城市空间风貌格局的影响。目前不少城市开始探索加强宏观层面的城市更新引导，建议在国土空间总体规划和城市更新专项规划中结合高品质城市空间发展目标，衔接总体城市设计要求，开展城市设计专题研究，将城市整体风貌保护和塑造要求，落实到存量空间，提出城市更新方式、更新重点片区的指引要求。

以《中山市城市更新（“三旧”改造）专项规划（2020—2035年）》为例，通过同步编制城市空间品质专题研究，充分衔接国土空间总体规划和相关城市设计要求，面向存量空间资源构建城市空间形态基础模型和评估体系。一方面引导城市发展战略节点合理推进全面改造，塑造城市空间新形象。另一方面加强环山、滨水和历史文化资源富集区的城市更新风貌管控，凸显山水格局。并且划定优先微改造、优先政府整备和优先连片改造等更新方式的指引范围，明确重点更新单元，并在城市更新单元指引中提出城市空间的引导要求。同时，在老城区周边划定“特殊协调”范围，在该范围内严格要求以微更新为主推进老城区品质提升，并要求该范围内的全面改造项目须符合有关历史文化保护、城市天际线、建筑高度和景观视线廊道等管控要求。

在中观层面的城市更新规划中，需要依据上层次规划的空间引导和管控要求，结合城市设计加强片区空间资源统筹，深入梳理片区发展特征，基于目标导向、问题导向、结果导向，考虑更新意愿诉求、经济利益平衡等因素，将空间规划与权益分配双向调校，进一步统筹片区城市更新的“留改拆”范围，论证、校核片区总量等规划条件以及经济指标分配的合理性，统筹空间资源要素，以城市的整体综合效益最大化为目标，保障公共利益，明晰片区空间布局、功能、风貌、尺度、公共空间等方面的引导要求，将空间要求传导至下层次更新实施单元详细规划和实施方案的编制中。

在微观层面的城市更新项目规划中，应开展精细化的方案设计，优化空间组织，提升环境品质，加强各权利主体和公众参与，以人为本、以需求为导向，指导建筑、景观、工程项目的开展。例如，深圳在《深圳市拆除重建类城市更新单元规划编制技术规定》中，明确更新单元规划应开展城市设计专项研究，要求重点针对城市空间组织、公共空间控制、慢行系统组织、建筑形态控制等内容进行深入研究，明确城市设计要素和控制要求。尤其对于综合多种更新方式的有机更新项目而言，则需要开展更为精细的设计，并结合投资估算，匹配更新实施和投融资模式，反馈调校方案设计，并与功能策划与运营维护相结合，引导政府和社会资金的精准投入，形成契合实际、面向实施的空间品质最优方案（图4-41）。

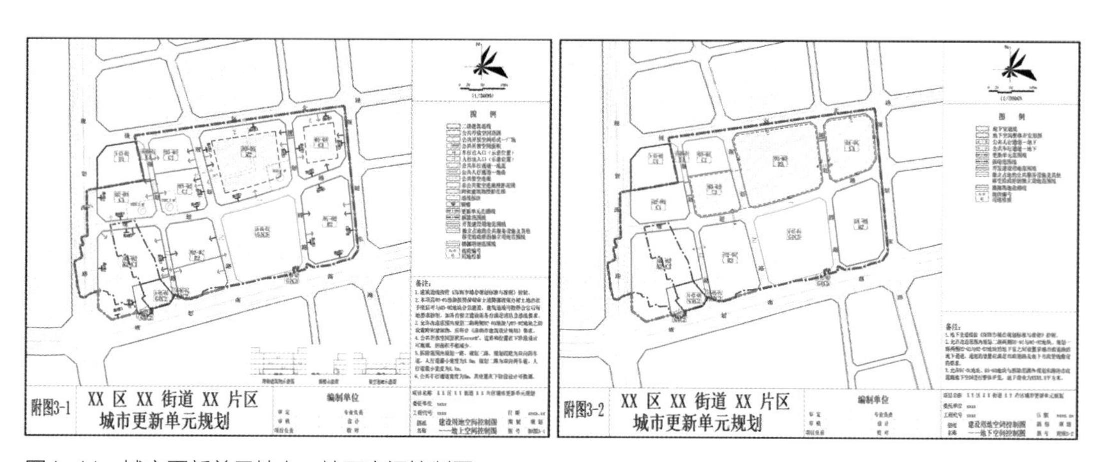

图4-41　城市更新单元地上、地下空间控制图
（来源：《深圳市拆除重建类城市更新单元编制技术规定》）

4.3.8　保护活化传承历史文化

随着我国城市开发建设从增量外延扩张转向存量内涵提升，历史文化的保护传承成为推动实施城市更新行动、塑造城市独特魅力、推动城市高质量发展的重要议题。当前，国家高度重视历史文化保护传承，相继出台了《关于在城乡建设

中加强历史文化保护传承的意见》《关于在实施城市更新行动中防止大拆大建问题的通知》等一系列文件，强调在实施城市更新的过程中要着重关注历史传承与魅力塑造，突出城市特色，提升城市魅力，营造出兼具历史底蕴和现代气质的城市文化秉性。与此同时，北京、上海、广州、深圳、成都等城市对历史文化保护和传承活化进行了诸多探索，在杜绝大拆大建、保护历史文化及风貌的原真性、分级保护方式、活化思维的转变、运营模式以及调动多元主体的力量等方面积累了大量值得借鉴推广的实践经验。

要想实现历史文化的精髓传承，合理保护与再利用是更新路径的核心原则。从保护和更新两个视角入手，本着坚持“历史文脉的真实性、环境风貌的整体性以及保护要素的多样性”的原则，通过评估遗产价值，采用“强保护、微更新、重活化”的策略，找到开发与保护之间的最佳平衡点，让两者形成协同关系，同时充分调动多元主体的力量，为历史文化遗存更新活化的可能性和多样性提供保障，寻求共生之路。

更新过程中，要保证历史文化的“历史真实性”“风貌完整性”和“要素全面性”。我国学者阮仪三等①提出，文化遗产与原真性的内涵始终处于不断发展变化的认识过程中，创新、融合和发展的前提是保持内在历史信息和文化价值的协调一致。针对部分破损的文化遗产，如特色的历史环境、风貌建筑和景观要素等，保留其风貌的完整性延续的是一种生活方式，是对其文化价值的最大化挖潜。保证要素的全面性是前两者的前提，所以深度挖潜保护要素也至关重要（图4–42）。

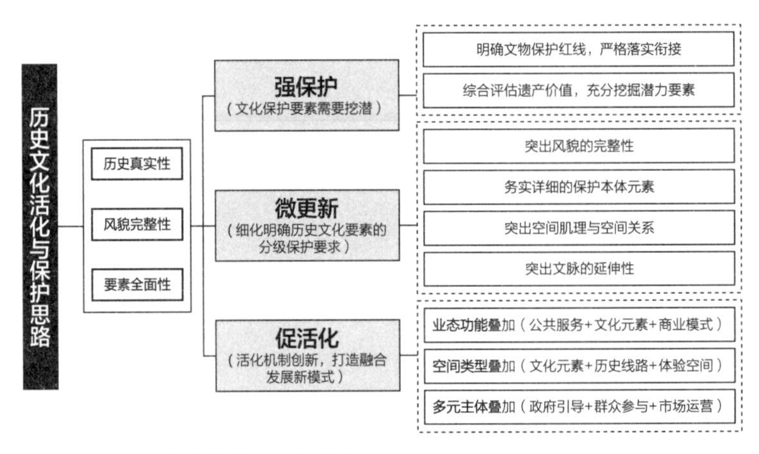

图4-42　历史文化保护的工作重点

① 阮仪三，林林．文化遗产保护的原真性原则［J］．同济大学学报（社会科学版），2003（2）：1-5.

1. 深度挖掘各类历史文化保护要素

（1）适当拓展历史文化要素的保护范畴

从文化保护要素的角度来说，主要可分为物质文化保护要素和非物质文化保护要素。物质文化保护要素包含空间格局与脉络（如山水格局、城市肌理、文化线路、传统街巷、空间尺度、公共场所、边界等）、既有建构筑物（如各级文物保护单位及不可移动文物、历史建筑、古遗址、工业遗产等）、历史环境要素（如古树名木、古井、古牌坊等反映历史风貌的景观风貌要素等）和具有时代印记的物质文化及其他呈现形式的要素（如传统材料、符号印记、形式、色彩要素等）。非物质文化保护要素包括传统手工艺（榫卯匠艺、印染、编织以及建筑建造等流传至今的传统技艺）、民俗文化（地域语言文化、传统习俗、社会活动、仪式等）、名人典故（名人故居、名人传记等）和历史事件（历史上具有纪念意义的重大事件及相关遗存）。不论文化要素是以哪种形式遗存，都应得到良好的保护。

从文化保护范围的角度来说，除了被划入城市紫线保护范围的片区和已列入历史文化保护名录的建筑和文物、历史文化街区、历史地段外，还应包含与之相互依存的自然与人文环境，具体可分为有价值的历史文化、城市记忆以及具有风貌特色的区域等，这些都是城市特色的重要组成部分，在人文特色城市的发展中有着不可或缺的作用。在文化传承的过程中，不仅要重点关注紫线内的文化遗产是否得到很好的保护与活化，也应考察法定范围外那些具有历史人文价值的文化遗产是否得到了有效延续和保护发展。例如在深规院编制的《以微改造式“绣花功夫”推动罗湖区有机更新研究》中，通过梳理罗湖城区发展脉络，识别了三类历史文化资源，包括体现深圳源头文化的元勋旧址、湖贝古村、思月书院等文保单位和历史建筑，凝结改革开放记忆的罗湖口岸、深圳证券交易所、国贸大厦、地王大厦等标志性建（构）筑物，承担文化展示功能的深圳大剧院、深圳戏院、罗湖美术馆等文化建筑，这些要素中很多并未达到历史建筑保护的级别，然而却是深圳发展历程中宝贵的历史记忆和城市文化载体，在城市更新中需要有效保护和发展。因此，在实践过程中，突破紫线的界限，拓宽文化保护范围，深度挖潜并识别有保护价值的文化要素，是文化传承的必然方向，是未来塑造城市特色、可持续发展的必经之路。

（2）有效识别各类历史文化保护要素

对于开展了历史文化名城、名镇、街区等保护规划的城市和地区，各层次的城市更新规划需要进行有效衔接，将规划中明确的各类历史文化保护要素、范围和保护要求纳入城市更新规划。对于其他城镇和地区，则需有效衔接各类历史文化保护名录，将名录中列出的各级文物保护单位及不可移动文物、历史建筑、古树名木等纳入城市更新规划，详细校核其空间位置和保护范围，作为识别各类历史文化保护要素的基础。

开展深入细致的历史分析和现状调查。在中微观层面的城市更新规划中，特别是针对历史文化资源富集的地区，需要开展详细的历史分析和现状调查，充分识别各类历史文化保护要素。一方面，需要针对规划范围及周边开展历史分析，通过历史文献查阅和专业人士访谈等，系统梳理建成区的发展脉络和建设历史，总结历史进程中的典型文化和相应遗存，寻找与规划范围相关的历史事件、名人典故、民俗文化等；另一方面，基于历史文化保护规划和相关名录，深入开展现状调查，识别传统空间格局、建构筑物、环境要素、时代印记等，校核各类历史保护范围，发掘既有保护名录以外的重要遗存，并对已消失的重要历史文化要素（如已拆除的城墙和标志性建筑、被填埋的河道等）进行定位和标记。

建立历史文化保护要素清单。鼓励在中微观层面的城市更新规划中，基于既有保护名录和现状深入调查，建立历史文化保护要素清单，进一步明确规划范围及周边的保护要素，方便各方主体快速查询，并为后续规划设计和项目审批提供有力支撑。历史文化保护要素清单需要明确各类要素的名称、详细位置、要素类别、保护级别、保护范围和要求等，并将其纳入信息管理平台，形成历史文化保护要素分布图。

2. 细化明确历史文化要素的分级保护要求

历史文化遗产需要进行严格的保护，但并不意味着完全封存原貌或者恢复某一特定时期的形态，恰当的更新有利于遗产的利用展示，而正确的保护可以丰富更新的特色和意义①。在城市更新规划中，需要落实有关法律法规和专项规划要求，结合遗产价值评估，提出不同程度的保护与更新组合方式，在保护历史文化遗产的同时，满足城市和人民发展的需要，赋予新功能，焕发新活力，促进文化的传承和复兴。

对于纳入法定保护体系的历史文化要素，严格落实相关保护要求。一般而言，对于各级不可移动文物和历史文化街区、名镇、名村、历史风貌区等的核心

① 霍晓卫，徐慧君，胡笳，等. 城市更新中遗产保护的阶梯式介入［J］. 上海城市规划，2021（3）：81-87.

保护范围，应以保护修缮和公共设施提升为主，原则上不得进行新建、改建、扩建；对于建设控制地带，新建、改建、扩建建筑应在高度、体量、色彩等方面与历史文化风貌相协调，新建、扩建、改建道路不得破坏历史文化风貌；对于与历史文化风貌不协调的建筑，则需提出整治改造要求。

未纳入法定保护体系的历史文化要素，通过价值评估进行分级保护。对于未纳入法定保护体系的文化遗产、特色风貌建筑和景观要素等，可基于久远度、稀缺度、完整性、艺术价值等评价因子进行综合评估，识别各类历史文化要素的保护价值，进而参照法定保护体系，分级设定保护要求，建立预保护制度。对于价值突出的历史文化要素，应上报相关主管部门，纳入历史文化保护名录或预备名录，以进一步加强保护要求的法定效力。

此外，对于历史空间格局，需加强对城市山水格局、空间肌理、传统街巷、公共活动空间和河道等的保护，结合城市设计，明确空间管控要素，合理划定视线通廊，控制周边建筑的体量、高度、色彩和形式等。对于现状已消失的重要历史文化要素，可结合实际情况，通过遗址挖掘、河道复明、标识展示、原貌复建等方式，强化传统风貌格局和历史文化脉络。

清平古墟是深圳市四大墟市之一，2019年被列入深圳市第一批历史风貌地区，同年被列入七大有机更新试点之一。项目首先通过调查评估对建筑质量、建筑风格和历史文化等要素进行评价，提出建筑分级保护策略；其次通过“绣花”功夫进行织补式更新，依托原址修缮、加固整修、增加辅助性公用设施、立面整修等手段对重点场所进行营造，对部分构筑物进行点状拆除，形成体系化的公共空间与街巷系统（图4–43）。

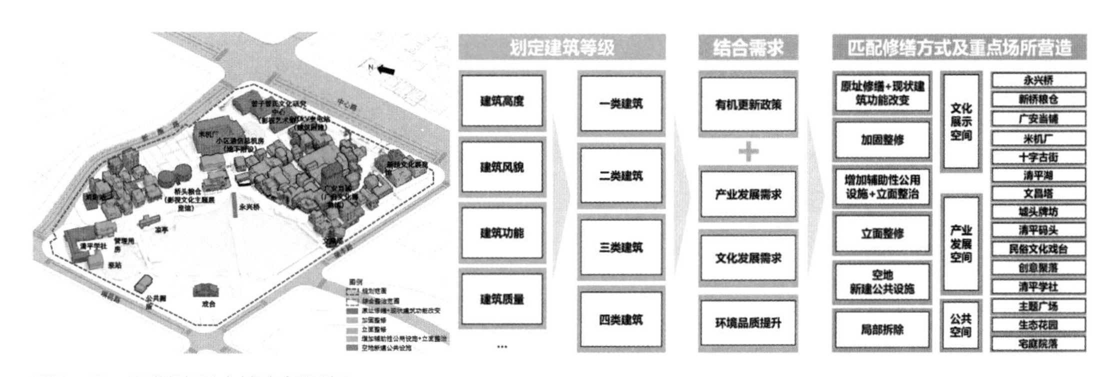

图4–43　深圳清平古墟有机更新
（来源：深圳市城市规划设计研究院股份有限公司，《深圳宝安清平古墟有机更新规划设计》，2020）

3. 多元途径推动历史文化遗存活化复兴

在我国早期高速发展阶段，由于文化保护意识较为薄弱，文化保护相关制度有所欠缺，保护方式匮乏等，导致大量历史文化要素的破坏与遗失，城市面貌逐渐模糊。随着社会经济的提升，我国的城市发展已经进入后城市化阶段，历史文化遗存成为塑造城市特色风貌、厚植城市文化底蕴、提升城市综合实力、吸引全球创新人才的重要潜力资源。面对这一宏观背景，历史文化保护需及时转换思维方式，由“拆建仿古工程”“复原造古面子工程”向“历史文化遗存活化”的保护利用思维转化，挖掘文化内涵，唤醒城市记忆，塑造特色空间，提升城市活力。

（1）结合城市发展格局，注入新兴功能业态，激发空间活力

对历史文化要素的活化利用，需要充分考虑城市的发展阶段和所在区域的功能格局，结合遗产保护要求和禀赋特征，优化功能业态，激发空间活力，使文化遗产重新融入城市发展的总体格局。例如在上海上生・新所更新案例中，项目原为上海生物制品研究所（以下简称“上生所”）办公和科研产业园区，上生所搬迁新址后，空置数十栋原办公、科研和生产车间，其中多座建筑为建于民国时期的优秀历史建筑，如孙科别墅、哥伦比亚乡村俱乐部等，该项目在满足历史建筑保护要求、延续原有空间风貌特征的前提下，转变原有科研产业功能，引入办公、商业、文体、休闲等功能业态，形成了功能复合的公共开放街区，为周边居民和更大范围的市民提供了全年、全天候开放的街区，商业布局既提高了租金回报又提供了服务配套，更增强了园区的公共性和活力。需要注意的是，历史文化遗产应合理把控功能业态，注重商业与文化功能的平衡，避免过度商业化和业态同质化的出现。

（2）织补城市空间，串联历史文化遗存，构建特色文化线路

对于大部分建成区而言，历史文化要素往往散布在风貌一般的老旧城区之中，难以通过整体改造形成风格统一的特色风貌街区。针对该类情况，可通过空间织补的方式，结合老旧小区改造、街道及立面综合整治、街头和滨水绿地景观提升等，串联散布的历史文化要素，形成特色文化线路。文化线路可以通过引入传统建筑材料和符号、统一标识设计、置入主题性的景观小品和文化活动设施等，彰显文化底蕴，烘托文化氛围。例如在浙江“文里・松阳”街区更新中，通过蜿蜒的廊道串联文庙、城隍庙和零星老建筑，在廊道沿线置入新建的书吧、咖啡店、特色酒店等，融合历史建筑和现代生活，形成了特色文化活动空间[①]。而在深圳清平古墟有机更新中，为激发城市活力，引入影视产业，并结合历史文化资

① 家琨建筑.“泥鳅钻豆腐”，文里・松阳街区保护与更新［EB/OL］.（2020-08-27）［2022-05-16］. https://www.archiposition.com/items/4e2bdce3f8.

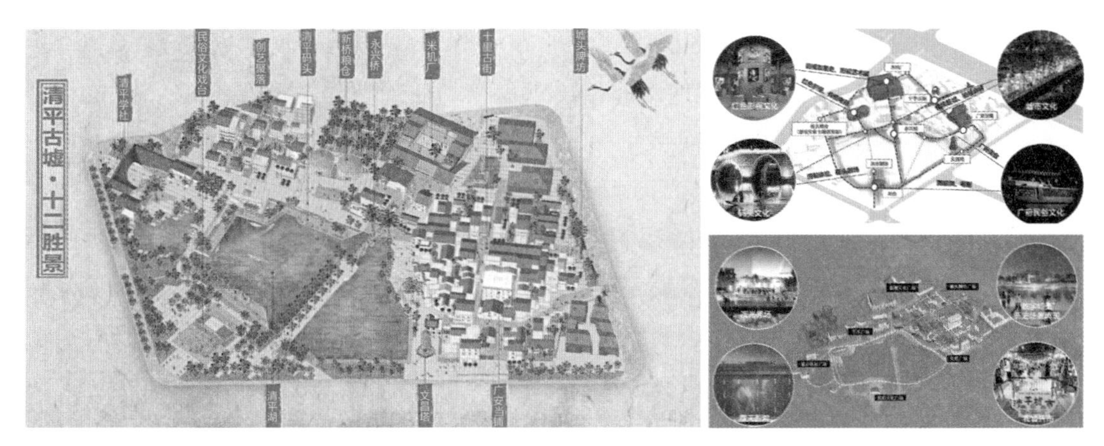

图4-44　深圳清平古墟有机更新策划的主题及游览路线
（来源：深圳市城市规划设计研究院股份有限公司，《深圳宝安清平古墟有机更新规划设计》，2020）

源形成“十二胜景”，进而策划了大众、艺术家、夜游等不同游览路径，形成了多样化的空间感受，营造出了沉浸式文化体验空间（图4-44）。

（3）调动多元社会主体参与历史文化的保护与活化

历史文化的保护和传承，还需充分调动社会主体参与的积极性，使历史文化充分融入居民日常生活，并形成更加长效的管理维护机制。鼓励城市更新规划积极探索历史文化遗存活化的运作模式与机制，加强在地居民、政府和开发公司的整体合作，鼓励居民根据实际需求优化空间或用地的功能，充分利用使用权或产权“加盟”街坊的整体保护与更新，增加在地居民在历史风貌保护中的积极性和主观能动性，实现经济利益和社会网络的维护。

同时，结合历史文化遗存特征，可适当引入市场力量进行修缮活化和长效运营。政府投入、市场运营的微改造更新方式，可以通过市场机制和营销手段，充分挖掘与合理开发城市自身资源，科学地组织资源、资产、资本、资金的市场化运营。

4.3.9　生态修复提升环境质量

生态系统是城市重要的组成部分，有滞尘降噪、雨洪调蓄、调节小气候、固碳释氧、休闲游憩等多种功能，然而早期较为粗放的城市开发建设模式导致城市出现了绿地系统碎片化、水环境污染、土壤环境污染、山体破损①、生物多样

① 彭小凤．靶向识别城市更新单元生态问题及修复策略研究［C］//谢家强，曾小瑱，崔红蕾．中国城市规划学会．面向高质量发展的空间治理——2020中国城市规划年会论文集（08城市生态规划）．北京：中国建筑工业出版社，2021：625-639.

性衰退和同质化[①]等生态环境问题。由于生活水平的提高，人们对亲近自然空间和人居环境品质提升的需求随之提高，城市生活环境从最基本的“卫生城市”向“生态宜居城市”转变，通过城市更新开展生态修复是缓解城市生态环境问题、改善和提升城市宜居品质的重要途径。2016年，联合国住房和城市可持续发展大会提出“新城市议程”，强调了更绿色与更健康、更具韧性的城市之间的关联。2017年，住建部发布了《关于加强生态修复城市修补工作的指导意见》，提出了加快山体修复、开展水体治理和修复、修复利用废弃地和完善绿地系统的生态修复要求，使生态修复成为城市更新的重要内容。2020年，住房和城乡建设部发布《实施城市更新行动》解读，将实施城市生态修复和功能完善工程列为城市更新的目标任务之一。2021年“实施城市更新行动”首次列入政府工作报告、“十四五”规划，进一步上升为国家战略。同年10月，中共中央办公厅、国务院办公厅印发《关于推动城乡建设绿色发展的意见》，要求推进城市更新等行动，加快转变城乡建设方式，促进绿色转型，提出协同建设区域生态网络和绿道体系，衔接“三线一单”，改善区域生态环境。2023年自然资源部制定了《支持城市更新的规划与土地政策指引（2023版）》，提出坚持底线管控和坚持绿色低碳等基本原则，并进一步明确了更新重点和路径，提出重视将城市蓝绿空间等生态系统要素有机纳入城市公共空间体系，在保护和修复生态系统功能的基础上着力提升城市公共空间的环境品质和生态服务功能的要求。在地方层面，深圳、广州等城市更新相关规划在落实国家要求的基础上，提出鼓励城市更新与生态修复工作相结合，通过城市更新优化生态环境，促进城市生产、生活和生态空间有机结合。

因此，基于城市更新的生态修复规划，核心是协调山、水、城的关系，以提升城市空间生态环境品质为导向，衔接周边区域整体生态格局，落实国土空间规划生态保护修复和生态控制线管控要求，精准识别城市更新单元存在的主要生态要素问题，统筹考虑水系、绿地、土壤等生态系统修复及城市物理环境的品质提升，综合提出生态保护、修复和提升方案，提升生态系统服务功能，提供优质生态产品，促进城市与自然共融共生。

1. 预留生态空间及生物通廊

生态空间是国土空间的重要组成，是人类赖以生存的物质基础和社会经济发展的本底条件[②]。生态保护是维护国家生态安全，细化国土空间规划中生态管控要

---

① 达良俊. 生态学视角下的城市更新——基于本土生物多样性恢复的近自然型都市生命地标构建［J］. 世界科学，2021（12）：30-31.

② 吴健. 王菲菲，胡蕾. 空间治理：生态环境规划如何有序衔接国土空间规划［J］. 环境保护，2021，49（9）：35-39.

求的重要手段。一些城市更新片区处于城市重要生态节点或生态廊道上，但规划场地内往往存在建筑人口密度高、绿地覆盖率低或土地裸露、植物稀疏的特点，阻断了生态廊道在空间上的连续性，影响了生物的空间迁徙，破坏了城市生态系统结构的完整性。例如深圳市罗湖区湖贝更新片区现状绿地量少，无法与周边绿地系统进行良好衔接，成为罗湖区绿地系统建设的洼地，难以在空间上发挥生态跳板作用（图4-33）。因此，更新片区的生态修复首先要从区域的视角明确生态区位，衔接周边区域整体生态格局，落实国土空间规划中的生态保护和蓝线、绿线、生态保护线等控制要求，识别、疏通、连接重要的基质、斑块，预留生态空间及生物通廊，提出优化更新片区的生态网络策略。以往的城市建设常通过打造地标性建筑来彰显城市人文环境的内涵与特质，城市更新中注重生态空间保护与修复和生物多样性的提升，也为城市建立绿色生态地标提供契机[①]。

2. 修复水、绿地、土壤生态系统

城市更新需要评估单元及周边各类生态要素，确定更新单元的核心生态环境问题。城市更新涉及旧工业区、城中村等不同类型，需要评估不同类型更新片区的核心生态环境问题（表4-2），进行水体、绿地、土壤等要素的修复。

不同类型更新片区的生态环境问题 表4-2

更新地区类型	具体表现	有关实例
旧工业区	·部分旧工业区可能位于生态控制范围内，存在较大水源、土壤污染隐患； ·土壤污染企业多，企业方向多样，涉及污染物种类多； ·旧工业区土壤污染重点行业搬迁，遗留棕地问题，污染涉及地下水、地表水、建筑物以及其他环境物质的污染等； ·绿地率低，存在较多生态廊道断点。	更新片区局部受到垃圾堆放场重金属污染
城中村、旧城区	·建筑密度高，绿地率低，硬质不透水下垫面比例高，严重影响自然水循环过程； ·存在占用河道和绿地、扩展庭院和道路等问题，排水系统不完善，垃圾堆放等导致河道堵塞、水质污染； ·公共服务及环境基础设施数量少、质量差。	城中村拥挤，绿地率低，硬质下垫面比例高，城中村垃圾堆放污染水环境

（来源：深圳市城市规划设计研究院股份有限公司，《深圳市城市更新单元生态修复规划及技术指引研究》，2017）

① 达良俊. 生态学视角下的城市更新——基于本土生物多样性恢复的近自然型都市生命地标构建［J］. 世界科学，2021（12）：30-31.

水体要素的修复应落实在蓝线保护的基础上，对地表水、地下水进行系统性修复。运用海绵城市理念，解析更新片区下垫面类型和特征，因地制宜设置海绵设施，提出从源头控制雨水径流、雨水资源循环利用的地表水文循环修复策略，实现地表水系空间生态护岸、亲水活力、水生生物多样性提升、调节微环境等复合功能。同时，结合海绵城市削减面源污染并涵养地下水的作用，恢复自然水循环系统。若更新片区存在地下空间，可建立地下水文模型综合评估更新片区地下空间开发对水文路径的影响，提出相应的优化措施。

绿地要素的修复重点在于提高绿化覆盖率、恢复生物多样性。注重保护古树名木及自然林地，若更新片区中存在山体，应考虑山体保护与边坡修复，结合生态格局构建多层、连通、微气候舒适的绿地空间，优化植被配置，提升乡土植物占比。在针灸式微更新中，绿地生态系统修复需要结合更新空间见缝插绿，采用屋顶绿化、口袋绿地等多种方式提高绿地覆盖率。例如深圳市罗湖区湖贝更新片区规划建设方案开发体量大，建筑群体密集，绿地生态系统修复因地制宜地采用地面绿化、屋顶绿化、连廊绿化、垂直绿化等多种立体绿化形式，构建了地面、墙面、屋面绿化相结合，创造“畅呼吸”的高密度城区绿色社区。

重金属或有毒污染工业企业搬迁腾出的用地通常存在土壤污染的风险，因此在城市更新中土壤要素的修复重点是改良土壤。针对历史上具有土壤污染潜在风险的用地，强化土壤质量检测及评估，明确适宜的更新用地类型，制定更新区域土壤修复与品质提升方案。以株洲市清水塘老工业区更新规划为例，有色金属冶炼和基础化工为规划区两大核心主导产业，区域更新治理面对的首要问题就是土壤污染，尤其是重金属污染。规划根据土地的污染程度，将清水塘用地分为重度污染敏感用地、重度污染非敏感用地、中度污染敏感用地、中度污染非敏感用地、轻度污染敏感用地、轻度污染非敏感用地六个污染治理级别，继而针对性地提出土壤修复的生物、化学等治理策略，根据土壤受污染程度及其在城市中的交通区位条件来综合判断其未来再开发的土地价值，因地制宜地指导用地功能空间布局规划，实现城市区域转型整治过程中集环境、经济、社会等多层面、多目标和多措施地综合整治与更新。

3. 改善提升物理环境

城市更新片区由于人口和建筑的高密度聚集以及早期不合理的城市建筑交通空间结构，在城市空间形成了特殊的物理环境（包括风环境、热环境、声环境和光环境），物理环境与城市气候、能耗及人的舒适度和安全等密切相关。规划前期阶段考虑项目对地块及周边物理环境的影响，能够指导后期建设生态低碳、微风舒适的人居环境，尽量避免出现城市物理环境不良的区域，例如峡谷效应、旋风区、光照不足区、噪声严重区等。改善、提升物理环境首先要梳理更新片区的风、热环境情况，例如风速、风向、日照等自然气候要素，明确物理环境提升规划的边界条件。其次，可以通过软件模拟城市更新现状和规划方案中项目地块及周边地区的风、热、声、光环境，例如分析人行高度及重要中空平台高度的风速、风压、风舒适度等，分析整体方案下垫面铺装布局的温度影响情况，分析周边高架、隧道、道路的昼夜及高峰噪声影响，分析建筑间距与日照遮挡情况等，识别有问题的区域，得出相应分析结论①，针对规划道路、绿地、建筑布局等提出优化调整建议，为规划方案营造较好的物理环境提供技术支撑（图4-45）。

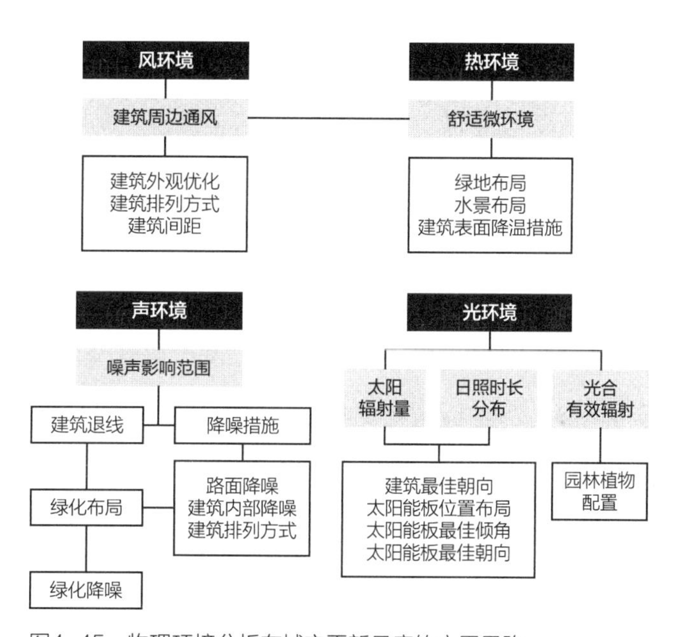

图4-45 物理环境分析在城市更新尺度的应用思路

4. 提高生态资源的价值“增量”

2021年，中共中央办公厅、国务院办公厅印发《关于建立健全生态产品价值实现机制的意见》，提出“推进生态产业化和产业生态化”，生态产品价值实现为更新片区可持续发展提供了新路径。然而，城市更新片区存在忽略生态资源或现有山体、绿地、水体等生态要素利用效率低下，自身吸引力不足、价值未被充分

① 李晓君．基于风环境模拟的城市更新规划方案优化研究——以深圳上步一单元为例［C］//中国城市规划学会．城乡治理与规划改革——2014中国城市规划年会论文集．北京：中国建筑工业出版社，2014.

挖掘和体现的问题。

因此，既有更新空间的生态产品价值实现必须建立在全面、客观、准确地把握现状的基础上，务实保护生态资源的“存量”，着力提高生态资源的价值“增量”。从生态视角出发挖掘自然要素和活动空间的品质和特性，融入“生态优先”“以人为本”“有机更新”的理念，将生态保护修复和生态化改造作为城市更新的主要手段，以生态环境保护与空间开发利用、产业经济发展良性耦合为目标，以可持续健康发展为基本约束条件。合理控制开发强度，引导建成区从增量拓展走向品质提升增效，实施以生态绿色发展为主题的产业更新，发展绿色生态产业链①，建设绿色交通、绿色农业、绿色建筑，践行绿色生活方式等，推动生态产品交易和生态品牌建设，打造生产、生活、生态“三生融合发展”的城市。以深圳市罗湖区大望梧桐片区为例，片区坚持生态优先和绿色发展理念，规划开展生态保护修复、城市有机更新，把“生态+”的活力功能与“梧桐+”的人文故事融入其中，发展高端康养、生态旅游、文化创意等生态绿色产业，探索具有深圳特色的生态产业化和产业生态化可持续发展之路。

街区层面以上海苏州河长风2号绿地更新改造实践项目为例②，通过现状分析发现项目绿地的步行及公共交通可达性较好，但空间活力和绿地的利用率较低。规划对空间开放度进行调整，疏通多种绿道功能，骑行、跑步、漫步通道合理串联，并与其他绿地相接形成体系，塑造居民使用更具弹性的空间，保留现状乔木骨架，合理布置可进入的林荫空间，调整下木种植布局及品种，进行视线通透性设计，提升林荫空间的舒适度。规划通过生态化改造促进区域活力，提升片区经济社会价值，满足人民对优美生态环境的需要。

4.3.10 因地制宜降低安全风险

快速城市化进程中，城市的发展侧重于时效性与经济性，对城市规划建设的安全和韧性品质考量较少。我国大部分城市人口、设施、资源高度密集，运行系统日益复杂，而且不同程度地存在城市结构不够合理、建筑和基础设施老化及标准低的问题，逐渐暴露出重大的城市安全风险。尤其是高度建成的大城市和超大城市，安全与韧性水平普遍亟待提升。2020年，《中共中央关于制定国民经济和社会发展第十四个五年规划和二〇三五年远景目标的建议》首次提出“建设韧性

① 谭丽萍，李勇．基于生态产品价值实现机制的城市更新思路研究［J］．国土资源情报，2021（9）：3-8.
② 钱凡．存量背景下上海城市绿地更新改造设计探究［J］．中国园林，2021，37（S2）：5.

城市”，凸显了安全和韧性品质对于新时代城市高质量发展的重要意义。

高度城市化地区的旧城改造、城市存量发展地区的更新改造，意味着对城市空间结构进行重新布局，这也必将为统筹发展和安全、建设韧性城市提供重要的机遇与载体。但目前更新规划和韧性规划自成体系，在更新中推进韧性建设，不仅需要开展标准、技术、经济和实施保障等方面的研究，明确更新标准中的韧性评估指标体系、更新技术体系中韧性规划和要素管控的技术路径，还需要制度保障，保障韧性更新有法可依、合法合规，比如在市场化更新项目中协调韧性要素的优惠补偿机制。

两个相对独立的规划要实现全面衔接、相互促进，所需研究解决的关键难点较多，本书选取其中与规划联系最为紧密的规划技术衔接要点展开阐述。具体包括：以综合风险全面评估为基础，根据风险防范需求，协调和管制土地用途，优化空间布局，整合和统筹韧性服务设施配置，完善应急保障基础设施，并针对城市综合风险治理制定系统性的综合对策。更新规划可以以空间和设施为抓手，在综合韧性规划的各个关键环节都有所体现，实现更新与韧性规划的有效衔接（图4–46）。

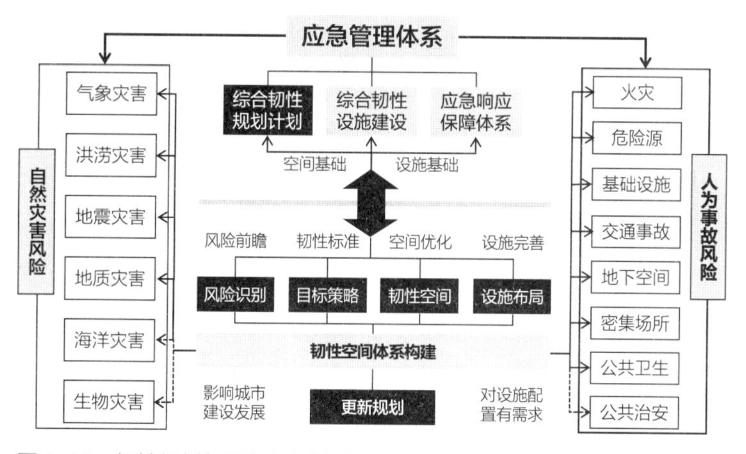

图4-46　韧性规划与更新规划技术衔接体系图

1. 系统评估灾害风险，提升更新规划的风险认知

城市安全韧性品质的提升，首要任务是全面精准地识别、前瞻城市面临的风险，系统引导更新规划降低风险及其潜在影响。通过开展城市风险与安全基底评估，不仅能识别既有隐患和风险，科学支撑韧性规划，也能为更新项目的空间、设施等规划决策提供安全支撑。要实现全面精准的评估，需要在更新规划初期组建多元化成员小组，引入防灾减灾、城乡规划、建筑、市政、生态等专业，

以系统性风险的视角全面评估城市安全基底，明确城市可能遭受的单灾种风险、耦合风险及其潜在影响，调查分析片区建筑、基础设施等承灾体的脆弱性以及减灾、应急救灾和灾后快速恢复的能力。如日本根据灾害风险模拟划定针对性的更新范围，并依据各类灾害影响制定防范和应急策略[①]，实现了更新与韧性的有机结合。

2. 分类制定更新对策，降低灾害风险的潜在影响

灾害风险可分为可变和不可变两类，需要结合更新方案分类制定对策进行防范。针对地震断层、台风、暴雨等不可变的灾害风险，可以在更新初期充分研究灾害致灾因子的作用机理，掌握致灾因子成灾条件、灾害类型、强度和时空分布规律，并采用在灾害隐患点处设置智慧监控预警装置等方式，形成科学预测和预警系统。针对地质灾害、加油加气站、化工厂、燃气管道等可变的灾害风险，可以基于安全风险评估引导更新规划建设和管理等各主体全面前瞻风险，权衡加强燃气管道防护等治理措施与落实危化品站防护距离等避让措施的利弊，制定综合安全策略，降低成灾风险及其影响。基于更新实际情况，分类制定规划避让、加强防护、科学预测预警等多元化对策，能针对性地形成灾害风险应对体系，降低灾害风险的潜在影响，减轻灾害可能造成的人民生命与财产损失。

3. 多角度完善区域承灾体设防标准

老旧小区、老旧厂区、老旧街区和城中村等区域，常存在人口密度高和建筑设施旧等问题，风险隐患多，灾害防御能力较弱，亟待更新行动来提升其设防水平。

一方面，完善用地安全评估，优化空间布局结构，合理布局片区内高层建筑和地下设施等易受损结构，使其远离潜在风险；另一方面，在相关韧性标准的指引下，结合多样化技术手段，灵活应用适应性技术提升建筑物和基础设施等承灾体的抗灾韧性，降低城市系统各要素的脆弱性，并借助城市智慧平台的监测预警等综合联防系统，提升灾时城市的应急响应效率等。

以日本为例，一方面基于灾害风险评估，引导风险区域的市町村向非风险区域进行转移安置，从空间布局上降低暴露在风险中的承灾体总量，另一方面，以防灾街区韧性更新规划为依据，通过灵活运用街区更新和防灾街区整备政策，对

---

① 東京都都市整備局. 防災都市づくり推進計画：防災都市づくりの整備方針 [EB/OL].（2022-06-30）[2022-7-10]. https://www.toshiseibi.metro.tokyo.lg.jp/bosai/pdf/bosai4_04.pdf.

道路、建筑物、应急设施等的设防标准和韧性品质进行全面提升、更新[①]。

4. 健全多级应急疏散和救援避难网络体系，提升应急交通的可靠性和应急效率

老旧街区普遍存在支路网密度低、道路较窄、转弯半径不足、停车占用消防通道等应急救援隐患以及慢行系统不连贯、城中村建筑间距过小等应急疏散隐患。一旦灾情发生，将严重影响应急疏散救援时效。应急救援和疏散网络系统，是更新行动中需要着重解决的重要问题。

优化交通系统的应急服务功能，需要在更新规划中重视以下几点：其一，优化道路网络通达性，营造安全冗余。通过打通断头路，提升道路网络连通性与冗余性，提升道路应急救援和疏散能力。其二，提升道路设计细节韧性，提升应急交通效率。严格执行应急救援和消防通道的有效宽度、净空、转弯半径等应急标准指标，通过城市更新，将其切实落实到老旧街区主要路网和内部路网的更新改造中，全面提升应急救援交通服务效能。

5. 补齐应急服务设施的规模、布局和品质短板

从规模、布局和品质三个维度着手，构建具备高度适应性、针对性和应灾弹性的应急服务设施体系，实现应急服务的精细化供给和韧性品质的全面提升，需要在更新中重视以下几点：其一，明确设施供给缺口和新增规模。依据更新方案和规划人口，精准评估现有设施的服务能力，研判各类灾害情境下的需求，推导供给情景，形成精细化的规模指标。其二，优化设施布局，提升服务效能。结合片区灾害风险特征和应急诉求，根据各类设施服务特性，合理优化设施布局，在补足片区应急服务缺口的同时，提升资源配置效能。其三，鼓励应急服务设施结合建设。以资源集约利用为目标，应急服务设施与公共服务设施结合建设较为常见，如应急避难场所与文体设施结合、应急物资储备设施与社区中心结合等，既提升了空间的复合使用效率，又减少了应急设施的管理维护成本。其四，提升设施设备配置水平，打造高品质韧性服务。结合既有设施或场地的现状情况，全面评估设施设备服务水平，通过更新契机，全面谋划，提升应急服务的精细化、智慧化水平。

6. 强化实施保障，全面落实韧性规划，切实提升更新韧性

第一，优化推进时序，前置韧性规划。韧性规划涉及主体多、规划对象现

① 日本国土交通省. 防災・減災等のための都市計画法・都市再生特別措置法等の改正内容（案）について [EB/OL].（2020-02-07）[2022-7-10]. https://www.mlit.go.jp/policy/shingikai/content/001326007.pdf.

状复杂、技术难点杂，规划编制需时较长。要充分发挥韧性规划在更新行动中对韧性提升的前瞻性和引导性，需优化时序，尽早启动韧性规划，达到良好的融合。第二，激活市场活力。安全韧性提升的本质为改善片区安全品质，其效果具有一定的后置性，短期经济效益不显著。因此，需探索设计并引入相应的优惠指标，使其在不弱化既有更新的优惠程度、不破坏城市发展的韧性愿景与诉求的同时，起到刺激市场参与的作用，促进政企合力共同推进城市的韧性品质提升。

4.4 本章小结

城市更新规划是为应对城市更新的现实瓶颈和存量空间治理需求，而对传统增量规划进行的改良和重构。传统的城乡规划主要基于政府主导的增量开发模式，通过自上而下的规划传导和严格的用途管控落实规划意图，有效推动了我国城市的快速增长，并一定程度上规范了大量开发建设行为。然而，在存量开发模式下，规划面临的不再是一张“白纸”，它往往附着着复杂的产权格局、错综的社会网络和多元利益诉求，致使城市更新难以依托自上而下的指令型规划实施，急需对其进行改良甚或重构。国内不同城市的更新规划实践表明，类似上海早期基于传统规划的局部改良难以有效降低更新推进的效率和交易成本，而广州、深圳等城市对规划体系的系统性重构则有效推动了城市更新项目的实施和城市的转型发展，但也面临规划被突破的风险。另一方面，不同尺度下的存量空间治理对城市更新规划提出了差异化需求，需要城市更新规划在宏观、中观、微观层面进行积极响应，合理协调不同主体诉求，建立发展共识，明确管控底线，推动存量地区的有序更新和宏观战略的有效落实。

随着我国城镇化步入中后期，城市开发建设进入了内涵式提升型发展的新阶段，实施城市更新行动被赋予更高的历史使命，成为破解城市问题和短板、推动城市开发建设方式转型、促进城市高质量发展、助力社会主义现代化国家建设的重要途径。在此背景下，城市更新规划需要有效贯彻国家战略部署，树立正确的价值导向，引领城市更新行动的有序实施。首先，城市更新规划需要全面融入“以人民为中心”的价值理念，充分了解和回应人民的需求，有效保障人民安全，强化社会人文关怀，关注日常的空间，通过共同协商制定规划方案，促进人民城市的建设。其次，城市更新规划需要积极响应创新驱动的发展范式转型需求，通过高品质产业发展空间和公共服务空间的供给，吸引人才汇聚，推动创新链的建设和强化。再次，城市更新规划需要有效落实绿色发展的时代命题，推动国土空间开发保护格局的优化，避免大拆大建，引导绿色技术的应用，促进城市可持续发展。最后，城市更新规划还需要强化历史文化的保护和传承，守护城市记忆，合理活化历史遗存，弘扬和复兴优秀的传统文化，厚植人文底蕴，提高城市的凝聚力和软实力。

立足城市更新实践的现实需求，面向高质量发展的历史使命，结合各地城市更新的实践和本章的思考，我们认为城市更新规划需要着重推动以下方面的转型和创新：

一是构建分层传导的城市更新规划体系。城市更新规划需要充分融入国土空间规划体系，面向不同尺度的城市更新空间治理需求，搭建分层传导的体系架构。在宏观层面，通过国土空间总体规划强化城市更新的战略引领，结合地方实际需求制定城市更新专项规划，对地方城市更新工作进行全局性安排；在中观层面，强化片区层面的城市更新统筹，与国土空间详细规划及相关专项规划紧密衔接，强化底线管控，有效保障城市公共利益的落实；在微观层面，结合城市更新项目实际情况制定面向实施的详细规划和方案，形成多方协同的平台，有效推进更新实施。通过不同层面的城市更新规划，逐层细化空间方案和管控要求，保障核心要素的有效传导和落实。

二是形成多元协同治理的工作机制。面对居民、政府、开发商等不同主体的多元诉求，城市更新规划需要采用更加开放的协同规划方法，通过多主体协商、多部门协同、多团队协作，逐步形成发展共识，制定规划方案。面对众多的权利主体和居民等，鼓励基于规划全流程构建协商参与机制，通过多种形式开展公众参与，充分了解不同主体的更新意愿、诉求和建议，从而精准识别更新对象，引导居民参与更新方案的研讨和制定，形成凝聚各方共识的规划成果，并广泛征求公众的意见。面对不同政府部门，需建立全生命周期管理机制，在宏观、中观层面，有效对接相关部门职能诉求，进行联合审查、审批，在微观层面，加强城市更新项目实施方案在计划立项、规划审批、规划许可和竣工验收等各环节的联合审查和监督，保障各部门诉求的有效统筹和落实。此外，面对城市更新中涉及的众多专业问题，鼓励搭建多专业协作平台和专家咨询团队，加强产业、建筑、历史保护、生态修复、交通、市政等相关专业团队的沟通合作，形成多规合一的综合性更新解决方案，切实指导城市更新的实施。

三是探索精细化的规划设计和管控体系。面对城市高质量发展要求，城市更新规划需要综合运用多元技术手段，积极探索创新规划设计技术和管控体系，推动精细化的城市更新与城市治理。一方面，面向土地提效、功能优化、品质提升、配套完善、文化传承、生态修复、利益平衡等复合化更新目标，有效落实上位规划确定的管控要求，并通过精细化的现状调查评估、智慧化的体检评估、协商式的空间规划与城市设计方法，结合不同层面的空间治理需求，制定相应规划和设计方案；另一方面，合理制定刚弹结合的城市更新规划管控体系，在宏观层面加强更新方式、更新规模、重点更新区域的管控和引导，在中观层面明确主导功能、总体规模、设施配套等刚性管控要求，适当为具体地块预留土地用途、开发强度、城市设计等方面的弹性，在微观层面结合各方诉求细化各项空间管控要素和指标，引导塑造高品质的空间环境。

四是深化面向更新实施的路径研究。相比其他类型的规划，城市更新规划更加强调实施导向，需要在尊重既有产权的基础上合理平衡各方利益，推动城市更新的实施。这需要深入核查现状产权信息，充分运用土地和房屋管理制度，结合更新目标和规划方案，制定产权调整方案，明确更新实施的可行路径和运作模式。同时，深度开展利益平衡研究，探索开发权核算和转移制度，有效保障城市公共利益、权利人合法权益和开发主体合理收益，统筹制定分期实施计划，促进城市更新项目建设和运营环节的财务平衡。

第 5 章 多元协同的城市更新实施机制

空间治理转型语境下，更多的社会与市场力量参与到城市更新中，面临的多元主体协商和利益分配等问题更趋复杂化。实施机制的建立需要回归推动城市更新的根源，以有效回应更新诉求，找准实施抓手。本章首先探讨城市更新的实施动力机制，解读各参与主体的利益诉求以及现阶段面临的主要障碍；再结合各地实践经验总结和归纳有代表性的利益平衡手段和协同治理模式，为解决动力障碍提供可行的路径；最后探析空间治理视角下城市更新的全生命周期管理模式和关键做法。

5.1 动力机制：城市更新实施的内在驱动

5.1.1 城市更新的动力来源

城市更新的实施过程中涉及多元利益主体，包括地方政府、原产权人、企业、市场主体以及社会公众或第三方社会团体等。在城市总体建设目标的引领作用下，基于城市自身的存量资产情况，在政府、市场和社会三方的密切互动中发挥出政策力、经济力和社会力的综合作用，共同作为城市更新的动力来源，持续提升和动态平衡城市更新发展的综合效益。

1. 一个引领："更新目标"的导向作用

当前，随着新型城镇化的推进，新的城市发展议题不断涌现：如何应对未来人口需求、满足人民日益增长的对美好生活的向往？如何满足城市未来发展需求、实现新时代城市发展目标？随着我国城市步入高质量发展阶段，转变经济发展方式、推动产业转型升级、优化公共服务供给等需求不断攀升，急需转变城市开发建设方式。城市更新成为满足城市发展需求的重要手段，将致力于落实城市发展战略目标，转变城市开发建设重心，调整优化城市空间结构，聚焦城市建设重点内容。

当前，全国各地的更新工作也在实践中逐步建立起了城市更新的多维目标体系，综合推动城市结构优化、功能完善、品质提升、文化传承、生态修复、韧性安全等多元目标的实现。深圳市为破解城市发展瓶颈，缓解经济社会快速发展与土地供应日益紧张的矛盾，拓展城市发展空间，率先开始了对存量空间开发模式的探索。2009年，深圳出台《深圳市城市更新办法》，引导城市开发建设方式转型，随后持续补充完善相关法规政策，逐步建立城市更新制度体系，率先实现了城市更新的常态化。存量空间的盘活和释放有效促进了城市的产业经济发展、功能结构调整与公共环境改善，为深圳建设中国特色社会主义先行示范区打下了重要基础。

2. 一个基础："存量资产"的赋能作用

在存量发展时期，更应看到存量（即资产）在激发城市更新品质与活力方面表现出的重要价值潜力。存量资产既是城市更新的具体实施对象，同时又是赋能更新的内生动力来源。从优势的视角出发，将存量潜在资源转化为现实资源，将资源价值转为社会经济文化价值并进一步实现城市综合效益，这种从存量资源化、资源资产化到资产资本化的递进转换，是大至城市、小至社区的发展从问题需求到机会潜力的价值应用和实现路径。存量资产包含生态资产、物质资产、文化资产、人力资产和社会资产，应将这些物质和非物质的存量资源条件视为城市更新的资产基础，是关于资源价值的一种更加积极而务实的财富观。城市更新要立足存量资产，因地制宜地挖掘发展潜力，实事求是地促进城市可持续发展。充分识别城市存量资产，将其转化为可创造持续综合效益的存量资本，成为城市未来发展中的持续动力源，是城市更新规划的价值基础①。

3. 三个推动："政策力、社会力、经济力"的综合作用

（1）政策力是关键导向

政策力包括城市建设管理的制度、法律、规章、条例等，在城市更新项目实施中发挥着重要的引导、管控和保障作用。城市更新主要涉及土地金融财税方面和空间规划方面的政策，前者主要包含了土地政策、金融扶持政策，后者主要包含了功能许可政策、规模认定政策、空间形态管控政策。城市更新政策制定的关键在于以价值导向为基础，凝聚城市更新行动共识，整合多方力量齐头并进，预留适度的弹性利益协商空间，制定明确的利益协商规则，建立明确的工作原则和程序步骤，给予清晰的实施和管控路径，能够有针对性地激活更新动力、引导更新方向和保障更新中的公共利益。

（2）经济力是重要驱动

经济力主要是城市开发建设运营带来的价值提升和经济增长，是城市经济功能的实现。城市更新发生与否很大程度上受被更新城市空间更新前后的"租差"的影响，发生更新后的城市空间由于土地用途、容量的变更，其所带来的整体收益率往往大于更新前的空间收益率。这种对资本增值收益的追求成为驱动城市更新的内在动力，各地政府作为城市更新治理实施的主体，受制于有限的财政资金，则往往通过引入市场主体共同形成增长联盟，以市场资本投入撬动土地价值提升。城市更新实施进程中，通过城市更新新增的土地、物业价值由市场、政府、原权利人三方分得，市场获得土地使用权及物业资产，政府获得合法土地与空间增值收益，原权利人获得货币及物业等拆迁赔偿，持续的更新红利获取进一步刺激了相关利益主体持续推动城市更新的实施，形成资本驱动的城市更新动力机制。

（3）社会力是价值回归

社会力与历史文化、价值观念、习俗公约等密切相关，是整个社会机体内部积淀和孕育出来的共同意志的体现，在城市发展过程中潜移默化地传承延续和

① 黄瓴，骆骏杭，沈默予."资产为基"的城市社区更新规划——以重庆市渝中区为实证［J］.城市规划学刊，2022（3）：87-95.

持续发挥影响力。过去的快速建设模式虽然实现了城市的迅速繁荣，但由于一味地追求速度和规模，忽略了城市对环境、对人的关怀，造成了一系列的民生环境问题。因不符合人民的需求而产生的空间闲置、资源浪费现象屡屡出现，空间建设成为城市化的业绩，而非真正承载人民活动、体现人民精神文化创造的社会场所。新时期，我国提出积极推动以人为核心的城镇化，对城市建设提出了新的发展要求：加强环境保护力度，提升污染治理水平；完善公共服务配套政策，不断提高基本公共服务水平和质量；提升城市设计水平，合理安排生产、生活、生态空间。新时代的城市更新行动不仅要加快解决快速城市化时期遗留的民生环境问题，同时也要落实高质量发展阶段人民城市的建设要求，这也成为当下驱动城市更新实施的重要动力之一。

总的来看，政策力、经济力、社会力三者之间是相互影响和相互渗透的。当下，政策力、经济力最常以主动作为的方式直接影响和驱动城市更新行动，而社会力则是通过内在的、间接的方式影响政策力和经济力，提供持续的指导和监督①。但随着城市更新阶段和治理水平的变化，政策力、经济力、社会力三者的角色和作用也将发生变化。

5.1.2 多元主体的动力机制

城市更新涉及地方政府、原权利人、市场主体以及社会公众等多元主体的共同参与，各主体的视角和站位不同，其核心利益诉求也有所差异。多元权利主体对利益的追逐一方面可以成为推动城市更新的动力源泉，但另一方面也常因归集于城市更新的多重利益博弈难以协调，演变为城市更新实施的阻碍。

1. 多元主体的利益诉求与博弈（图 5-1）

（1）地方政府：促进城市高质量发展，实现社会经济效益双赢

地方政府作为城市的管理者，一方面希望通过城市更新挖潜存量土地资源，释放发展空间，提高土地利用效率，破解建设用地瓶颈和产业转型升级压力，优化城市产业体系，实现城市精明增长和高质量发展；另一方面需要承担社会治理的责任，提供高质量的社会服务，落实社会保障事业，满足人们日益增长的美好生活需要。在城市更新的利益博弈中，地方政府作为监管和协调的主体，可以通过完善规章制度，规范相关主体行为，平衡各方权益，维护社会稳定。

① 耿慧志．论我国城市中心区更新的动力机制［J］．城市规划汇刊，1999（3）：27-31，14-79.

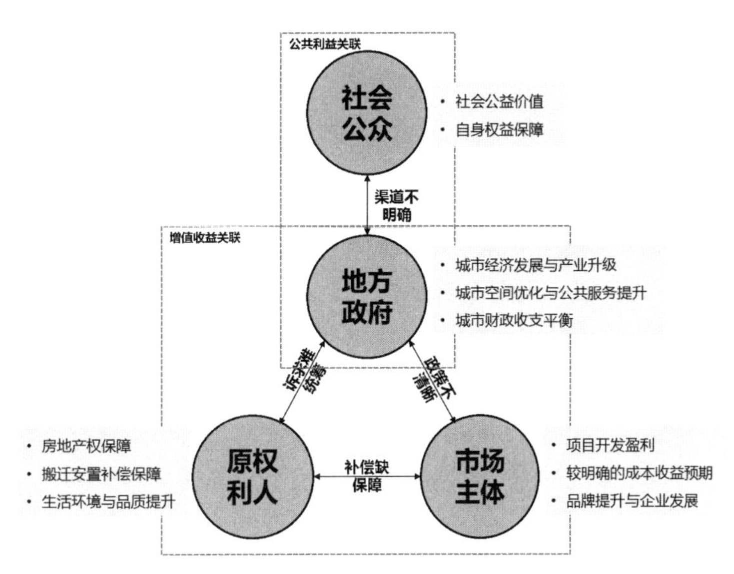

图 5-1　多元主体利益博弈关系示意图

（2）原权利人：保障自身合法权益，获取适当的产权收益

原权利人是土地或物业产权的实际拥有者，他们首要看重的是自身的合法权益不受侵害，同时也希望持有的土地和物业伴随城市经济发展能够有可观的产权收益。目前获取收益的形式主要有两种，一是通过物业出租收取稳定的租金，二是通过拆除重建实现产权增值、收益变现。因此，无论是老旧小区还是产业园区的权利人都希望通过城市更新优化建筑功能，完善城市基础设施和公共服务设施，改善空间环境品质，从而提升人才吸引力和市场竞争力，促进物业租金的上涨和企业的进一步发展。

（3）市场主体：降低风险提高效益，实现企业可持续发展

市场主体凭借其专业的实施管理经验和成熟的市场化运作模式，在城市更新中往往扮演着高效推动项目实施的重要角色。市场主体的利益诉求具有强烈的商业性特征，主要体现于在风险可控的前提下追求利润最大化。一般而言，市场主体会对预计周期较短、预期收益较高的“短平快”项目更感兴趣；但在长期收益有保障的情况下，他们也愿意配合地方政府参与历史文化保护活化、生态环境治理等公益性事业，以此来树立良好的企业形象，打开地方市场，提升企业知名度，实现企业长远、可持续发展。

（4）社会公众：更加多元化的利益诉求

社会公众是指除上述主体外因城市更新外部性导致原有的正常生活、生产状态发生改变的群体，涵盖类型较多，主要包括更新区内的租户和片区外邻近的

居民、企业等。若更新地区是承载大量人群共同记忆的重要历史片区，社会公众所涵盖的群体将更加广泛。社会公众的利益诉求与城市更新的内容以及公众自身实际情况相关，因而其利益诉求呈现多元化特征，例如更新区内的租户尽管对生活、生产条件改善有一定诉求，但更希望继续维持原本相对低廉的租金；周边居民则乐于见到因城市更新带来的生活上的便利，同时又不希望自家的采光、通风、声环境等受到影响，因而其对新建高层建筑以及垃圾转运站、变电站等邻避型设施十分敏感。

2. 现阶段的城市更新动力问题

早期的城市更新主要为政府一元主导，伴随财政紧约束与存量发展需求的迅速增长，这种更新模式难以为继，引入多元主体共同参与城市更新的需求愈发强烈。但由于现阶段更新体制、机制不完善，各方参与城市更新的权责仍然划分不清，且更新预期存在较多不确定性，在一定程度上抑制了各方参与的动力。

地方政府的动力障碍主要表现在财政的紧约束和行政成本的增加。随着中央逐步加强对地方政府的债务监管，传统依靠政府“财政补贴”推动城市更新的方式不可持续。除此之外，由于城市更新涉及复杂的利益关系和广泛的社会影响，地方政府作为城市管理者需要投入大量的资源用于协调和解决城市更新实施过程中的行政审批以及可能产生的利益纠纷等问题，造成行政成本的大幅增加。

原权利人的动力障碍主要表现在权益风险担忧、权责划分不清以及增值预期过度。首先是权益资产转换存在风险，由于更新建设周期较长，权利人需要经过多年的过渡期才能完成资产的转换，回迁安置存在一定风险；其次是对权责的划分缺乏认同，理论上城市更新应该“谁受益，谁出资”，但现实中居民作为老旧小区改造的直接受益人基本都不愿意出资；其三是对产权增值收益的预期过高，各地偶有出现的“天价赔偿”现象一定程度上扰乱了市场环境，让部分权利人对城市更新的收益产生不合理的期待。

市场主体的动力障碍主要表现在收益预期的不稳定。由于城市更新项目涉及的利益方众多，引入市场主体后从前期的谈判、拆迁、安置到中期的土地出让、开发建设过程需要长期、持续性地投入实施成本。且实施过程容易受到政策变化、市场环境、业主意愿等众多不稳定性因素影响，相较传统的土地开发模式不稳定性因素大幅增多，极大地限制了市场主体的参与积极性。

社会公众的动力障碍主要表现在缺乏参与的意识和参与的渠道。我国公众参与城市规划治理的起步相对较晚，且公众因专业知识不足长期处于被动状态，因而在城市更新中参与意识薄弱、热情不高，往往只在项目落成后切身发现不满之处才主动向有关部门提出意见。此外，现阶段城市更新的参与渠道局限在前期诉求调研以及方案确定后的规划公示阶段，缺乏方案编制过程中的沟通和反馈机制，导致方案编制与公众之间的信息脱节，公众也难以真正获得参与感。

3. 面向更新实施的动力激发策略

为解决城市更新实施的动力问题，应当借助国家构建要素市场化配置体制、机制的契机，通过加强公共政策的引导，建立城市更新的市场资源有机协调机制，优化城市资源配置，协调各方利益诉求，从而有效激发城市更新的实施动力。

（1）建立公开透明的制度规则

城市更新工作应当进一步完善工作流程和标准，强化政策动态调整机制，持续出台城市更新办法、实施细则、单元规划编制技术规定、容积率审查规定、拆迁补偿安置标准等，逐步形成清晰、透明的操作规则，从而明确地方政府、原权利人以及市场主体权责关系，打消各方对自身权益受损的疑虑，稳定原权利人与市场主体的收益预期。通过规范化和制度化建立公开、透明的市场环境，降低城市更新中的不确定性①。

（2）加大社会资本的引入力度

市场主体具备从方案策划、资源导入到服务与管理的综合运营能力。在城市更新中引入市场主体，其丰富的经验可以协助地方政府处理城市更新中的大量事务性工作，极大程度地减轻政府财政压力和行政成本。通过划分政府与市场从规划设计、建设实施，到产权移交、运营管理全流程的责权范围和分工，一方面可以借助市场资源整合能力解决城市更新实施的资金问题，另一方面可以让地方政府将精力集中于综合性问题的决策以及方案的审查审批，通过地价、计收税费等手段保障政府对更新市场的调节作用，继而有针对性地实施激励手段，引导市场行为②。

（3）探讨利益平衡的创新机制

多元共治是未来城市更新的主要发展方向，如何协调各方利益诉求、实现多方共赢则是现阶段需要关注的核心问题。想要统筹好地方政府的社会经济效益、原权利人的产权权益和增值收益、市场主体的收益平衡以及社会公众的基本权益，需要从规划政策、土地政策、财税政策、金融政策等方面着手，多维度探讨在现有框架下如何实现政策机制的创新，从而充分调动多元主体的积极性。

---

① 林辰芳，杜雁，岳隽，等．多元主体协同合作的城市更新机制研究——以深圳为例［J］．城市规划学刊，2019（6）：56-62.

② 梁晨，卓健．聚焦公共要素的上海城市更新问题、难点及政策探讨［J］．城市规划学刊，2019（S1）：142-149.

（4）丰富多元主体的参与渠道

促进城市更新的多元共商一方面需要加强更新工作宣传，促进社区规划师充分深入公众群体，为其提供专业、可靠的更新咨询服务，同时还应定期举办宣讲活动，普及相关知识，唤醒公众的参与意识和兴趣；另一方面应当搭建政府、市场与权利主体等的多方协商平台，实行信息公开制度，适时与相关权利人及公众交换意见，将公众参与从单一模式转变为常态化的沟通交流，实现对更新过程的多方监督与共同管理。

5.2 利益平衡：统筹利益推进更新实施

既往对城市更新的利益平衡研究主要聚焦于参与主体如何就增值收益进行合理分配，在新时代城市更新治理强调以人为核心和高质量发展的总体目标下，城市更新的“利益”被赋予了更加广泛的含义：一方面，“可持续发展”成为业界共识，城市更新不再片面追求经济利益最大化，而是需要实现城市综合效益的提升；另一方面，伴随不同社会主体参与下的多元治理模式的初步形成，各方在更新动力机制、产权关系、利益诉求等方面的问题也更加趋向复杂化，需要遵循公平、公正的原则，在实施机制、城市管理等方面协调利益分配，保障各方权益。

5.2.1 降本增效促进持续发展

多元主体的参与意味着城市更新的利益平衡不能只局限在政府与权利人、市场主体之间的土地增值收益分配方面，还需进一步研判城市更新的外部性影响，是否会给城市的可持续发展造成负担。统筹利益应综合各方诉求与更新实施需要，基于“降本增效”的基本原则，权衡城市更新的增值效益与外部成本，以实现城市更新价值的最大化。

1. 降本：降低城市更新的基础成本

城市更新过程涉及规划、土地、建设、拆迁、融资等多个方面，多元主体的博弈、信息不对称和其他不确定性因素常常会导致较高的额外交易成本，极大地限制了更新实施的有效推进。除此之外，以权利人与市场为代表的逐利行为也会造成额外的社会成本成倍上涨，例如：“钉子户”问题导致的大量公共资源的浪费，容易引发一系列社会性问题，造成行政成本大幅上升；市场主体“挑肥拣瘦”地推动城市更新项目，导致遗留片区实施难度大幅增加，给城市发展造成长远的负面影响。因此，有必要优化更新实施流程，将更新过程标准化、制度化，一方面减少实施过程中巨量的沟通成本和交易成本，降低实施难度；另一方面可以建立稳定的市场预期，鼓励各方主体在利益认同的基础上主动参与到城市更新中，实现城市更新的高效有序推进。

2. 增效：提升城市更新的综合效益

在城市更新中，不同层面、不同主体的利益相互交织，“牵一发而动全身”，追求片面的利益最大化容易造成人口、产业等其他方面的失控，例如过去以高利润为代表的“大拆大建”模式引发的城市过度“绅士化”问题以及城市风貌整体失控问题等。因此，在统筹、平衡各方利益时需要具备全局视野，从城市整体发展的角度入手权衡城市更新产生的成本与预期收益，针对城市更新中可能出现的片面逐利行为予以控制和引导，还应通过一系列激励策略或建立共享机制鼓励市场主体在城市更新中协助解决历史遗留问题，落实公共利益项目，推动城市产业转型，从而最大化发挥城市土地资源价值，减少城市更新的负外部性影响，提升综合效益，保障城市的可持续发展。

5.2.2 利益平衡的基本原则

针对多元主体不同的利益诉求，基于“降本增效”的目标，应当将多方博弈凝聚的共识转化成利益协调的实操性原则，以有效保障各方利益诉求的落实。在实践中，可以从“保障公共利益”“保护产权权益”和“保证开发利润”三个角度创新协调利益平衡的手段。

1. 优先保障公共利益，促进城市持续发展

保障公共利益是实现高质量城市更新的必要条件，通过进一步优化民生服务、推动城市产业经济发展、营造高品质空间环境能够充分体现出实施城市更新行动的社会价值，提升城市整体效益。

2. 保护原权利人合法权益

原权利人作为土地产权的实际拥有者，为城市更新提供必要的土地资源，是城市更新项目的主要发起人。开展城市更新首先需要征得原权利人意见。为吸引原权利人主动参与到城市更新中，应当建立权益完善机制，制定合理补偿标准，完善自主更新路径，保障权利人合法利益。

3. 保证市场主体合理开发利润

为鼓励市场主体参与到城市更新中，减少政府财政压力，需要确保城市更新项目产生合理的利润价值并建立稳定的市场预期。市场主体一方面可以借助土地增值收益维持自身良好运营，另一方面有利于其搭建相对稳定的专业团队，以提供更加优质、高效的更新服务。

5.2.3 利益平衡的创新机制

1. 规划政策创新

（1）容积率转移和奖励机制

以往规划管理体系下的地块容积率相对固定，开发主体为提高项目收益聚焦于减少实施成本，所以往往会尽量回避社会贡献，主要表现在配套设施配建方面能少则少，在历史文化和生态资源保护方面能避则避，长此以往不利于城市良性发展。深圳市在2018年出台的《深圳市拆除重建类城市更新单元规划容积率审查规定》中提出建立容积率奖励和转移机制，通过公共利益贡献与开发量捆绑联动，保障市场主体的收益平衡，从而有效鼓励市场主体承担公共服务和市政交通设施、历史文化保护和公共环境改善等公益性事业。地方政府可以结合自身发展实际出台相应的政策，推动城市更新对城市系统性功能的保护和完善。

专栏5-1 深圳市的容积率转移和奖励机制

深圳市于2018年出台《深圳市拆除重建类城市更新单元规划容积率审查规定》，提出将超出基准移交比例（深圳市城市更新项目均要求不低于15%的基础土地移交）的土地作为可转移开发量的用地，转移容积指标可以叠加到市场主体持有的开发建设用地中，用于鼓励实施主体通过城市更新腾退更多土地，用于落实道路、绿地以及学校、医院等公共利益项目。

该规定还进一步明确由实施主体建成并移交的公共配套服务设施可以作为奖励容积叠加到总开发规模中，不占用其经营性物业建设规模。特别是针对社区健康服务中心、社区老年人日间照料中心、垃圾转运站等现状相对紧缺、急需补充完善的公共配套设施，实施主体还可以再获得配建设施建筑面积的容积奖励用于自身经营性物业。

（2）开发权益区域平衡机制

由于城市更新面临的实施问题和难点各异，自下而上的经济利益诉求比较复杂，以往的城市更新项目较多以项目自身统筹为主，就地解决收益平衡，但这往往与自上而下的规划引导产生冲突，导致城市空间存在整体失控的风险。为有效衔接上层次规划要求，协调城市空间格局，可以通过建立开发权益转移机制，允许在较大区域范围灵活平衡项目经济利益问题，兼顾更新实施与城市空间格局。

专栏5-2 美国的开发权转让制度

美国的开发权转让制度通过设立容积率银行来调控城市更新的运作，将容积率作为一种特殊的不动产，以“虚拟货币”的方式由政府或其他非营利机构购买、储存，再视开发需求进行分配或转让。在实施中可以将具有较高历史文化价值、较高资源保护价值或者限制开发地区和地块上的空间权“冷冻”起来，将未使用的容积率转移到城市开发新区或者具有开发潜力的待更新地区，一方面保证所有权人利益所得不受损失，另一方面有效引导城市良好发展。

（3）引导提质增效的功能转变机制

由于城市发展形势的不断变化，部分老旧功能片区面临功能衰退、活力大幅减弱等问题。为有效引导这些片区提质增效，国家和地方出台了一些过渡性政策，通过放宽土地性质和土地出让管理模式、减免税收等措施，鼓励低效用地通过微更新向符合发展导向的功能转变。例如允许在不改变土地用途的情况下，将濒临淘汰的低附加值传统工业转换为高附加值文化创意产业，具有代表性的包括北京798艺术区和深圳华侨城创意文化园等。

专栏5-3 深圳市鼓励三旧改造建设文化产业园区的政策措施

为推动文化产业集约化、规模化、品牌化发展，深圳市以旧工业区改造建设为重点，出台了《深圳市鼓励三旧改造建设文化产业园区（基地）若干措施（试行）》。鼓励政策包括：在土地政策方面，允许旧工业区改建成文化产业园区（基地）的，保持土地性质不变；在财税政策方面，可免交公共消防设施配套费、供水设施增容费及其他行政事业性收费；在平台搭建方面，鼓励工商、税务、知识产权等部门为入驻企业提供便捷的公共管理服务，支持文化产业园区公共服务平台建设；进一步加大在金融、人才等方面对文化产业园区（基地）的支持措施。

专栏5-4　深圳华侨城创意文化园的城市更新经验

华侨城创意文化园曾是以电子零件加工、制造业为主的工业区，随着工业区内企业的陆续外迁，大面积旧厂房被闲置、废弃，亟待重新开发使用。华侨城集团提出了将其改造为LOFT创意产业园的想法，在2004～2008年间先后进行了南、北区的微改造。依照深圳当时的规划条例，只要未破坏建筑主体结构，改造后仍满足容积率上限要求，涉及少部分工改商可以通过补缴地价通过审批，不必重新取得规划许可证，减轻改造成本。华侨城集团还通过增加商业和配套设施，引入了众多文化企业入驻，逐步培育了良好的文化创意产业基础，后期运营收入良好地反哺了前期投入。2008年华侨城创意文化园被评为全国首批“国家级文化产业示范园区”，之后深圳市政府开始正式介入华侨城创意文化园地基础设施和公共平台的搭建，为进一步完善产业链条，提高产业增值收益提供了保障。

（4）保障民生服务的规划许可机制

在老旧小区改造中，为解决居民急难愁盼问题，往往需要通过挖潜部分闲置空间用于完善公共服务与市政基础设施。但由于涉及规划功能调整，重新获得规划许可的相关审批程序复杂，给这些公益性的更新工作造成了较大的障碍。为解决这一问题，上海市和珠海市相继发布相关配套政策，允许在利用存量土地资源建设各类公服设施时无须对详细规划进行修改，减免了土地变更手续，并免除了增收土地价款，为通过老旧小区改造改善民生服务水平提供了便利。

专栏5-5　珠海市老旧小区配套设施补短板政策

2023年1月29日发布的《珠海市住房和城乡建设局关于整合利用城镇老旧小区存量资源补齐公共服务及其他配套设施短板的意见》中提出允许利用老旧小区和周边存量土地资源建设公共服务设施和各类环境及配套设施，可统筹利用公有住房、社区居民委员会办公用房、社区综合服务设施、底层杂物房、首层架空层、小区门房、小区闲置楼宇、闲置自行车棚或自行车房等现状房屋资源。对涉及利用闲置用房等存量房屋建设各类公共服务设施的，可在一定期限内暂不办理变更用地主体和土地使用性质的手续。增设服务设施需要办理不动产登记的，不动产登记机构应依法积极予以办理。对利用老旧小区内空地、荒地、绿地及拆除违法建设腾空土地等加装电梯和建设各类设施的，可不增收土地价款。

2. 土地政策创新

（1）土地整备利益统筹机制

我国以往的存量土地收储以项目为主导，存在收储土地零碎、规划实施过程烦琐、利益谈判阻碍大、行政成本过高等问题。深圳市试点的土地整备模式将原村集体经济组织继受单位持有的未完善征转地手续用地与国有土用地进行腾挪和集中，通过规划、土地、资金、产权统筹手段一揽子解决土地征收、用地规划和利益分配等问题，将原本零碎的土地进行重新规整和规划，结合相关政策以及政府与社区的诉求进行土地分配，分别为政府和社区双方提供成片集中的建设用地，促进土地的集约利用水平。同时，土地整备利益统筹在一定程度上提高了补偿标准，改变了以往土地征收模式在利益分配方面的局限。一方面，参考周边市场价格，对建筑物和土地分别实施货币补偿；另一方面，返还社区的“留用地指标”比例大大提升，且留用地可以选择通过补缴地价合法入市，让社区与政府共同享有城市发展带来的土地增值收益。

专栏5-6 深圳市土地整备利益统筹政策

深圳市于2018年8月9日发布《深圳市土地整备利益统筹项目管理办法》，其中提出按照政府主导、社区主体、社会参与的原则，综合考虑项目范围内未完善征（转）地补偿手续用地和原农村集体经济组织继受单位合法用地，通过规划、土地、资金、产权等统筹手段，完成整备范围内土地确权，一揽子解决历史遗留问题，实现政府、原农村集体经济组织继受单位及相关权益人多方共赢，促进社区转型发展。

在利益统筹项目范围内，政府与原农村集体经济组织继受单位“算大账”，通过资金安排、土地确权、用地规划等手段，集约节约安排土地，保障满足城市建设与社区发展空间需求。原农村集体经济组织继受单位与相关权益人“算细账”，通过货币、股权和实物安置等手段，确保权益人相关权益，实现整备范围内全面征转清拆。除留用土地外，其余土地全部移交政府管理。

（2）土地一、二级联动开发机制

传统的城市开发模式中，土地一级须由土地储备中心收储后进行“招拍挂”出让。为促进存量建设用地产权的合理流转，激发市场更新动力，建议地方政府在中央政策指引下，合理探索存量建设用地土地一、二级联动更新的适用范畴，优化土地出让方式，通过“城市更新项目协议出让”“划拨土地转协议出让”“带条件预先供地”等多元方式推动土地一、二级联动开发，提升市场主体参与城市更新的动力。

专栏5-7　深圳市城市更新的土地协议出让政策

深圳市于2021年3月22日发布《深圳经济特区城市更新条例》，其中明确拆除重建类城市更新单元规划经批准后，物业权利人可以通过签订搬迁补偿协议、房地产作价入股或者房地产收购等方式将房地产相关权益转移到同一主体，即实施主体。实施主体须与区城市更新部门签订项目实施监管协议。协议中应约定“实施主体按照搬迁补偿协议应当履行的义务”和“城市更新项目实施进度安排及完成时限”。建筑物拆除后，由物业权利人或者其委托的实施主体办理不动产权属注销登记手续，实施主体先向政府无偿移交公共用地（按经批准的规划执行），再申请以协议方式签订国有土地出让合同及取得土地使用权。同时，原土地使用权自动终止，出让后的土地使用权期限重新起算。

（3）存量土地地价优惠机制

随着城市经济社会全面快速发展和存量需求的增加，原本基准地价和单宗评估地价并行的地价体系所产生的问题逐渐显现，难以适应存量时期的发展需求，极大地影响了项目的实施可行性。通过科学、合理制定土地价款计收标准，针对城市更新项目灵活采用分期缴纳、补缴差价、公益贡献优惠等方式进行计收，可以充分发挥地价工具对优化土地资源配置的调节作用，引导土地集约高效利用。以深圳为代表的部分城市率先探索了“标定地价”模式，通过创新地价政策体系，进一步深化土地有偿使用，促进土地供给侧改革，实现土地资源有效配置，保障城市更新稳步推进。

专栏5-8 深圳市城市更新的地价优惠政策

2019年10月，深圳市发布《深圳市地价测算规则》，建立了以公告基准地价标准为基础的地价测算体系，主要在产业空间保障、政策性住房发展、公共设施配套三个方面给予地价优惠。

产业空间方面，鼓励类发展产业适用市场地价0.5的修正系数，重点产业项目适用市场地价0.6或0.7的修正系数。同时，鼓励建设只租不售的创新型产业用房，《深圳市创新型产业用房管理办法（修订版）》中规定，无偿移交给政府的创新型产业用房面积免缴地价，不计入项目可售面积，不占用项目可分割转让比例。在土地整备项目中，为加强工改工项目的市场动力，《深圳市土地整备利益统筹项目管理办法》中规定“留用土地规划为工业用地的，按照现行公告基准地价的10%缴交地价”。

政策性住房方面，测算规则明确规定安居型商品房和人才住房的地价分别按市场地价的30%和40%确定。另外，《深圳市城市更新项目保障性住房配建比例暂行规定》中规定城市更新项目配建的公共租赁住房及搬迁安置用房免缴地价。

公共设施方面，测算规则规定民生保障功能的公共配套，如交通设施、综合管廊、文化遗产、体育设施、幼儿园、社会福利设施、社会停车场等地价按市场地价10%确定；公用设施、市政设施及施工配套设施、训考场、殡葬设施、文化设施、医疗卫生设施、教育设施、科研用房等地价按市场地价30%确定；游乐设施地价按市场地价40%确定。另外，《关于加强和改进城市更新实施工作的暂行措施》中规定“无偿移交的公共配套设施包括社区警务室、社区管理用房、社区服务中心、文化活动中心、文化活动室、幼儿园、社区健康服务中心、社区老年人日间照料中心、小型垃圾转运站、再生资源回收站、公共厕所、环卫工人休息房、公交场站、公共车行通道等免地价”。

3. 财税政策创新

（1）多渠道财政奖补机制

财政奖补是政府加大支持城市更新工作最直接的手段，近年来国家先后拨付了大量财政资金用于支持地方保障性安居工程、老旧工业区、老旧小区改造以及配套基础设施建设。地方政府应当结合实际需要建立有针对性的财政奖补机制，一方面优先选择紧迫性较高的民生工程项目或者产业发展类项目提供资金扶持，另一方面还应当针对历史文化保护、生态修复等公共利益导向的特殊类城市更新项目提供专项资金支持。

（2）差异化税费减免机制

除了地价减免外，土地税收也是政府在经济层面调节土地增值收益的重要手段。我国城市更新涉及的税种包括所得税、营业税等。其中所得税包括两个方面，一是搬迁补偿对作为搬迁人的房地产开发商缴纳企业所得税的影响，二是作为被搬迁人的企业或者个人是否需要就取得的搬迁补偿所得缴纳企业所得税或个人所得税。针对不同类型的城市更新项目可以制定相应的税收减免政策，降低城市更新的实施成本。例如深圳市在《深圳经济特区城市更新条例》第五十五条规定"城市更新项目依法免收各项行政事业性收费"，除此之外深圳市全面落实国家针对政策性搬迁项目的税收优惠政策，在增值税、企业所得税、契税等方面予以优惠和减免。

4. 金融政策创新

城市更新的金融工具是保障项目资金，推动城市更新实施的重要手段，目前在上海、深圳等多个城市的更新政策均有提及。例如《深圳市城市更新办法实施细则》第六条明确，鼓励金融机构创新金融产品、改善金融服务，通过构建融资平台、提供贷款、建立担保机制等方式对城市更新项目予以支持；《上海市城市更新条例》第三十七条明确，鼓励金融机构依法开展多样化金融产品和服务创新，满足城市更新融资需求。支持符合条件的企业在多层次资本市场开展融资活动，发挥金融对城市更新的促进作用。

一般情况下，基础性综合整治类和政府征收类等公益性较强的更新项目增值收益相对较小，主要由政府统筹组织实施，其投（融）资模式主要包括政府直接投资、政府专项债投资、政府授权国有企业、政府与社会资本合作等。而经营性较强、收益回报机制清晰的更新项目一般采用市场化模式引入社会资本主导实施，投（融）资模式主要包括PPP模式、EPC+O模式等。除此之外，还可以通过基础设施REITs及资产证券化盘活城市更新资金。

专栏5-9 具有代表性的投融资模式类型

城市更新专项债券：2020年7月，财政部发布《关于加快地方政府专项债券发行使用有关工作的通知》，明确允许省级政府及时按程序调整用途，优先用于党中央、国务院明确的"两新一重"、城镇老旧小区改造、公共卫生设施建设等领域符合条件的重大项目。该模式以政府作为实施主体，通过城市更新专项债或财政资金+专项债形式进行投资，收入来源主要包括商业租赁、房客出租、停车位出租、广告牌出租、物业管理等经营性收入以及土地出让收入等方面。

PPP模式：PPP模式是公共基础设施建设中发展起来的一种优化的项目融资与实施模式，是政府与社会资本之间以项目为出发点，达成特许权协议，形成“利益共享、风险共担、全程合作”的伙伴合作关系。PPP模式对政府来说财政支出较少，对企业来说承担的投资风险更低，主要适用于市场化程度相对较高、投资规模相对较大、需求长期稳定、运营要求较高的基础设施和公共服务项目。

EPC+O模式：EPC+O即将EPC和OM打捆，把项目的设计、采购、施工及运营等阶段整合后由一个承包商负责实施的模式。该模式强化承包商单一主体责任，使得承包商在设计和施工阶段就要充分考虑运营策划、运营收益问题，促进设计、施工和运营各个环节的有效衔接，从而实现项目全生命周期的高效管理。EPC+O模式可实现投资和建设运营的分离，项目资金筹措由政府通过专项债和市场化融资解决，建设运营由承包商和运营商负责实施，可以大幅度提高投资效率。一般适用于工期紧、见效快，无须考虑资本投入和融资问题，对企业现金流要求不高的项目。

REITs模式：REITs也称“房地产投资信托基金”，是专门持有房地产、抵押贷款相关的资产或同时持有两种资产的封闭型投资基金。借助REITs可以把流动性较低、非证券形态的房地产投资直接转化为资本市场上的证券资产。深圳市人才安居集团申报的全国首个保障性租赁住房REITs项目的成功发行，有力证明了REITs在城市更新领域的广阔前景。

5.3 协同治理：多元化主体协同共治

5.3.1 城市更新治理模式

城市更新按改造对象划分为旧村、旧城、旧厂改造三种类型；按改造力度划分为拆除重建、综合整治及社区微更新；按更新治理模式主要分为政府主导，政府引导、市场运作，政府引导、自主更新和政府统筹、多方参与四种模式。在城市更新过程中，需要根据实际情况选择适合的治理模式，合理分担各方的责任和风险，以实现城市更新项目的顺利实施和可持续发展。为保障政府战略和公共利益的落实，实施政府重点战略意图区、城市特色街区和文物保护单位等的城市更新项目，主要由政府主导实施，并结合实际情况适当引入市场提供必要的资金和技术支撑；非重点片区的城市更新在政府引导下，鼓励市场主体积极参与和权利人自主更新；重大民生项目在政府统筹引导下，整合政府、市场、居民、专业机构、社会组织等各方资源，凝聚多方力量，打造共建共治共享的社会治理格局。

1. 政府主导模式

政府主导城市更新治理模式是指政府机构在城市更新领域发挥主导作用，一般由政府直接发起项目并组织实施的更新。在参与主体方面，政府通过收紧利益平衡、垄断部分项目类型、控制项目进展等方式来实现在资源配置环节中的强势话语权，同时允许市场有限度地参与土地开发权益分配，对市场进入的项目类型、参与方式、利益分配等有较为严格的管控或限制。该种模式主要适用于落实改善城市基础设施、完善公共设施、整治环境及优化产业结构等政府战略意图的城市重点片区更新改造。如通过划定成片、连片改造范围或整体转型区域的利益统筹项目，涉及历史文化名村、历史风貌街区保护与活化利用的项目，棚户区改造项目，以及因城市公共利益需要实施的土地征收项目等。

在投融资方面，一般以政府职能部门或政府授权的国有企业为项目实施主体，通过直接投资、发行债券、政策性银行贷款、专项贷款等方式筹集资金。项目收入主要来源于增加部分销售面积及开发收益、专项资金补贴等方面。

该种模式能较好地落实政府对城市重点片区建设实施的战略意图，项目推进较快，容易进行整体把控。但市场参与动力不足，城市更新工作往往财政压力较大，且涉及多方利益，需要进行综合评估和风险控制。

2. 政府引导、市场运作模式

政府引导、市场运作城市更新治理模式是一种兼顾政府角色、市场运作和权利主体参与的城市更新治理机制。参与主体方面，政府作为守护者，在城市更新中发挥着引导作用，通过建立工作机制、制定法规政策、编制技术标准、加强规划统筹和底线管控，明确公共利益保障的基准水平，保障城市更新可持续发展；市场作为推动者，通过市场机制，结合政府的规划引导和政策支持，推动城市更新的投资、管理和实施，建立和完善城市更新的市场框架，实现投资者和社会各方共同参与城市更新的共赢局面。权利主体作为项目直接利益相关者，发挥主动作用，在政府指导下，通过合理让渡产权空间，获取多元收益，与市场在更新中形成利益共同体，与政府携手共同参与社区营建与治理，共建美好家园①。该种模式主要适用于商业改造价值较高、经营性较强、收益较大的拆除重建类或综合整治类更新项目。

投融资方面，市场主体一般采用外部融资和内融资金平衡两种方式相结合的融资模式。外部融资一般是在项目前期阶段，通过非标融资（包括信托计划、资管计划、城市更新基金等）、引入合作方、银行贷款等方式进行融资；内部资金平衡一般通过滚动开发模式平衡资金，基本思路为部分安置、部分出售、分期投入、滚动开发。

该种模式优势为能整合多方优势资源、多元筹集资金、较快推进项目建设实施，政府只需进行审批和监管。但同时存在市场主体利益至上、疏于公共设施和空间建设、缺乏整体规划统筹的局限性。在地产融资受限的情况下，可持续融资面临挑战加大（图5-2）。

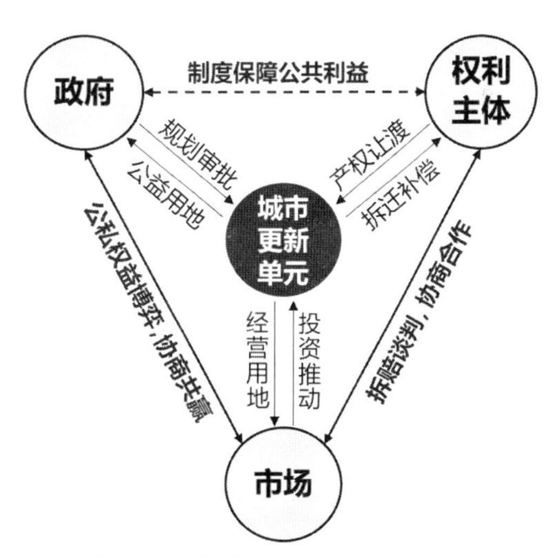

图5-2　主体关系特征
（来源：黄卫东.《城市治理演进与城市更新响应——深圳的先行试验》）

---

① 黄卫东. 城市治理演进与城市更新响应——深圳的先行试验［J］. 城市规划，2021，45（6）：19-29.

专栏5-10 深圳市大冲村城市更新项目

大冲村位于深圳南山区高新技术产业园区中区的东部，由于区位好、生活交通便捷、租金低廉，一直是高新区就业员工首选的落脚地。但是村内楼房密集、小巷狭窄、居室昏暗，配套供给严重不足。早在1998年大冲村已被纳入旧改计划，成为全市重大改造项目。然而，错综复杂的地权、与日俱增的违章建筑、不断提高的补偿要求以及不稳定的开发风险等难题，让自上而下的政府规划陷入无法操作的局面。

随着城市更新政策的不断完善，2007年华润与大冲村签订了旧改合作意向，为了更好地协调各方利益和加速项目改造进度，建立了政企村多方协同的创新工作机制。大冲村项目通过三方工作小组来协调各方利益，搭建由政府、华润和村民组成的沟通平台。华润将村民的意见纳入到开发决策的体系中，在项目重要节点以及设计方案编制过程中，坚持"请进来、走出去"的开门规划方式，积极与村股份公司及原村民进行沟通，通过村民和部门访谈、媒体宣传、模型展示、多机构参与、现场解答等多种方式，为政府、专家、村民、社会公众及开发商搭建起一个多方沟通、共同协商的平台，同时迅速对村民的合理意愿作出反馈与开发调整，积极协调各层面的矛盾与冲突，并通过股东大会和股东代表大会的制度议定重要事项，有效推动项目旧改工作。

3. 政府引导、自主更新模式

政府引导、权利主体自主更新的城市更新治理模式是一种政府引导、权利主体自主参与的城市更新形式。它以政府的战略规划为基础，通过政府的政策管理，形成一套有效规则、有效管理和有效配套政策，引导权利主体发挥自主能力，形成共同协作更新的机制。参与主体方面，政府要根据城市发展的需要，制定政策规划，完善配套政策，把握城市更新的基本方向，指导权利主体的自主更新，并提供有效的财政支持和技术支持，加强对权利主体的服务，支持和促进城市更新的实施。自主更新模式的权利主体一般是房屋的产权人或使用权人。产权人或使用权人需要通过自筹资金、银行贷款、政府补贴等方式筹措一定资金，并对自己的房屋进行调查和评估，制定符合政策要求和标准的实施方案。该种模式一般适用于规模较小、利益关系相对简单的更新项目，如由少数产权人或使用权人所有的小规模建筑物、个人房屋、小商铺、工业厂房等。

投融资方面，一是政府提供税收减免、利息补贴、奖励等各种形式的支持；二是在政府引导下通过低息银行贷款筹集资金；三是产权人或使用权人自筹资金。

该种模式能够充分保护权利主体的权益，增强他们的积极性和主动性，让权利主体在城市更新中发挥更大的自主性和创造性，同时能够避免政府过度干预和资源浪费等问题。但同时存在政府监管难度大、周期长的局限性。若政府引导和管理力度不够，可能会忽视公共区域的改善和提升，导致实践与规划不协调、治理效率低下、城市更新的进程缓慢或者滞后。

专栏5-11　天津市体院北环湖东里老旧小区自主改造

天津市体院北环湖东里老旧小区是位于天津市河北区体育学院附近的一个老旧住宅小区。该小区建于20世纪80年代，规划用地约 138 公顷，现有居住人口 5 万人，住宅建筑多为 6~8 层，建筑面积约 113.5 万平方米。近年开展了多轮综合整治，但人居环境仍然面临建筑结构和设施简陋，老龄人口出行不便，停车无序、数量不足，缺乏公共服务设施等老旧小区的共性问题。

结合天津市实际，该小区形成自主合户式改造、自主申请式改建和功能转换式重建三种改造模式。

模式一：自主合户式改造。居民通过自主协商、二手房屋交易进行户型改善。

模式二：自主申请式改建。包括扩建、翻建及加建。扩建是住宅楼梯向南、北两侧外扩，每户增加面积不得超过原面积的15%，产权归改造涉及业主独立所有，集资方式为业主自担；翻建是在原用地范围内进行原地翻建，增加面积不得超过原面积的 15%，集资方式为业主自担或市场化企业参与；加建是原地加建一层，增设坡屋顶及电梯，鼓励增加地下室空间，首层疏解原居住功能，改变用途用于本小区配套、停车、就业等服务功能，增加面积不得超过原面积的 15%，产权归改造涉及业主共同所有，集资方式为政府补贴业主自担或政府补贴市场化企业参与。

模式三：功能转换式重建。用地性质调整为非住宅用地，居住户数清零，公共服务功能不减少；容积率可适度增加；引入产业功能和服务型公寓功能，促进职住融合；补充公共要素短板（公共服务、停车、绿地）；兼容混合用途，吸引市场投资。

4. 政府统筹、多方参与模式

政府统筹、多方参与的城市更新治理模式是指政府统筹、多方共同参与、资源整合、利益共享的城市更新治理模式。参与主体方面，政府作为城市更新的统筹者，负责规划引导、政策指导、项目实施、资源整合、利益共享等方面的工作；多方共同参与包括政府、企业、居民、专业机构、社会组织等，在城市更新过程中发挥重要作用；专家、社会组织参与可以更有效地发掘和激发改善城市环境的潜力，确保城市更新的公平正义。采用该种治理模式，政府更加关注公众的利益需求，通过完善公众参与机制搭建沟通议事协商平台，鼓励公众深度参与。该种模式主要适用于采用微改造或混合改造方式、以民生需求为主的城镇老旧小区改造、城中村综合整治、历史文化街区保护、社会公益性建设、生态绿化等项目。

投融资方面，一是政府出资模式，政府出资作为主要的融资来源，直接投入资金用于城市更新项目的实施；二是政府引导社会资本模式，政府引导社会资本参与城市更新项目的投（融）资，例如提供优惠政策、减免税费等措施，鼓励社会资本参与投融资；三是鼓励居民出资，激发居民的“主人翁”意识，按照“谁受益、谁出资”原则，居民通过直接出资、使用住房公积金、使用物业专项维修资金、投工投劳等方式积极参与。在具体实施中，一般分为以政府职能部门为实施主体、政府授权国有企业和政府与社会资本合作三种类型，主要采用的实施模式为EPC+O、BOT、PPP、企业代建等。

该种模式的优势为可有效利用社会资本资源整合优势，减轻政府财政压力。但收益平衡较难实现或期限较长，还需进一步探索创新投（融）资路径，形成可持续商业模式。

专栏5-12　佛山市南海区桂城街道桂一社区老旧小区改造项目

桂一社区是佛山“宜居佛山 共同缔造”城镇老旧小区改造第一批启动的社区之一，是广东省改造试点项目之一，也是全国“我为群众办实事”的联系点之一。为了引进社会资本，该项目采用了EPC+O 改造实施模式，将项目的设计、采购、施工及运营等阶段整合后由碧桂园负责实施。

该小区改造内容涉及小区市政配套基础设施改造提升及小区内建筑物屋面、外墙、楼梯等公共部位维修等。为减轻基层社区“物业”服务角色，使改造成果能保持下去，在改造的同时同步积极推进引入专业物业公司，探索由“政府管”到“社会管”的新管理模式。改造后实施主体通过车位费收入、公共资产经营、公共广告经营及其他空置闲置资源出租运营等方式获取收益，以平衡老旧社区服务的投入，从而建立健全、长效的合作机制。

5.3.2 多元主体的协同机制

城市更新不仅是物质空间层面的拆拆建建、修修补补，也是一项推动城市可持续发展、高质量发展、高水平治理的系统工程，需要建立各方全程参与、协商决策、精细规划等机制，充分发挥各自的优势，形成合力，共同推动城市更新项目的实施。

1. 参与全程化

在城市更新中多元主体参与全程化机制是指在城市更新的各个阶段中，各类主体通过合理的参与机制，参与城市更新治理，实现资源共享、责任共担、利益共享。这是推动城市更新治理的关键。在城市更新中，各类主体有序参与规划、设计、建设及运营等全过程。在项目前期立项阶段，政府和市场合作征集居民的更新改造意愿和改造需求；在实施方案编制阶段，政府、市场、公众等进行充分沟通，协调达成利益平衡；在建设实施阶段，市场主体在政府和公众的监督下，优先保障公共利益；在运维管理阶段，开展居民满意度测评，促进长效管理。多元主体的全程参与让城市更新的各阶段建立在合作协同的基础上，从而推动城市更新可持续发展。

2. 决策协商化

多元主体协同下的城市更新通过建立透明、公正的参与机制，加强信息公开和共享，规范决策程序，建立协商、磋商机制等，让各利益相关方在决策中平等参与，共同推进城市更新治理的可持续发展。主要包括以下几个方面：一是建立透明、公正的参与机制，吸引各利益相关方积极参与，让所有利益相关方能够在平等的基础上参与城市更新治理；二是信息公开和共享，提高各方的知情水平，促进决策的公开、透明、合理；三是决策规则和程序规范化，确保决策的合法性和科学性；四是建立协商、磋商机制，让各利益相关方能够通过协商、磋商等方式，共同推进城市更新治理，达成共识；五是建立决策结果实施和监督机制，监督城市更新治理中各方的实施情况，对实施情况进行评估和反馈，不断完善决策机制，提升治理效果。

3. 规则精细化

通过制定精细化的参与和制衡机制，可对多元主体间的利益平衡进行规范和约束[①]，明确参与主体的具体工作安排和责权边界，不断加强申报、审批、实施等全流程的管控，从而提高管理效率和规划可实施性。在计划申报阶段，通过自下而上的申报机制，充分尊重权利主体意愿，调动市场积极性；在审批过程中，政策公开透明，全链条保障规划的合理性；在实施阶段，明确政府主体的监管责任和市场主体的移交责任，在保障公共利益的同时确保规划的可实施性。政府、市场与公众之间“自上而下”和“自下而上”的工作路径实时结合、良性互馈，促进城市更新工作协调发展[②]。

5.3.3 多元主体的角色定位

在城市更新中，主要涉及五方主体，即政府、市场、居民、专业团队、社会组织。不同主体担任不同的角色和职责，需要各自发挥优势，积极参与城市更新的各个环节，形成合力，共同推动城市更新的实施，实现城市的可持续发展。

1. 政府：统筹引导，优化机制

政府是城市更新的统筹者、引导者，主要通过定规划、定政策、定标准，抓统筹、抓服务、抓监管[③]实现对城市更新工作前端、中端、后端的全流程管控，发挥统筹引领作用，保证公共利益优先，从人民群众最关心、最直接、最现实的利益问题出发，通过城市更新完善功能，补齐短板，保障和改善民生。

（1）定规划、定政策、定标准

坚持规划引领。一是加强整体谋划，系统安排。在国土空间规划体系中统筹考虑城市更新工作，充分发挥“多规合一”的国土空间规划体系对城市更新的系统治理、综合治理和源头治理作用。积极搭建宏观、中观、微观分层传导的全过程规划管控体系，逐层细化更新目标、任务指标，有效指导城市更新的实施。二是坚持底线思维，公益优先。在严守资源约束底线的前提下，合理确定城市更新重点区域和空间单元，明确存量空间结构优化、功能完善、品质提升等总体管控要求。

健全政策体系。政策法规体系是城市更新建设管理的制度保障，确保城市更新工作的合法性、权威性和公平性。一是强化政策顶层设计，制定城市更新纲领性文

① 林辰芳，杜雁，岳隽，等. 多元主体协同合作的城市更新机制研究——以深圳为例［J］. 城市规划学刊，2019（6）：56-62.

② 刘昕. 城市更新单元制度探索与实践——以深圳特色的城市更新年度计划编制为例［J］. 规划师，2010，26（11）：66-69.

③ 详见《〈深圳经济特区城市更新条例〉解读》，深圳市城市更新和土地整备局网站.

件作为制度建设的基础，如加快立法工作，出台纲领性规章、规范性文件等，在此基础上建立城市更新规划、建设、管理、运行、拆除等全生命周期管理制度。二是完善配套政策，针对旧工业区、城中村和旧住宅等各类更新对象，从土地、规划、建设、园林绿化、消防、不动产、产业、财税、金融等方面形成一系列配套支持政策。例如，深圳市建立了“1+2+N”城市更新政策框架，即以《深圳经济特区城市更新条例》为纲领性文件，以《深圳市城市更新办法》《深圳市城市更新办法实施细则》为核心政策，“N”指对有关内容细化落实，突出可操作性的一系列配套文件。

完善技术标准。技术标准是指导城市更新有序推进的技术方法和实施路径，鼓励制定适用于存量更新改造的标准规范。2013年以来，深圳市制定了一系列实施技术标准，如《深圳市城市规划标准与准则》《深圳市城市更新单元规划容积率审查规定》《深圳城市更新单元规划编制技术规定》《深圳市拆除重建类城市更新单元规划审批规定》等文件，逐步形成一套更新技术体系，科学规范地指导城市更新实施。

（2）抓统筹、抓服务、抓监管

强化统筹协调。政府主要通过组织统筹、资金统筹、空间统筹三个方面，科学推进更新工作落实落地。在组织统筹方面，加强组织领导，健全工作机制，形成市区统筹谋划、街道组织实施、社区参与落实、相关部门密切配合，横向协同、纵向联动的工作机制，有效推进更新工作落实落地。在资金统筹方面，通过构建资金共担机制，持续完善政府、企业、居民“三位一体”的资金共担机制，充分发挥政府资金的引导作用，鼓励社会资本、居民参与改造。在空间统筹方面，坚持先规划、后建设，系统谋划，科学布局。

做好服务保障。充分发挥服务型政府的功能，加大指导服务力度，实现全流程的主动服务机制。引导社会资本以多种方式参与城市更新，健全公众参与机制，了解公众诉求，鼓励公众参与更新全过程。

加强监督检查。建立完善监督检查机制，确保目标任务、政策措施、资金筹措、工作责任落实到实处。同时，大力推进更新信息公开，发挥社会公众、新闻媒体对城市更新工作的监督作用。

2. 市场：沟通协调，资源整合

市场作为经济主体，是城市更新的主要推动者和实施者，主要根据政府的规划和政策，通过加强与多方协调沟通和整合资源，深度参与城市更新项目的全流程。2009年深圳市出台《深圳市城市更新办法》，明确了“政府引导、市场运作”的原则，在全国率先探索城市更新市场化运作路径。以房地产业企业为代表的市场主体积极对接政策要求，通过与各利益主体沟通协调，以获得最大的经济收益为目标，在城市更新中发挥重要的作用。

（1）多方沟通、协调的纽带

市场作为实施主体，需要与政府、居民和专业团队等进行充分沟通、协调，最终实现利益平衡。具体工作包括：对接政府，市场主体需要持续跟进和准确把握城市更新政策和具体管理要求，反复与市级、区级、街道、社区等多级政府进行沟通交流，明晰项目的实施推进方向和各环节的具体工作；对接居民，由于居民有权利自主选择实施主体，因此市场主体在拟定战略合作时会投入大量的时间和精力与居民谈判，形成各方都接受的利益分配方案；对接专业团队，在整个城市更新过程中，市场主体会与规划、建筑、产业、金融 、财务、法律等多类专业服务机构充分对接，依靠专业团队提供规划、设计、建设、运营和法律等方面的专业技术支持，确保项目的可行性、可持续性和市场竞争力。

（2）发挥资源整合优势

市场主体在城市更新中具有资源整合优势，能够为城市更新项目提供全方位的支持和保障，主要表现在资金、技术、人才三个方面进行整合，加速项目进展和推进。在资金方面，市场可以整合各种资金来源，如银行、基金、保险等机构的资金，以及社会投资人和企业家的个人资金，用于城市更新项目的建设和运营，如土地开发、公共设施建设、环境治理等方面。在技术方面，市场可以整合各种技术和知识资源，如城市规划、建筑设计、环境工程、法律咨询等方面的专业技术，可聘请专业团队，或与专业机构合作，提供高质量、创新的设计方案和技术支持。在人才方面，市场可以整合各种人才资源，如城市管理、投资运营、市场营销等方面的专业人才，通过招聘、培训、派遣等方式，为城市更新项目提供专业人才支持。

3. 居民：积极参与，共同缔造

居民作为城市的“主人翁”，是城市空间的生产者与使用者，也是城市更新最为核心的利益相关者之一。应在基层党组织的引领下，通过共商、共管、共评积极参与社区治理。更新改造前，充分尊重公众意愿，规定公众的更新意愿必须得到一定程度的满足才能继续提出申报计划。更新改造中，制定公众参与的流程，明确不同阶段公众参与的议题范围。建立健全社区多方参与的联席会议制度，统筹协调社区居民委员会、业主委员会、产权单位、物业企业等共同推进改造。搭建沟通议事平台，按照“协商于民、协商为民”的要求，组织研讨会、听证会、民意征询和调查等，广泛征集居民更新意愿，促进居民主动参与更新改造方案设计和实施。更新改造后，组织开展居民满意度测评，将居民满意度作为验收标准之一[①]，再由街道、社区、居民代表、设计施工人员、工程监理等共同验收，做到改造后满不满意由居民说了算，真正实现决策共谋、发展共建、建设共管、效果共评、成果共享。

4. 专业团队：技术服务，精细治理

在城市更新中，专业团队发挥着协调者与组织者的双重职责，是连接政府、市场与居民的纽带与媒介，主要通过专业技术助力社区治理精细化、规范化发展。其作为协调者，充分整合内外资源，连接政府、市场、居民等利益主体，通过建立跨域沟通平台和对话机制，引导不同主体进行交流、协商；作为组织者，以专业能力向居民及基层部门宣传专业知识，唤醒社区居民的“主人翁”意识，凝聚在地社区精神，以工作坊、座谈会、咨询会等方式组织培训，提升居民社区自治能力，促进社区精细化治理。

（1）建立专家咨询机制

专家学者作为具有权威性和影响力的专业人士，为城市更新实施建言献策，可有效地提高城市更新工作的科学性、可行性和实效性。通过建立专家库、专家咨询机制等方式，邀请专家提出城市更新项目的规划、设计、施工、历史保护等方面的咨询和建议。建立健全专家咨询机制，需要明确专家咨询的程序和要求，确保专家咨询工作的科学性和规范性。同时，还需要加强对专家咨询机制的宣传和推广，提高市民对城市更新工作的认识和参与度，促进城市更新工作的顺利进行，取得良好效果。

专栏5-13　青岛市建立城镇老旧小区改造专家库

为了充分发挥专家在城镇老旧小区改造工作中的评审、咨询和技术指导作用，不断提高城镇老旧小区改造工作的科学化、规范化、专业化水平，青岛市住房和城乡建设局印发了《青岛市城镇老旧小区改造专家及专家库管理办法》。

专家的工作职责包括：为青岛市老旧小区建设的规划、发展提出意见和建议；参与研究和制订全市老旧小区改造战略、发展规划，以及老旧小区改造方案的论证，为推动老旧小区改造工作提供信息和决策咨询；参与青岛市

① 万玲. 广州市老旧小区可持续微改造的困境与路径探析［J］. 城市观察，2019（2）：65-71.

老旧小区改造相关导则（标准）的编制、修订、咨询、论证等工作；参与青岛市老旧小区改造项目的咨询、评审、验收评估等工作；为青岛市老旧小区改造的有关法规、政策制度和技术标准、宣传培训提供支持；参与青岛市老旧小区改造的其他相关工作。

（2）规划师进社区

在城市更新实践中，规划师不仅负责规划设计方面的工作，也需要参与规划、设计、施工、运营的全周期管理，提供高质量、高水平、精细化的技术咨询和指导。并积极组织居民、协助讨论和排难解纷，搭建规划与居民实际生活需求良性互动的“桥梁”，打通规划落地“最后一公里”。随着规划师角色愈发重要，多地探索建立社区规划师制度，发挥“自上而下”引导规划科学编制与实施的专业作用，“自下而上”了解社情民意、调动公众参与的组织作用。

专栏5-14 《北京市责任规划师制度实施办法（试行）》

2019年5月，北京市规划和自然资源委员会发布《北京市责任规划师制度实施办法（试行）》，建立起联系规划与基层的桥梁。在全市、街、乡、镇中推行责任规划师制度，以专业力量助力基层开展城市更新工作，协助搭建“共建共治共享”的精细化治理平台。责任规划师通过建立跨域沟通平台和对话机制，增进规划专业技术人员、行政部门与社会大众之间的互动与交流。截至2021年年底，北京市16个区及亦庄北京经济技术开发区已全部完成责任规划师聘任，覆盖率达100%。

5. 社会组织：组织协调，宣传引导

在城市更新中，社会组织一般包括非营利组织、社区组织、行业协会、媒体等。社会组织作为城市更新项目的参与者之一，参与项目的规划、设计、评估、监督等各环节，为城市更新工作提供专业和公正的建议和意见，推动城市更新工作的顺利进行；同时，可以发挥桥梁作用，通过开展宣传活动，促进公众和社区参与城市更新工作，引导公众参与城市更新决策和管理，增强公众的城市责任感和参与感。

专栏5-15　社区共建花园——深圳企鹅花园

企鹅花园是由深圳市南山区城市管理和综合执法局主持营造，蛇口社区基金会、大自然保护协会（TNC）、草图营造承办共创，太子湾学校师生及周边市民参与调研、设计、营建和管养的全流程社区共建花园。

其中，大自然保护协会以非政府组织的身份参与社区共建花园工作指引的编制，在TNC生境花园设计工具包的支持下，以全民共商共建共治共享的创新模式，从亲自然城市的角度，提出城市小微空间生态品质提升对整体生物多样性的重要意义，为居民提供在身边亲近自然的机会，提升了社区宜居性和幸福感。

5.4 实施管理：构建高效运行的工作机制

5.4.1 管理架构搭建

纵观各地城市更新工作可发现，伴随着城市更新的演进，各地城市更新管理的层级也逐渐明晰，从市级至区（县）级各部门分工明确，各司其职又相互牵制，充分发挥市级部门总体把控引导作用，发挥区级部门综合治理职能，集结相关部门提供专业支持，发挥基层行政队伍在地服务优势，各展所长，最终使城市更新工作得以高效开展。

1. 纵向工作链条：理顺层级关系，下放治理重心

纵向来看，城市更新管理体系发展较为成熟的城市往往设立了城市更新管理机构，并建立了多层级的更新管理体系。深圳建立了一套“市统筹、区决策”的更新管理体系，上海则在2021年发布的《上海市城市更新条例》中明确了市、区、街镇三级的工作职责。新时期，要直接面向基层、面向人民，满足其对更加美好生活的需求，城市治理的重心仍然需要持续下沉。

在市级层面，政府应强化宏观统筹管理职能，建立协调推进机制，拟定政策、规则、标准等。尽管不同城市的城市更新主管机构的形式各不相同，如深圳成立城市更新和土地整备局，北京在市规划和自然资源委员会内设立详细规划处（城市更新处），成都则在住房和城乡建设局及规划和自然资源局分别内设城市更新处，但其主要职能都是负责协调统筹全市更新工作、拟定相关标准、要求，并对全市城市更新工作涉及的重大事项进行决策。目前，仍有一些城市尚未设立城市更新专职机构，亟待构建常态化、专业化的行政管理机构，提高管理效率与统筹作用。

专栏5-16　不同城市的城市更新管理机构情况

深圳市城市更新和土地整备局是市政府工作部门，为副局级，由市规划和自然资源局统一领导和管理。主要职责是：①贯彻落实市委、市政府、市查处违法建筑和城市更新工作领导小组及市规划和自然资源局的有关工作部署和决定，组织协调全市城市更新、土地整备工作。②拟订城市更新和土地整备有关政策、规划、计划、标准并组织实施；拟订土地储备有关政策、计划并组织实施；组织起草有关地方性法规、规章草案。③统筹协调全市土地整备资金计划，按权限管理相关土地整备资金。④指导和监督各区开展城市更新和土地整备工作。⑤完成市委、市政府和上级部门交办的其他任务。⑥职能转变，市城市更新和土地整备局应当强化统筹协调、制度设计、政策制定、监督检查等职能，优化体制机制，推进管理重心下移，充分调动各区积极性，推动我市城市更新和土地整备工作高质量发展。

北京市规划和自然资源委员会内设详细规划处（城市更新处），承担本市控制性详细规划管理的相关政策研究工作；承担中心城区（核心区以外）、平原多点及生态涵养区的新城和镇（乡）的街区层面控制性详细规划的审查、报批、评估、维护工作；承担或会同相关区政府组织重点功能区规划的编制、审查、报批和维护等工作；研究拟订城市更新相关政策并指导实施。

成都市住房和城乡建设局内设城市更新处，负责拟订城市更新政策并组织实施；拟订全市国有土地上房屋征收与补偿政策，统筹征收补偿标准并监督实施；负责统筹协调重大和跨区建设项目的房屋征收与补偿工作；拟订历史建筑保护政策，承担全市历史建筑普查认定、维护修缮的组织实施和资金补助审核工作；负责编制棚户区、危旧房、老旧院落（小区）、老旧建筑、城中村、旧城改造等城市更新规划并监督实施，承担改造项目的监督、指导和协调工作。成都市规划和自然资源局内设城市更新处，负责城市更新涉及规划和自然资源管理的有关政策、标准、技术规范的制定和实施；负责编制城市更新规划和总体工作方案；参与市级部门城市更新相关工作；负责城镇低效用地规划编制、政策研究和实施；负责历史文化名城保护规划相关工作。

在区级层面，许多城市的区级政府都是地方城市更新工作的核心。广州市各区委、区政府在市级政府指导下，负责本辖区城市更新片区策划方案的组织编制、审核、申报、批复等工作。深圳市政府把城市更新计划的审批权下放到各区城市更新主管部门，并将土地使用权的批准和地价测算、货币补偿类土地整备方案等的审批执行一并下放，即所谓“强区放权”，各区城市更新局自此承担了城市更新管理核心职能。

在基层工作方面，为进一步探索职权下沉，各区政府探索了适应性的事权下放方式。北京在《北京市城市更新条例》中赋予街道办事处、乡镇人民政府负责组织实施辖区内街区更新的事权，搭建政府、居民、市场主体共建共治共享平台；鼓励居委会、村委会发挥基层自治组织作用，了解并反映居民、村民更新需求，组织居民、村民参与城市更新活动。在北京石景山区的鲁古街道老旧小区改造中，街道作为实施主体，引入社会资本进行战略合作，整合片区资源，安排项目招标与项目推进，降低管理成本，提高工作效率。深圳市罗湖区也探索提出赋予街道办事处对微改造项目的统筹规划和自主决策权力，在区级各相关部门的专业指导下，形成微改造工作“属地管理+专业支持”条块协同机制，以充分发挥基层能动性，促进基层队伍主动作为、主动推进。

2. 横向工作板块：加强工作统筹，明晰权责边界

从横向看，城市更新工作，尤其是超大城市的城市更新工作，管理上的关键难题在于各个部门的协同。城市更新涉及住建、自然资源、商务、园林、城管等多个管理部门，而长期以来条块分割的管理格局造成各自为政、权责不清等问题，职责边界模糊，导致审批过程混乱。一些城市之前的城市更新工作大多以项目为导向条块化推进，建设空间较为分散。

城市更新实践较为成熟的城市为加强多部门的工作协调，通常会设立领导小组或专项小组。北京市在市委城市工作委员会的工作体系下设立城市更新专项小组，负责统筹推进城市更新工作，并下设推动实施、规划政策、资金支持三个专班。深圳市通过设立城市更新领导小组，搭建起多部门统筹协调平台，将发改、财政、规划、建设、环保等相关职能部门负责人配置进领导小组，以加强部门间的协调。重庆市将领导小组办公室设在市住房和城乡建设委员会。西安市则设在西安市城中村（棚户区）改造事务中心。然而，一些城市的城市更新领导小组办公室只是协调机构，缺乏专职人员，对市、区两级部门统筹能力有限。

城市更新职能部门与城市建设相关单位应当建立配合紧密、分工明确、权责统一的工作体制。广州以《广州市深化城市更新工作推动高质量发展的工作方案》等政策文件界定市级各部门工作职能与边界，统筹市级工作板块。部门间的协调有利于提高城市更新项目各审批环节的工作效率。不同职能部门在审批过程中应当配合相应的工作，如在规划审查阶段，城市更新职能部门需要对其规划目标、方向、配建责任、实施分期安排进行核查，而产业部门需要对产业定位进行核查与认定，教育部门则应当核实教育设施配置要求和落实情况等[①]。对城市更新过程中部门协调的内容和要求进行明确界定和规范，协调、整合多部门力量，配合市区纵向工作机制，条块结合，建立三维的更新管理体系，方可保障城市更新决策的科学性、实施性。

5.4.2 管理流程组织

《自然资源部办公厅关于加强国土空间规划监督管理的通知》提出“实行规划全周期管理”的要求，提出建立规划编制、审批、修改和实施监督全程留痕制度，加强规划实施监测评估预警，做好批后监管。全流程是指集成从规划到实施各阶段所有业务流程的内容，全生命周期则是指某一城市要素在城市发展的完整生命周期内所涉及的所有内容。城市更新是复杂的系统性工程，需要规范化的管理流程支持城市更新工作有序推动，更需要全生命周期管理支持城市治理长效运行。

1. 规范全流程管理

通常来说，实施管理的全流程包括计划管理、规划管理、规划实施、规划监管、反馈修正等环节，并加之保障机制，出台各类政策文件，在法制化层面加强对城市更新工作推进的保障力度。

（1）计划管理：以系统性、共识性安排引导工作有序推进

为保证市—区两级规划目标与工作推进节奏一致，有必要建立计划管理制度，作为工作共识，统领工作推进安排。例如深圳在实践中逐步完善了城市更新年度计划管理制度和城市更新五年计划管理制度。年度计划管理的内容包括更新范围、申报主体、物业权利人更新意愿、更新方向和公共用地等内容，一方面引导更新活动有序开展，另一方面可有效衔接近期建设规划，包括城市更新实施性详细规划制定计划、实施计划等。五年计划管理是为了发挥计划管控作用、科学调控计划规模、有序推进计划审批而建立的调控机制，政府明确五年内全市新增计划规模总量，分配给定上、下限值，明确时序安排，统筹协调分类推进力度，

① 深圳市城市规划设计研究院，司马晓，岳隽，等．深圳城市更新探索与实践［M］．北京：中国建筑工业出版社，2019.

有序实现更新目标。北京市建立了城市更新计划管理机制，要求建立市、区两级城市更新项目库。其中，对于具备实施条件的项目，有关部门应当听取项目所在地街道办事处、乡镇人民政府以及有关单位和个人意见，及时纳入城市更新计划。不少城市还针对特定改造对象、特定改造路径制定了计划，如安徽铜陵市的社区更新计划、重庆的路网更新年度计划等。

（2）规划管理：以规范化、精细化法定文件进行城市建设管理

在城市更新行动背景下，城市更新规划管理成为城市建设管理的核心。为实现高效管理，应将规划管理内容规范化，在规划编制时，对其所包含的技术内容进行要求，包括更新模式、土地利用、开发强度、公共配套设施、道路市政、城市设计和利益平衡等，将其作为规划管理的规范化文件。同时，应对管理内容深度提出要求，形成精细化实施指引，确保在后续建设管理中有效传导规划意图，实现高品质落地。

在国土空间规划体系下，详细规划是法定规划，是政府部门进行后续开发建设审批的依据。不同于增量规划的编制思路和方法，面向城市更新地区的详细规划的编制需要加强对各项实施因素的关注和评估。一方面，在详细规划层面，通过区分城市更新规划单元和城市更新实施单元两个层面，实现规划管控内容和实施内容的刚弹结合。城市更新规划单元详细规划重在落实总体规划的底线约束，对总体容量、结构布局和公共服务配套等方面进行管控，以保障满足城市的系统要求；城市更新实施单元在城市更新规划单元的指导下，以实施为导向，细化地块管控要求和实施方案。另一方面，单独编制的城市更新规划，其成果和内容需要纳入详细规划，通过详细规划的修改和调整程序，使规划内容法定化，方能使更新规划中核心的管控内容成为开发建设的审批依据。如广州要求在片区层面编制片区更新策划方案，评估更新改造模式的可行性，并将涉及强制性内容调整的部分反馈至控制性详细规划，使控制性详细规划在调整后更好地指导项目实施。

同时，由于城市更新项目的审批包括较多环节，尤其是前期意愿征集和拆迁谈判阶段需要花费较长时间，为了提高规划审批的效率，有必要建立分类、分级的规划审批流程，对涉及局部规模、布局、设施等变化的各类优化调整的实施规划，须对应严谨的审查审批程序，以做好刚性管控；对不涉及改变详细规划强制性管控内容和要求的，可适当简化审批流程，提高工作效率。

（3）规划实施：以路径完善、步骤明确的实施方案推进项目落地

在路径方面，考虑到城市更新实施方式、主体的多元化，为了有效推进城市更新实施，不同城市结合实践经验，分别提供了不同的规划土地、产权政策以作

支持，包括实施主体的多元化、实施补贴的不同形式、用地整合的政策路径等。通过制定适用于存量更新的、多元化的城市更新土地供应、实施方式、地价收取等政策办法，完善实施路径，提高实施可行性。厦门思明区的鹭江街道曾推行过一段时间的有机更新“以奖代补”的实施机制，对符合城市更新总体风貌控制的项目及展现当地文旅特色的项目和业态进行奖励，从而推动改造，实现老剧场文化公园周边的建筑保护性提升和业态调整升级。

在步骤方面，应明确重点，统筹时序步骤安排，由局部发力到全面完善。城市建设实施推进，应通过先期项目以点带面，提升区域活力，进而吸引社会广泛参与。更新治理工作探索更应通过重点项目的深化研究，形成示范项目，总结形成可推广、可复制的实施管理模式。

（4）规划监管：以环节完备、条款清晰的监管体系作为管理保障

规划的实施成效需要成文的操作办法和监管协议作为保障。各地应根据城市更新项目的推进方式，将其中涉及的产业绩效、住房保障、拆迁安置、分割转让等要素纳入土地使用权出让合同或履约监管协议，以作为后续的管理保障。同时，针对实施过程中每一阶段都应设计一套监管机制，确保实施推进的每一个步骤都可落实并追溯到责任主体。例如深圳的更新实施包含制定实施方案、确定实施主体、房地产权注销、建设用地审批、签订土地出让合同、缴交地价和项目监管等环节。其对应的监管方式包括：与实施主体签订“项目实施监管协议”，对市场主体开展的拆迁、建设、补偿、移交等工作进行监督；要求实施主体缴纳监管资金，通过银行保函等方式进行监管；引入相关职能部门，依据各自职权范围参与监管工作①。

（5）反馈修正：以实施效果评估反馈持续优化工作安排与工作机制

对规划内容进行反馈修正是因城市更新运作周期长，其实施效果存在滞后性，所以有必要建立评估检讨、反馈修正的机制，一方面要在城市更新规划编制过程中完善各层次的风险评估方法和技术手段，另一方面要定期反馈城市更新项目的实施效果，从而在下一阶段对政策设计、编制标准及审查规则进行适当的调整和完善。

工作机制本身也需要持续修正，以免因复杂的操作流程、审批程序导致工作滞缓。在这方面，深圳因由增量发展转型存量发展的紧迫性较早作出了大刀阔斧的调整。2015年，《深圳市人民政府关于在罗湖开展城市更新改革试点的决定》发布，试点性地将部分市局工作事权下放到罗湖区级行使，结果审批效率显著提升。

① 深圳市城市规划设计研究院，司马晓，岳隽，等，深圳城市更新探索与实践［M］. 北京：中国建筑工业出版社，2019.

因此，2016年发布的《深圳市人民政府关于施行城市更新工作改革的决定》正式确定全市范围内试行“强区放权”。精简提效之后，深圳的城市更新审批流程涉及计划、规划、实施三大步骤20余项流程优化为10个左右，大幅提高了审批进度。

2. 加强全生命周期管理

（1）理念转变：规划建设运营一体化

将“全生命周期管理”理念运用到城市更新与治理中，就是要在传统规划、建设、管理等业务工作之上，更加注重规划、建设、管理活动和更长周期的城市治理活动，例如运行与服务、维护与优化、升级与更新等活动之间的联动，注重多元、动态的治理结构对城市产生的综合绩效[①]。因此，要将运营理念作为前置思考，探索建立长效管理机制，鼓励运营主体提前介入规划，紧扣现实需求策划功能业态组成，精准投放更新资源。例如杭州市萧山区的七彩未来社区设计中，提出“投建运维混合一体化机制”创新，其前端规划设计、过程建设管理、后续招商运营，走的都是长期运营之路。呼和浩特则在城市更新工作中大力推广城市运营理念，要求以收益反哺投入，将政府对公用设施的投入与项目收入和产业收益整合起来，在地铁沿线更新项目中探索运用TOD模式，在老旧小区改造项目中探索EPC+O模式，完善市政基础EOD模式，实现“以城建城、以城兴城”。

（2）路径优化：全流程联动城市体检评估工作

自2015年习近平总书记在中央城市工作会议上提出“建立城市体检评估机制”至今，经试点探索，城市体检评估机制已初步成型。2020年，党的十九届五中全会明确提出“实施城市更新行动”，将城市更新上升到国家战略层面；2021年，时任住房和城乡建设部副部长黄艳接受《城市进化论》专访时提出，城市更新的路径是开展城市体检，统筹城市规划建设管理。因此，在管理体系建构中，应探索城市更新工作和城市体检评估的联动机制，并将城市体检评估贯穿城市更新的全流程，研究从城市体检评估到城市潜力识别、城市更新项目生成的机制和技术，构建面向城市更新方案的多场景综合评估技术体系和智能化决策评估，建设针对城市更新实施的动态监测和预警机制，从而形成服务城市更新全生命周期管理的支撑工具，更好地促进城市的常态化、系统化、精细化、智慧化更新。例如南昌市建立了城市体检制度，以“体检、评价、诊断、治理、复查、监测预警”的六步工作法对城市人居环境进行动态监测。

---

① 王世福：补齐短板强化城市公共空间韧性［N/OL］. 光明日报，［2020-03-23］. https://baijiahao.baidu.com/s?id=1661901656043335093&wfr=spider&for=pc.

（3）技术升级：数字化、网络化、智慧化赋能

现代信息技术手段为城市管理提供了有力支撑，城市运行管理服务平台更是提升城市科学化、精细化、智能化智力水平的重要抓手[①]。全生命周期管理也需要相应技术平台提供技术支持。一是搭建"一张图"精细管理平台，全面梳理各类规划要素并录入平台系统，为规划编制和管理提供支撑；二是搭建数字化智慧管理平台，动态评估、维护数据并实现终端开放，无缝对接国土空间总体规划一张"蓝图"，为实现科学推进、评估、监管提供数据支撑；三是搭建公共服务平台，实现信息公开共享，体现项目信息的跟踪和反馈；四是搭建数据治理平台，综合应用IOT物联边缘计算、5G通信等前沿技术用于规划分析。CIM（City Information Modeling，城市信息模型）是其中一项重要的技术方法，该方法是以城市为对象，对城市多维空间数据进行感知与整合，构建数字空间的城市信息有机综合体。该技术可运用于规划、建设、运维、管理等各环节，可加强城市决策治理方案的科学性与准确度，如对城市拆迁量及经济投入量等进行定量估算，从而辅助决策部门安排实施时序与步骤等。

不少城市已经在城市更新中探索智慧化技术的运用。例如在南京"小西湖"历史风貌区有机更新项目中，为实现市政基础设施更新，首创了"微型综合管廊"建设模式，综合运用自动化、物联网、大数据等新一代的信息技术，建设智慧管廊，由全市统一的监控、管理，运营中心对入廊管线进行实时监控和大数据采集，观测运转情况，及时处理故障，大大降低了后期维护维修成本。

（4）机制保障：将全生命周期管理要求融入工作流程

要实现城市空间建设、使用、运营、维护的全生命周期管理，需要在审查、审批流程中作出要求，作为后续的监管依据。上海的实施管理体系十分重视全生命周期管理理念，具体做法包括：一是在计划阶段，在制定城市更新实施计划时，落实公共设施的补缺方案，并对项目主体社会责任的全生命周期契约管理，如将物业持有比例等要求纳入合同管理，减少投机因素，使开发商转型为城市运营商；二是在规划阶段，将更新项目的公共设施、产业绩效、物业持有比例、环保节能标准、土地退出机制等管理要求，通过管理清单逐层落实到土地、建管、房产登记等环节，并在规划、土地验收、综合执法环节进行监管，多部门协同，形成规划、土地系统的管理闭合环；三是在实施阶段，明确公共服务设施的接收主体，对公共服务设施的运营和使用情况进行动态评估。

① 加快构建城市运行管理服务平台"一张网"用智慧科技赋能城市治理［J］. 城乡建设，2022（7）：5.

专栏5-17《上海市城市更新条例》

第十条规定，本市依托“一网通办”“一网统管”平台，建立全市统一的城市更新信息系统。城市更新指引、更新行动计划、更新方案以及城市更新有关技术标准、政策措施等，应当同步通过城市更新信息系统向社会公布。市、区人民政府及其有关部门依托城市更新信息系统，对城市更新活动进行统筹推进、监督管理，为城市更新项目的实施和全生命周期管理提供服务保障。

第五十条规定，本市对城市更新项目实行全生命周期管理。城市更新项目的公共要素供给、产业绩效、环保节能、房地产转让、土地退出等全生命周期管理要求，应当纳入土地使用权出让合同。对于未约定产业绩效、土地退出等全生命周期管理要求的存量产业用地，可以通过签订补充合同约定。市、区有关部门应当将土地使用权出让合同明确的管理要求以及履行情况纳入城市更新信息系统，通过信息共享、协同监管，实现更新项目的全生命周期管理。对于有违约转让、绩效违约等违反合同情形的，市、区人民政府应当依照法律、法规、规章和合同约定进行处置。

5.5 本章小结

我国城市更新实施机制探索体现了以实现城市更新的常态化和可持续性为导向，多元协同共治的趋势特征。伴随着国家的放权试点，地方根据自身发展诉求与发展阶段进行实践和路径探索，通过深圳、广州、上海等典型城市的探索，国家和地方政府逐渐意识到在存量空间治理模式转型的语境下，片面追求土地增值收益的开发手段不可持续，并可能造成巨大的负外部性成本，只有推动城市空间多元共治，激发社会力量的共同参与，才能推动城市空间形态与功能的持续完善和优化调整。因此，基本形成了引导和协调多元协同共治的实施模式共识，在管理机制上区别于传统规划实施的强目标和结果导向特征，更加强调城市更新的利益共享和持续发展。

尽管推动城市更新常态化治理和多元共治已成为共识，但不同城市乃至不同发展阶段、不同治理对象的城市更新实施手段仍有所不同，说明实施手段的选择与城市更新目标、行政体制惯性、存量资源和治理对象的特征密切相关。通过本章对城市更新实施机制原理与关键做法的梳理，可总结出在城市更新多元化的探索中，实施模式构建大多在以下几个方面持续改良和强化：

一是建立与城市更新目标匹配的工作框架。有别于传统规划的蓝图式愿景描绘，城市更新目标通常涉及城市发展阶段、经济发展动力、城市问题短板及社会治理模式等多维因素的影响。而目标的决策过程，是一种以实施为导向，在多元复杂诉求下综合博弈的结果。只有找准目标，进而理清城市更新的工作边界，明确城市更新的作用，才能因地制宜、因需而为地制定城市更新工作框架，推动城市更新有序开展。

二是综合运用协调多元利益平衡的方法手段。多元主体的参与意味着城市更新的利益平衡不能只局限在政府与权利人、实施主体之间的土地增值收益分配上，还需进一步考虑城市更新的外部性影响是否会给城市的持续发展造成负担。针对多元主体不同的利益诉求，需要将多方博弈凝聚的共识转化成利益协调的实操性原则，以有效保障利益诉求的落实。在实践中，应综合考虑各方诉求以及更新实施的需要，基于“降本增效”的基本原则，权衡城市更新的增值收益与外部成本，合理协调各方利益分配，以实现城市更新价值的最大化。重点聚焦“保护产权权益”“保障公共利益”和“保证开发利润”三个目标，从规划层面、经济层面、土地层面、行政管理层面等着手构建协调利益平衡的多样化手段。

三是因地制宜地搭建多方参与的协同治理机制。在实施城市更新行动的大背景下，城市发展由外延式转变为内涵式，由重发展速度转变为重发展质量。因此，城市更新的内涵更加丰富，更新类型更加多样。不同的更新类型所采用的城市更新实施模式不同，从城市更新实施主体的角度看，城市更新实施模式分为政府主导模式，政府引导、市场运作模式和政府引导、多方参与模式。多元主体协同需要实现多元开放化、参与全程化和决策商议化，通过制定公开透明的利益分配机制和管理机制，搭建议事协商平台，鼓励市场、居民、专家、设计师、城市建设者、运营者一起参与、共同探讨，为城市建设提供了更丰富的视角，引导更新主体有序参与策划、设计、建设及运营等城市更新全过程。

四是建立面向全生命周期的过程管理机制。区别于新城开发的规划目标引领建设，城市更新更加突出城市建设的可持续性，强调对城市现状的渐进式改善，基于城市发展特征和阶段性瓶颈对城市建成区进行持续性优化。因此，城市更新的管理也应该从结果导向型转变为过程管理型，实现城市发展的全生命周期管理。在管理机制上，应该加强统筹协调，进一步提升城市精细化管理水平，搭建智慧化平台，实现城市更新规划工作的实效监管和实时反馈，探索建立多级联动的长效化、精细化城市更新管理新模式，同时还应该引导群众共同参与，构建共建、共管、共享、共治的长效机制。

第 6 章 迈向未来的城市更新与治理创新

转型发展的大变革时代，立足于第二个百年奋斗目标的新起点，城市更新作为重要的国家战略，肩负着社会主义现代化国家建设中的城市使命，致力于实现以人民为中心的新型城镇化的宏伟目标。治理创新作为人民本位观下的城市更新发展的必然趋势，对国家治理体系与治理能力的优化和提升具有重要战略意义，并将引领城市更新的治理体系、治理机制的迭代和完善，逐步生长出城市更新新范式。本章立足于人的全面发展这一基本点，回归“共同城市”价值观，从和谐的价值观协同、多元的学科协同、持续的代际协同中展望未来城市更新与城市治理的发展方向。

实施城市更新行动需要坚持以人为本、持续发展、规划引领、面向实施、共建共享，以城市高质量发展为目标，不断完善城市更新的工作方法，探索城市更新的新模式、新路径和新机制。我们可以通过对空间治理价值取向的多维度认知和对空间需求变化的灵敏感知，剖析当前转型发展趋势下正在切切实实面临的复杂议题。在围绕核心议题，探讨未来在治理体系重构、协同治理机制搭建、平衡可持续发展模式这三个维度上城市更新治理的创新，在迈向善治的远景理想下，构想契合当时、当地、当下人群的空间治理理念和模式。

6.1 城市更新的行动逻辑

面对存量地区的复杂权属、多元诉求等特征，传统的规划工作路径出现诸多短板。城市更新行动作为城市发展模式转变的重要抓手，需要构建一套与大规模存量提质改造相适应的新的工作框架，统筹城市规划、建设、管理工作，协调政府、社会、市场的多元诉求，不断促进城市有机更新，以实现城市发展的全生命周期可持续。结合城市更新行动的总体工作部署和国内各地的实践经验，我们提出如下行动逻辑设想，主要包括目标决策、规划统筹和实施行动三个阶段，通过政策全流程保障行动推进，并持续动态反馈优化各阶段工作（图6–1）。

首先是目标决策阶段，应立足当地发展阶段、在地特征和实际需求进行目标研判。坚持目标导向、问题导向和结果导向相结合，呼唤多元价值导向目标体系的构建，在协调多方诉求的基础上，促进共识的形成。并采用城市体检评估手段识别发展的差距和短板，并针对不同的改造对象、改造阶段、改造条件进行综合研判，明确城市更新的行动目标。

其次是规划统筹阶段，通过全面统筹，横纵结合，综合协调，明确行动部署。在规划阶段重视系统谋划，因地施策，以城市整体利益为首，推动城市空间结构优化、功能完善和品质提升，增强城市的整体系统性和宜居包容性，适应人民的美好需求。在此基础上分层管控与精准传导，凸显规划在公共利益保障方面的作用，明确关键管控要素和要求，识别重点区域。在面向实施层面，以利益统筹为手段，协同各方主体，统筹开发时序和开发模式，加快重要节点的建设。在规划统筹阶段整体形成一套系统策略、底线管控要求和实施计划。

在实施行动阶段，基于全生命周期谋划，分步实施，做好社会动员工作，推动更新行动的长效落实。在有序推进建设的同时，还重视后期的运营维护和监督评

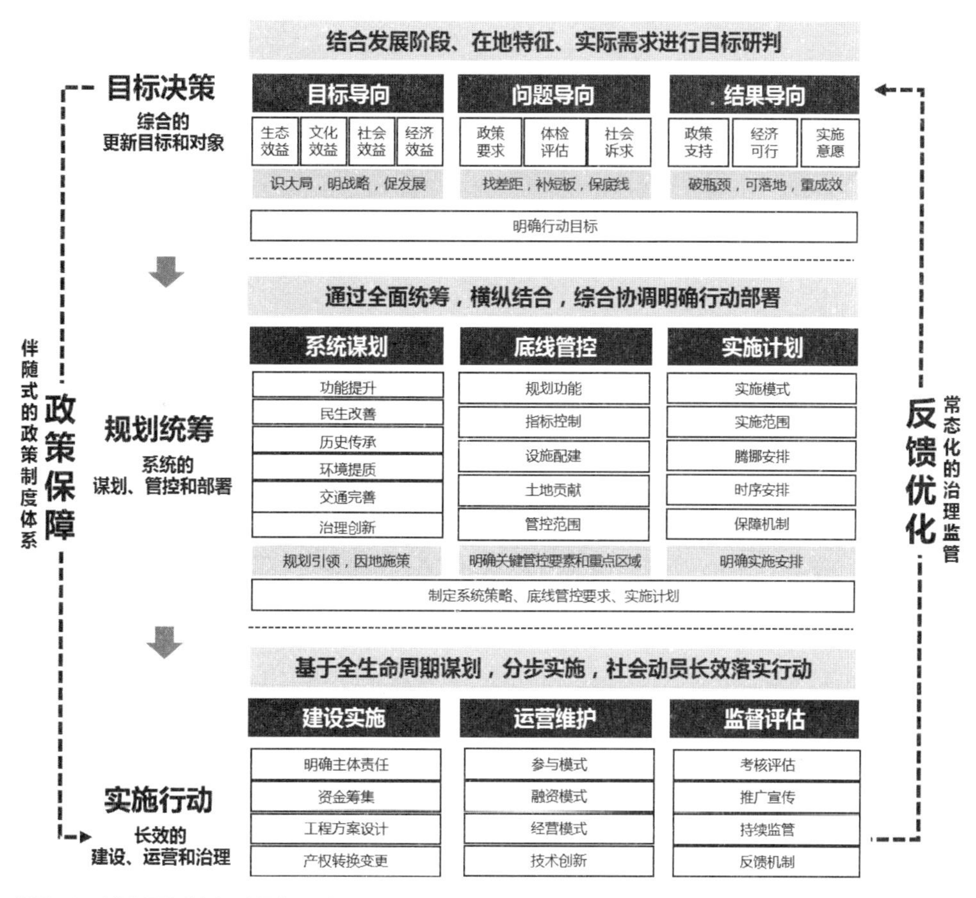

图6-1 城市更新的行动逻辑思考

估。通过在参与模式、融资模式、经营模式、技术创新等方面的积极探索实践，推动多元主体共同参与，通过长期运营收益、投融资路径创新等方式平衡前期投入，以在全生命周期链条的各环节统筹实现经济平衡。通过监督评估的长效治理平台，搭建从综合考核评估、示范项目推广、日常持续监管到动态反馈优化的迭代提升路径，形成一套高效的反馈机制，以便在充分认识更新工作的复杂性和多元性的基础上，同步积累各类负面状况的产生原因和应对经验，有效进行先期预警。在周期性迭代优化的过程中，不断总结经验，丰富更新示范项目库和治理创新模式库。

此外，更重要的是同步建设和完善城市更新的制度体系，保障城市更新基本的价值准则、共识的形成和执行。通过构建一套科学导控、精细治理和有机协同的城市更新政策制度体系，进一步细化技术标准、管理程序、操作指引等规范性文件，建立动态调整机制，使城市更新行动在制度保障下稳步推动，并能够常态化优化和提升。

6.2 “和而不同”：新时期的城市更新核心议题

6.2.1 聚焦新型城市建设的多元价值理念

城市治理的根本出发点和核心是服务于人民群众的发展和维护人民群众的利益。空间是人们生存和发展的基础，是一种需要建设和维护的环境资源对象。所以，建设和维护可持续的人居环境可视作城市治理的一项基本任务。人居环境的建设和维护不仅涉及物质空间的提升，还涵盖了城市经济、社会、文化等多个层面，是可生长、可持续的时空多维度治理。面向推进新型城市建设的新使命，新时期的城市更新的作用和使命被赋予了更多元的价值内涵。致力于建设宜居、创新、智慧、绿色、人文、韧性的城市，呼唤多元价值导向的空间治理目标体系的形成，进而实现从单一维度增量发展型规划向更多地关注多维价值的社会综合规划转型。

（1）关注民生幸福的人居环境营造

建设人民满意的城市，核心要义旨在增进民生福祉，让城市成为人民的安居乐业之所和向往之都。从人口结构变化趋势来看，目前我国正呈现出明显的老龄化趋势，对于城市养老、医疗、健康类空间和服务设施的需求快速增长。在国家鼓励生育的相关政策下，育儿、幼托等活动空间设施和服务的配置要求也正在逐步提高。此外，经国家统计局测算，2020年我国中等收入群体比例已达4亿多人，中等收入群体的显著扩大，将推动对更优质住房、教育、康养、文体、休闲等社会服务需求的增长[①]。根据住房和城乡建设部办公厅印发的《完整居住社区建设指南》中的相关统计，从空间分布看，目前我国居民平均约75%的时间在居住社区中度过，到2035年，我国有约70%的人口生活在居住社区。因此，居住社区越来越成为人们的基本公共服务需求的核心承载和社会治理的基本单元。

自2020年国务院办公厅发布《关于全面推进城镇老旧小区改造工作的指导意见》开始，城镇老旧小区改造工作正式上升到国家层面全面推动，以此为代表开启了中国城镇化下半场以高质量发展为核心的城市更新新篇章。吴良镛先生从构建人居环境科学的角度出发倡导建设“完整社区”（integrated community）。而精

① 丁志刚，石楠，周岚，等．空间治理转型及行业变革［J］．城市规划，2022，46（2）：12-19，24.

细化治理是“完整社区”的重要和必要内容，也是传统以物质空间环境提升为主的社区建设、社区改造工作一直以来的短板所在，是推进国家治理现代化的重要体现。这就要求城市更新过程中更加关注社区层面，从宏大叙事视角转向面向实实在在的各类需求主体，关注人们日常生活中的所思所想所需，将城市更新的重点下沉到切实改善人居环境品质的工作中，以绣花功夫改善住区环境景观和满足居民的切实需求。近年来，北京、上海、广州、厦门、沈阳等国内多地陆续开展试点探索，积极推进完整居住社区建设工作，获得了许多宝贵的地方实践经验，但未来在全龄友好社区建设、低碳绿色智慧技术应用、社区文化建设、基层治理提升、小散连片统筹更新和治理等方面仍有很长的路要走。

（2）关注内生动能的产业创新活力激发

在加快转变经济发展方式的关键时期，面对产业转型与消费模式升级，原有的城市空间设施已经无法适应新产业的发展需求。在可持续与创新驱动的发展导向下，亟须破解土地供求矛盾，创新土地利用方式，盘活闲置、低效的存量建设用地，促进传统产业升级和传统产业园区的功能置换。在这个过程中，城市更新与产业发展紧密互动，互为动力和支撑。城市更新能够提供更完善的环境要素以满足产业发展的需求，产业的发展也将反过来引领、带动低效地区的城市更新。因此，城市更新需要遵循经济发展规律来推动，尤其在畅通国内大循环、建设创新型城市等推动我国未来经济发展、构建发展新格局的重要方面，都需要城市更新行动的密切配合。

一方面，全球城市发展已普遍呈现出城市群与大都市圈发展的特征，如伦敦、纽约、东京等城市均相继步入了“聚焦对创新经济动能的挖掘与培育”的第三次转型期[①]。我国应紧抓京津冀协同发展、长江经济发展带、长三角一体化发展、粤港澳大湾区建设的重要发展战略机遇，关注以龙头产业为引领，在城市群、都市圈等广大区域中、上、下游产业链条紧密搭接以及产业生态体系良性发展的产业集群分布的发展趋势，推动构建区域协同的发展格局。就城市更新而言，既要面向知识密集型服务业的持续发展，提供高品质的办公空间环境，又要促进产业生态健全和包容性发展，面向制造业生产空间在数字化影响下日益集约化的需求特征，生产空间的高效分层化利用和生产空间需求的精准匹配是城市更新要解决的一项新命题。

① 马骏，沈坤荣．“十四五”时期我国城市更新研究——基于产业升级与城市可持续发展的视角［J］．学习与探索，2021（7）：126-132．

另一方面，针对城市中心区域空心化现象，可以通过城市更新在中心区提供更加综合多样的营商环境条件，促进业态转型发展和功能复合集聚，进一步激活区域发展动能，增强区域竞争力和吸引力，重现城市的活力与繁荣，让城市成为人民的乐业之地。

此外，要利用好城市更新和产业发展之间的良性互促影响。一是关注城市更新对产业转型与职住关系产生的影响，关注产业人群新需求特征，提升产业园区人才吸引力，因此城市更新要与住房和公共配套供给相配合。二是关注城市建设运营模式的升级，通过政策手段聚集资源，巧借市场力量参与城市更新和丰富城市运营服务，作为支撑城市更新的强力引擎，探索建立城市运营商、物管城市等新角色、新方式。

（3）关注技术赋能下的常态化城市更新

目前，紧随国际智慧城市、智慧产业发展的步伐，我国的智慧城市建设工作也正在如火如荼地展开。随着互联网、物联网、云计算和地理信息产业等智慧城市建设基础的发展，数字化构建起来的虚拟城市模型作为城市分析研究、规划建设、运营维护必不可少的重要工具，逐渐在物流交通、政务服务、医疗教育、安防减灾、能源信息和社区发展等多个细分领域发挥重要作用。城市更新也可以通过大数据有效赋能，创新智慧治理，在一个数字化平台上整合联动城市规划、建设与治理的各层面要素[①]。但当前智慧城市发展过程中仍存在技术依赖、信息壁垒、创新不足、项目零散、治理方面应用不足等问题，在应用于城市更新规划和治理工作方面尚不成熟。

未来应着眼全局，以实际需求为导向，以技术创新为依托，精准把握城市公共痛点，整合规划和治理信息，助力城市健康可持续发展。在探索智慧城市基础平台建设、构建智慧城市中枢系统和运营系统方面着重落实，科技赋能城市体检、智慧建设、公共服务、城市安全等领域，打通“规划—建设—治理”的智慧平台应用，以技术赋能常态化城市更新工作。

（4）关注城市环境绿色低碳化升级

当前，城市地区已成为人口高密、建设高密、能耗高密的“三高”区域。城市环境的安全、健康和可持续性直接关系到人类社会的发展和繁荣，21世纪城市的生活质量将决定文明自身的质量[②]。2019年我国城市化率达到60.6%，产业、能

① “城市精细化治理与高质量发展”学术笔谈［J］. 城市规划学刊，2020（2）：1-11.
② 同上.

耗和人口在城市空间高度聚集，城市能源电力占比逼近95%。2020年9月22日，习近平总书记在第七十五届联合国大会一般性辩论上郑重宣布："中国将提高国家自主贡献力度，采取更加有力的政策和措施，二氧化碳排放力争2030年前实现碳达峰、2060年前实现碳中和。"

城市更新为绿色发展理念的全面贯彻落实提供了契机。未来还需在推动城市建设和运营模式低碳转型，促进城镇基础设施绿色低碳升级，加快建设污泥无害化、资源化处理设施，促进城市交通体系和城市环境绿色低碳升级、倡导生产生活绿色低碳新风尚等方面积极探索新技术和新路径。

（5）关注传承历史文化，凸显城市特色

在全球化和快速城镇化的双重冲击下，以拆除重建为主的更新模式曾经在很长一段时间内对城市历史文化脉络造成了不可挽回的破坏，同时也不断同化各城市的地域特征。2021年9月中共中央办公厅、国务院办公厅印发的《关于在城乡建设中加强历史文化保护传承的意见》中强调平衡保护、传承和活化之间的关系，将历史文化放在历史的长河中、大历史观之下、中华文明和文化自信建设的视角下，融入城乡建设之中，让广大人民群众在日常生活环境中自然而然地受到历史文化的熏陶。但目前在城市更新中，社会公众对特定城市空间的历史文化价值和日常生活空间的内在文化属性往往认知不足。因此，在今天的城市更新实践中，如何凸显场所特色、保护城市肌理，如何将时间片段融入其中，通过城市更新来传承记忆与文化，是当前面临的关键挑战。

未来，随着中国"城市文化"蓬勃发展，都市社会逐渐成熟，将呼吁文化复兴与城市更新在时空间多维度上的治理协同，将更加关注传承历史文化的城市有机更新，更加关注凸显城市特色，提升建筑风貌景观，以城市设计联动城市更新，系统性地考虑保护修复、功能转变和改善提升等多种手段相结合的综合更新路径。我们未来会看到更多空间与文化交织辉映、日常生活与文化互促共荣的美好景象，也会看到在中华民族伟大复兴美好背景下中国城市现代文明的发展。

（6）关注城市安全底线与韧性发展

城市生态环境作为一类特殊且脆弱的人工生态系统，尽管其自身有一定的物质能量循环和抵御冲击的机能，但伴随着城市化的快速推进、人口的高度集聚，城市生态环境形势日益严峻。城市随时可能会面对各类灾害冲击，包括各种常见的城市灾害以及城市公共安全事件。城市应急系统的完善度和治理能力直接影响到城市的抗灾防疫成效。在面对冲击时，城市空间上应做好充分储备和响应，通过快速调配和高效利用储备资源，能够灵活且可持续地应对变化中的发展条件，保障城市安全底线并重新恢复城市机体功能，才能实现城市的韧性发展。

城市的韧性发展需要系统性地提高，是一项涉及技术应用、综合治理和空间管控的综合系统工程，应重视构建从韧性发展价值观念、空间资源统筹到社会机能培育的全方位保障。既需要对城市用地和设施等应急空间资源的统筹布局，也需要在治理层面体现韧性发展战略，可借助留白用地等方式作为城市安全抗灾的应急储备，考虑公共设施应急临时作用和日常的低成本运维。同时应下沉到社区层面，以社区生活圈为基础构建城市健康安全单元和完善应急空间网络。社区作为城市有机体的细胞单元，应结合社区生活圈规划、整合社区资源，提高资源利用的弹性和效率，并充分激活社区自治能力，上下联动织补基层联防联控网络，从而提高城市这个整体有机生命体系统的有机抗性。

6.2.2 迈向供需匹配的精细化空间治理

城市精细化治理是城市高质量发展的必然趋势和关键策略，城市更新主要涉及精细化的空间治理，要解决的核心问题就是空间的供需匹配。空间需求往往是具体而生动、变化且多样的，这就对供给的精准匹配提出了挑战。未来应更多地从空间治理的精细化入手，相应需要时空统筹精细化、管控服务精细化、活力包容精细化、行动机制精细化的配合，才能迈向全方位供需匹配的高质量发展。

（1）因地制宜、因势利导的时空统筹

关注当时、当地的需求变化，强调更新立足实际需求，不仅要在空间维度谋划部署，更要在时间维度进行响应。空间维度上，展望国际视野，受全球化进程加快的影响，在全球资本、技术、文化、信息的渗透下，丰富多样的城市经验与治理经验的互相借鉴吸收拓宽了我国的城市更新和治理创新的视野，以国家为主体的合作也越来越多，我国的城市经验也必将成为全球城市的有机组成部分。就我国自身而言，由于地域辽阔、区域差异巨大，势必会带来城市更新与治理的差异性[①]。同时由于法律、法规给地方政府在城市更新实际操作过程中留有弹性空间，各城市可基于自身发展条件和面临的实际问题，探寻在地探索、灵活适用的城市更新路径。同时，由于静态化控制指标与项目动态开发间存在“时间差”，不适应于城市更新过程中多元主体诉求交织变化的复杂存量情境，须从时间维度上重视在地治理特征和其发展演变趋势。

我们应针对特定地区的社会网络特点和环境基础情况，通过渐进式、小规模

① 陈易. 转型期中国城市更新的空间治理研究：机制与模式［D］. 南京：南京大学，2016.

的方式，保护和持续发展社会网络和地方文化特质，在时空上进行统筹规划，探索规划技术方法和项目管理模式优化，形成在地可生长、可适应的特色更新模式。

（2）弹性管控、灵活适应的综合治理

精细化治理是要把物质建设和治理服务结合起来，提供精准化、精细化服务，不仅要满足空间建设需求，而且要把工作深入到城市鲜活的日常生活和工作中去，满足人群的切实需求。一方面，不应以高高在上的精英视角，通过“一刀切”的规则标准进行粗放式管控，制约市场和社会的活力；另一方面，当前大规模的存量空间面临着如何应对未来不断的需求变化的难题，不是只能靠拆除重建这一种方式去解决“有无”的问题，存量空间作为一个承载使用功能的“容器”，还能通过弹性的功能转变、复合利用等综合治理方式，解决“装什么”“怎么用”的问题，这也将呼吁规划建设管控要求的转变，探索弹性化的存量空间利用方式。

我们要从静态蓝图规划转向对多元动态需求的关注，要从物质性空间的美学设计转向对真实社会、鲜活生活的关注，要从替代式规划的精英视野转向对公众参与、在地化规划的关注，要从以建设追赶需求转向以综合治理手段适配需求变化。

（3）活力包容、关注成本的共同生活

当前，城市更新工作正在有序地通过制度化、标准化方式推进，重视以“常住人口”为基数的公共服务需求规模和以“城市实际管理服务人口”为基数的设施、环境承载规模，同时需要注意的是不能忽视掩盖在其中的差异性特征和需求。一方面，高质量发展须以“人民”的需求为根本，然而每一个个体的特质在海量数据中很容易被标准化。作为模糊的集体概念的“人民”并不能真实反映实际的需求痛点和需求规模，因为其中可能包括了具有特定需求的弱势群体、流动人口、低收入群体或者某类特定行业人群，同样作为在这座城市中共同生活的社会群体中的一员，他们的需求应该得到尊重，使不同的群体都可以在城市中找到适合自己的生活方式[①]，而要想满足他们的需求，其实需要更专业化、更精准匹配的服务供给。另一方面，在快速的迭代升级下，往往更容易忽视那些现阶段多元化发展中实际存在的低成本需求，造成高品质空间供应和低成本需求的错配。原本低成本空间迅速被高成本空间所取代，不仅拉高了后期开发成本、助长了对城市更新片面的高收益预期，也扼杀了原本有机更新过程中以低成本空间孕育滋养出来的内在势能。

① 深圳市城市规划设计研究院，司马晓，岳隽，等．深圳城市更新探索与实践［M］．北京：中国建筑工业出版社，2019.

因此，城市的精细化治理应该基于对“人本需求”更深刻、更全面的理解和尊重，并在城市公共决策和管理过程中，时刻以多元化的切实的民生需求与差异化的行为特征为指针，关注环境改善后的成本激增问题，关注成本调控，动态平衡低成本需求，不仅在空间的更新与供给方面保持多样化，而且在空间上尽可能混合不同群体，尽量使不同群体在享用公共产品的同时实现共同生活，在精准聚焦人群需求的基础上实现活力包容的内涵式发展。

（4）精微运行、长效持续的行动逻辑

城市精细化治理的核心是充分认识并遵照城市的复杂巨系统特征和精微运行机制，作为城市更新和治理的行动逻辑。首先应该基于问题导向深入细致地进行体检评估，摸清社会诉求和政策要求，在基于综合效益分析的城市发展战略目标导向下，识别现状落差和核心问题所在，结合可行性分析和实施意愿综合决策，提出具有针对性的更新策略，制定可落地的实施方案。在目标决策、规划统筹和实施行动三个阶段以精微运行、长效持续的原则开展行动。

在这个精微运行的链条中，还需提高多方主体参与的积极性，做好政策引导，加强更新项目经济效益评估与核算，鼓励社会资本、社会力量参与改造运营，探索更新改造运营平衡的可持续模式。明晰权责边界范畴，综合利用公积金等多元途径，加强居民自主投入。鼓励引入市场化管理平台，实现更新项目建管一体化，结合运营需求指导更新改造，发掘多元化增值服务收益，平衡改造成本。加强统筹联动区域，采用项目组合实施、联动改造、异地平衡的方式引导区域改造收支平衡。

6.3 “美美与共”：走向善治的城市更新

6.3.1 关注从顶层到地方的治理体制关系重构

我国的治理结构中，中央与各级城市政府之间的纵向权力关系包括四个方面，即宪法与法律规定的权力分配关系，政治权力、政党政治与政策制定分配关系，公共事务管理权分配关系，财权分配关系，这四类关系的调整完善贯穿于城市治理的各个方面，直接影响城市治理的绩效[①]。在高质量发展阶段，随着产业、生活成本的上升，面向多元需求，以人民为中心的核心目标强调共建共治共享，

① 陈易．转型期中国城市更新的空间治理研究：机制与模式［D］．南京：南京大学，2016.

这就要求调整更新治理结构，推动城市更新立法，开展公共价值导向的更新政策与行动。顶层空间治理是善治的基础，而权力下放是空间治理走向质量变革、效率变革、动力变革的关键所在。未来中央需要结合顶层设计与基层创新的优势，构建出基于开放治理的、适用于全国城市更新宏观指引的长效机制。

一方面，在政府、市场、社会的新一轮博弈关系变化中，地方政府角色的变化不仅是“少做”，更是“巧做”，将越来越迈向服务型政府、监管型政府。在此趋势下，为适应治理重心下移与政府角色转型趋势，应进一步丰富城市更新的聚焦对象和项目类型，转变城市更新的实施路径和运维模式①。为此，基层治理组织的培育和基层公共资源的统筹规划应当得到重视和加强。

另一方面，公众参与是实现善治的前提。作为一种城市空间治理手段，城市更新可以通过城市环境治理、空间结构优化和公共资源分配调控等方式来实现环境正义的目标，这与人们的日常工作和生活息息相关。近年来，已经出现一系列政府、市场主体、社会团体、在地居民、规划师各方“自上而下”和“自下而上”紧密互动的“接地气”的项目类型，如“社区营造”“公共空间微更新”“街巷整治”“社区花园共建”等，为今后多方参与共治共建共享的城市更新行动提供了宝贵的经验。今后应当更加重视和充分调动的多方参与的积极性，鼓励市场角色转型、鼓励居民提升主人翁意识，参与到城市更新的全生命周期中来，各凭所长提升服务供应量、专业度和需求匹配度。在制度层面，基于开放的共治理念，配套建立适应多元场景的常态化城市空间治理机制，包括多方沟通机制、参与和合作机制、长效治理机制。

6.3.2 关注跨部门、跨专业的治理协同机制的搭建

自然资源部门是国土空间资源的管控和配置部门，国土空间规划成为调控空间资源配置的政策性工具，服务于国土空间格局优化、主体功能区划落实、生态文明建设、空间资源保值增值等国家战略；住房和城乡建设领域的工作，则围绕党的十九届五中全会提出的“城市更新行动”和“乡村建设行动”等，更加强调行动导向以及改善人居环境的结果导向，更加重视设计在建设实施过程中对空间品质提升、特色风貌塑造和改善人居环境的作用②。

---

① 黄卫东. 城市治理演进与城市更新响应——深圳的先行试验［J］. 城市规划，2021，45（6）：19-29.

② 丁志刚，石楠，周岚，等. 空间治理转型及行业变革［J］. 城市规划，2022，46（2）：12-19，24.

在此情况下，城市更新首先应由规划引领，统筹和融入规划建设到管理运维的全过程。存量规划的主要工具从“设计”转向“制度”，未来治理的现代化和精细化无法通过更加深化的规划设计来获得，还需要更加精细的制度设计[①]。应坚持先规划后建设，规划应以更先进的理念和更高的目标为技术引领，加强城市更新的整体谋划，统筹规划建设到管理运维的全生命周期。进一步强化国土空间规划“多规合一”的系统治理、综合治理和源头治理作用。国土空间总体规划层面应统筹城市经济、生活、生态和安全等功能需求，系统谋划城市更新、新城建设、区域协调和城乡融合。国土空间详细规划层面应与时俱进、规范有序，建立与城市更新相适应的详细规划编制和实施机制。结合城市更新行动实施做好详细规划的动态维护，按照法定规划程序实施。城市更新专项规划层面要有效传导国土空间总体规划确定的目标和约束性要求，衔接经济社会发展规划，进一步明确城市更新行动的重点、计划和策略。要按法定规划审批程序，将城市更新专项规划的相关要求统筹纳入国土空间规划“一张图”进行管控。

其次，致力于在共同目标下的“规划—设计—研究”空间治理学科群建构。城市更新和治理创新涉及多元综合的跨行业、跨学科议题，但当前尚未形成相关行业及学科的共识。未来规划方面更强调公共政策属性的公正公开；设计更强调场所营造的因地制宜和精准匹配需求；研究将为更好、更精准的公共政策、设计提供学术支撑，多专业融合发展，逐渐形成交互协同的空间治理学科群[②]。总体而言，实施城市更新行动应坚持规划引领，注重衔接，与相关部门、行业、学科建立共识，形成精细化治理的协作目标，这样才有可能真正实现适应当下发展转型特征的城市更新和治理创新。

6.3.3 关注算大账、算远账的可持续发展模式建立

在当前的城市更新治理中，城市更新既要让城市公共利益在国家、省市到社区各层面上达成共识，又要使涉及不同领域的公共利益在多元价值导向下达成和谐，同时与城市发展阶段和城市治理水平相匹配。

保障公共利益和实现公共价值最大化的直接体现，未来将以空间治理提升为抓手，更加关注物质资本、社会资本、人力资本、文化资本和生态资本的动态持续平衡和综合效益最大化。具体而言，要促进既有的物质资本的永续利用和高品质物

① “城市精细化治理与高质量发展”学术笔谈［J］. 城市规划学刊，2020（2）：1-11.
② 丁志刚，石楠，周岚，等. 空间治理转型及行业变革［J］. 城市规划，2022，46（2）：12-19，24.

质资本的积累；要关注各类人群的需求差异，平衡好效率和公平，提高社会包容性、多样性和发展韧性；关注不同群体的能力提升和价值延续，重视提高教育、医疗、养老、抚幼水平，以促进教育水平和民族素质的提升；要从全生命周期的视角评价自然资源的利用及其外部性，在经济、人口密集地区要发挥和提高生态资本服务价值[①]。最终实现空间治理转型、社会治理完善与经济稳步发展的协同。

也正是因城市更新牵扯到城市经济、社会和物质发展条件等诸多方面，不是归零再生而是生长培育的逻辑，作为一种时空间的沉淀累积，一种有机的更迭演替，需要的是长期的、连续的、渐进的、开放的实现过程，因此，城市更新更需要面向算大账、算远账的平衡可持续发展。

① 丁志刚，石楠，周岚，等．空间治理转型及行业变革［J］．城市规划，2022，46（2）：12-19，24.

参考文献

[1] 毕鹏翔，王云. 城市微更新的动力机制和价值观研究 [J]. 建筑与文化，2018 (2): 54-55.

[2] 边兰春. 生根发芽——北京东四南历史文化街区责任规划师实践 [J]. 世界建筑，2020 (7): 123.

[3] 查君，金旖旎. 从空间引导走向需求引导——城市更新本源性研究 [J]. 城市发展研究，2017，24 (11): 51-57.

[4] 陈浩，张京祥，吴启焰. 转型期城市空间再开发中非均衡博弈的透视——政治经济学的视角 [J]. 城市规划学刊，2010 (5): 33-40.

[5] 陈群弟. 国土空间规划体系下城市更新规划编制探讨 [J]. 中国国土资源经济，2022，35 (5): 55-62.

[6] 陈珊珊. 国土空间规划语境下的城市更新规划之“变” [J]. 规划师，2020，36 (14): 84-88.

[7] 《城市规划学刊》编辑部. “城市精细化治理与高质量发展”学术笔谈 [J]. 城市规划学刊，2020 (2): 1-11.

[8] 陈易. 转型期中国城市更新的空间治理研究：机制与模式 [D]. 南京：南京大学，2016.

[9] 陈宇琳，肖林，陈孟萍，等. 社区参与式规划的实现途径初探——以北京“新清河实验”为例 [J]. 城市规划学刊，2020 (1): 65-70.

[10] 程大林，张京祥. 城市更新：超越物质规划的行动与思考 [J]. 城市规划，2004 (2): 70-73.

[11] 达良俊. 生态学视角下的城市更新——基于本土生物多样性恢复的近自然型都市生命地标构建 [J]. 世界科学，2021 (12): 30-31.

[12] 单瑞琦. 社区微更新视角下的公共空间挖潜——以德国柏林社区菜园的实施为例 [J]. 上海城市规划，2017 (5): 77-82.

[13] 丁凡，伍江. 城市更新相关概念的演进及在当今的现实意义 [J]. 城市规划学刊，2017 (6): 87-95.

[14] 丁志刚，石楠，周岚，等. 空间治理转型及行业变革 [J]. 城市规划，2022，46 (2): 12-19，24.

[15] 杜栋. 城市“病”、城市“体检”与城市更新的逻辑 [J]. 城市开发，2021 (20): 18-19.

[16] 杜雁，胡双梅，王崇烈，等. 城市更新规划的统筹与协调 [J]. 城市规划，2022，46 (3): 15-21.

[17] 费跃. 高速城市化期城市更新发展整体策略研究 [D]. 南京：东南大学，2005.

[18] 冯学涛，陈伟新. 规划体系变革背景下城市社区规划研究——以深圳白石洲为例 [C] //中国城市科学研究会. 2019城市发展与规划论文集. 北京：中国城市出版社，2019: 823-830.

[19] 葛天任，李强. 从“增长联盟”到“公平治理”——城市空间治理转型的国家视角 [J]. 城市规划学刊，2022 (1): 81-88.

[20] 耿宏兵. 90年代中国大城市旧城更新若干特征浅析 [J]. 城市规划，1999 (7): 12-16，63.

[21] 耿慧志. 论我国城市中心区更新的动力机制 [J]. 城市规划汇刊，1999 (3): 27-31，

14-79.

[22] 郭亚梅，凌镘金. 产城融合背景下城市智慧社区管理模式研究——基于深圳天安云谷的经验思考[J]. 广西质量监督导报，2020(8)：75-77.

[23] 贺传皎，陈小妹，赵楠琦. 产城融合基本单元布局模式与规划标准研究——以深圳市龙岗区为例[J]. 规划师，2018，34(6)：86-92.

[24] 侯晓蕾，郭巍. 社区微更新：北京老城公共空间的设计介入途径探讨[J]. 风景园林，2018，25(4)：41-47.

[25] 胡俊煌. 基于共生理论的深圳传统村落保护更新设计研究——以新桥古村为例[D]. 广州：广东工业大学，2020.

[26] 胡荣煌，邓凌云，甘露. 向存量发展转型时期的长沙城市更新路径探索[C]//中国城市规划学会. 面向高质量发展的空间治理——2020中国城市规划年会论文集. 北京：中国建筑工业出版社，2021：1691-1700.

[27] 胡如梅. 集体经营性建设用地入市和地方政府行为研究[D]. 杭州：浙江大学，2020.

[28] 胡同魏. 菊儿胡同[J]. 北京规划建设，2020(6)：187-188.

[29] 黄瓴，骆骏杭，沈默予. "资产为基"的城市社区更新规划——以重庆市渝中区为实证[J]. 城市规划学刊，2022(3)：87-95.

[30] 黄瓴. 从"需求为本"到"资产为本"——当代美国社区发展研究的启示[J]. 室内设计，2012，27(5)：3-7.

[31] 黄卫东. 城市治理演进与城市更新响应——深圳的先行试验[J]. 城市规划，2021，45(6)：19-29.

[32] 霍晓卫，徐慧君，胡筋，等. 城市更新中遗产保护的阶梯式介入[J]. 上海城市规划，2021(3)：81-87.

[33] 静然. 算得有多巧，融资就有多快——中小企业融资操作36式与精品案例解析[M]. 南昌：江西人民出版社，2015.

[34] 柯善北. 改善民生的重大举措——解读《关于推进城市和国有工矿棚户区改造工作的指导意见》[J]. 中华建设，2010(2)：26-29.

[35] 克里斯·莱，蔡雯瑛. 水围柠盟人才公寓，深圳，中国[J]. 世界建筑，2021(1)：112-113.

[36] 雷雅涵. 社会福利视野下棚户区改造现状——兰州棚户区改造调研分析[J]. 青春岁月，2013(14)：465.

[37] 李锦生，石晓冬，阳建强，等. 城市更新策略与实施工具[J]. 城市规划，2022，46(3)：22-28.

[38] 李利文. 中国城市更新的三重逻辑：价值维度、内在张力及策略选择[J]. 深圳大学学报(人文社会科学版)，2020，37：42-53.

[39] 李郇，彭惠雯，黄耀福. 参与式规划：美好环境与和谐社会共同缔造[J]. 城市规划学刊，2018(1)：24-30.

[40] 李杨，宋聚生. 多元治理视角下的存量规划效用研究——以深圳市湖贝旧村更新改造为例[J]. 城市规划，2020，44(9)：120-124.

[41] 连玲玲. 打造消费天堂——百货公司与近代上海城市文化[M]. 北京：社会科学文献出版社，2018.

[42] 梁晨，卓健. 聚焦公共要素的上海城市更新问题、难点及政策探讨[J]. 城市规划学刊，2019(S1)：142-149.

[43] 廖玉娟．多主体伙伴治理的旧城再生研究［ D ］．重庆：重庆大学，2013.
[44] 林辰芳，杜雁，岳隽，等．多元主体协同合作的城市更新机制研究——以深圳为例［ J ］．城市规划学刊，2019（ 6 ）：56-62.
[45] 林云青．密集区城市更新项目交通配套改善研究［ J ］．交通与运输，2016（ Z1 ）：5-8，16.
[46] 刘佳燕，谈小燕，程情仪．转型背景下参与式社区规划的实践和思考——以北京市清河街道Y社区为例［ J ］．上海城市规划，2017（ 2 ）：23-28.
[47] 刘佳燕，张英杰，冉奥博．北京老旧小区更新改造研究：基于特征—困境—政策分析框架［ J ］．社会治理，2020（ 2 ）：64-73.
[48] 刘昕．城市更新单元制度探索与实践——以深圳特色的城市更新年度计划编制为例［ J ］．规划师，2010，26（ 11 ）：66-69.
[49] 刘应明，等．市政工程详细规划方法创新与实践［ M ］．北京：中国建筑工业出版社，2019.
[50] 刘悦来，寇怀云．上海社区花园参与式空间微更新微治理策略探索［ J ］．中国园林，2019，35（ 12 ）：5-11.
[51] 陆非，陈锦富．多元共治的城市更新规划探究——基于中西方对比视角［ C ］//中国城市规划学会．城乡治理与规划改革——2014中国城市规划年会论文集．北京：中国建筑工业出版社，2014：944-956.
[52] 吕海虹．在政策中探寻更新改造动力机制：对上海、深圳等城市更新相关办法的解读与思考［ J ］．北京规划建设，2021，（ 4 ）：47-49.
[53] 吕晓蓓，赵若焱．对深圳市城市更新制度建设的几点思考［ J ］．城市规划，2009，33（ 4 ）：57-60.
[54] 马宏，应孔晋．社区空间微更新——上海城市有机更新背景下社区营造路径的探索［ J ］．时代建筑，2016（ 4 ）：10-17.
[55] 缪春胜，邹兵，张艳．城市更新中的市场主导与政府调控——深圳市城市更新“十三五”规划编制的新思路［ J ］．城市规划学刊，2018（ 4 ）：81-87.
[56] 彭小凤．靶向识别城市更新单元生态问题及修复策略研究［ C ］//中国城市规划学会．面向高质量发展的空间治理：2020中国城市规划年会论文集．北京：中国建筑工业出版社，2021：625-639.
[57] 彭再德，邬万里．城市更新与城市持续发展——兼论21世纪上海城市建设中的几个问题［ J ］．城市规划学刊，1995（ 5 ）：56-61.
[58] 阮仪三，林林．文化遗产保护的原真性原则［ J ］．同济大学学报（ 社会科学版 ），2003（ 2 ）：1-5.
[59] 上生・新所城市更新［ J ］．建筑实践，2021（ 12 ）：64-67.
[60] 沈芳羽，郭谦．消费文化视角下的永庆坊商业空间研究［ J ］．中外建筑，2022（ 2 ）：70-75.
[61] 深圳市城市规划设计研究院，司马晓，岳隽，等．深圳城市更新探索与实践［ M ］．北京：中国建筑工业出版社，2019.
[62] 司南，阴劼，朱永．城中村更新改造进程中地方政府角色的变化——以深圳市为例［ J ］．城市规划，2020，44（ 6 ）：90-97.
[63] 孙施文，等．规划・治理II［ M ］．北京：中国建筑工业出版社，2021.
[64] 谈锦钊．试论城市的更新和扩展［ J ］．城市问题，1989（ 2 ）：12-18，6.
[65] 谭丽萍，李勇．基于生态产品价值实现机制的城市更新思路研究［ J ］．国土资源情报，2021（ 9 ）：3-8.

[66] 唐婧娴. 城市更新治理模式政策利弊及原因分析——基于广州、深圳、佛山三地城市更新制度的比较 [J]. 规划师，2016，32 (5): 47-53.

[67] 唐燕，范利. 西欧城市更新政策与制度的多元探索 [J]. 国际城市规划，2022，37 (1): 9-15.

[68] 唐燕，杨东. 城市更新制度建设：广州、深圳、上海三地比较 [J]. 城乡规划，2018 (4): 22-32.

[69] 唐燕. 城市更新制度建设——顶层设计与基层创建 [J]. 城市设计，2019 (6): 30-37.

[70] 唐燕. 我国城市更新制度建设的关键维度与策略解析 [J]. 国际城市规划，2022，37 (1): 1-8.

[71] 田健. 多方共赢目标下的旧城区可持续更新策略研究 [D]. 天津：天津大学，2012.

[72] 田莉，陶然，梁印龙. 城市更新困局下的实施模式转型：基于空间治理的视角 [J]. 城市规划学刊，2020 (3): 41-47.

[73] 田莉，姚之浩，梁印龙. 城市更新与空间治理 [M]. 北京：清华大学出版社，2021.

[74] 田莉. 摇摆之间：三旧改造中个体、集体与公众利益平衡 [J]. 城市规划，2018，42 (2): 78-84.

[75] 万玲. 广州市老旧小区可持续微改造的困境与路径探析 [J]. 城市观察，2019 (2): 65-71.

[76] 王富海，阳建强，王世福，等. 如何理解推进城市更新行动 [J]. 城市规划，2022，46 (2): 20-24.

[77] 王富海. 城市更新行动新时代的城市建设模式 [M]. 北京：中国建筑工业出版社，2022.

[78] 王婳，王泽坚，朱荣远，等. 深圳市大剧院—蔡屋围中心区城市更新研究——探讨城市中心地区更新的价值 [J]. 城市规划，2012，36 (1): 39-45.

[79] 王嘉，黄颖. 基于多主体利益平衡的深圳市城市更新规划实施机制研究 [C] //中国城市规划学会. 新常态：传承与变革——2015中国城市规划年会论文集. 北京：中国建筑工业出版社，2015: 828-837.

[80] 王嘉，白韵溪，宋聚生. 我国城市更新演进历程、挑战与建议 [J]. 规划师，2021，37 (24): 21-27.

[81] 王君. 城市改造问题研究 [D]. 大连：东北财经大学，2002.

[82] 王凯. 城市更新：新时期城市发展的战略选择 [J]. 中国勘察设计. 2022 (11): 17-20.

[83] 王蒙徽. 实施城市更新行动 [J]. 中国勘察设计，2020 (12): 6-9.

[84] 王庆，胡卫华，罗健强. 深圳较场尾民宿小镇成功的经验与启示 [J]. 园林，2017 (3): 26-29.

[85] 王世福，沈爽婷. 从"三旧改造"到城市更新——广州市成立城市更新局之思考 [J]. 城市规划学刊，2015 (3): 22-27.

[86] 魏娜. 我国城市社区治理模式：发展演变与制度创新 [J]. 中国人民大学学报，2003 (1): 135-140.

[87] 文林峰，杨保军. 全面实施城市更新行动 推动城市高质量发展——专访住房和城乡建设部总经济师杨保军 [J]. 城乡建设，2021 (16): 4-35.

[88] 吴炳怀. 我国城市更新理论与实践的回顾分析及发展建议 [J]. 现代城市研究，1999 (5): 46-48.

[89] 吴晨. "城市复兴'理论辨析'城市的未来就是地球的未来。"——肯尼斯•鲍威尔 [J]. 北京规划建设. 2005 (1): 140-143.

[90] 吴良镛. 北京旧城与菊儿胡同 [M]. 北京: 中国建筑工业出版社, 1994.
[91] 吴良镛. 迎接新世纪的来临——论中国城市规划的学术发展 [J]. 城市规划, 1994 (1): 4-10, 58-62.
[92] 谢涤湘, 谭俊杰, 常江. 2010年以来我国城市更新研究述评 [J]. 昆明理工大学学报 (社会科学版), 2018, 18 (3): 92-100.
[93] 谢庆奎. 中国政府的府际关系研究 [J]. 北京大学学报 (哲学社会科学版), 2000 (1): 26-34.
[94] 宿新宝. 上海科学会堂保护工程设计思考 [J]. 建筑学报, 2014 (2): 106-110.
[95] 许志坚, 宋宝麒. 民众参与城市空间改造之机制——以台北市推动"地区环境改造计划"与"社区规划师制度"为例 [J]. 城市发展研究, 2003 (1): 16-20.
[96] 阳建强, 陈月. 1949—2019年中国城市更新的发展与回顾 [J]. 城市规划, 2020, 44 (2): 9-19, 31.
[97] 阳建强, 杜雁. 城市更新要同时体现市场规律和公共政策属性 [J]. 城市规划, 2016, 40 (1): 72-74.
[98] 阳建强. 西欧城市更新 [M]. 南京: 东南大学出版社, 2012.
[99] 阳建强. 中国城市更新的现况、特征及趋向 [J]. 城市规划, 2000 (4): 53-55, 63-64.
[100] 阳建强. 走向持续的城市更新——基于价值取向与复杂系统的理性思考 [J]. 城市规划, 2018, 42 (6): 68-78.
[101] 杨保军. 实施城市更新行动的核心要义 [J]. 中国勘察设计, 2021 (10): 10-13.
[102] 杨浚, 张铁军, 郝萱, 等. 从增量扩张到存量更新: 北京回天地区街区控规编制思路探索 [J]. 北京规划建设, 2021 (4): 14-17.
[103] 叶磊, 马学广. 转型时期城市土地再开发的协同治理机制研究述评 [J]. 规划师, 2010, 26 (10): 103-107.
[104] 叶耀先. 城市更新的原理和应用 [J]. 科技导报, 1986 (2): 48-51.
[105] 叶原源, 刘玉亭, 黄幸. "在地文化"导向下的社区多元与自主微更新 [J]. 规划师, 2018, 34 (2): 31-36.
[106] 尹强, 王佳文, 吕晓蓓. 新型城市发展观引领深圳城市总体规划 [J]. 城市规划, 2011, 35 (8): 72-76.
[107] 郁建兴, 高翔. 地方发展型政府的行为逻辑及制度基础 [J]. 中国社会科学, 2012, (5): 95-112.
[108] 袁奇峰, 蔡天抒, 黄娜. 韧性视角下的历史街区保护与更新——以汕头小公园历史街区、佛山祖庙东华里历史街区为例 [J]. 规划师, 2016, 32 (10): 116-122.
[109] 岳隽. 基于公共利益和个体利益相平衡的城市更新政策工具研究——以深圳市为例 [J]. 城乡规划, 2021 (5): 34-42.
[110] 翟斌庆, 伍美琴. 城市更新理念与中国城市现实 [J]. 城市规划学刊, 2009 (2): 75-82.
[111] 张春英, 孙昌盛. 国内外城市更新发展历程研究与启示 [J]. 中外建筑, 2020 (8): 75-79.
[112] 张更立. 走向三方合作的伙伴关系: 西方城市更新政策的演变及其对中国的启示 [J]. 城市发展研究, 2004 (4): 26-32.
[113] 张佳丽, 刘杨. 城镇老旧小区改造实用指导手册 [M]. 北京: 中国建筑工业出版社, 2021.
[114] 张京祥, 陈浩. 空间治理: 中国城乡规划转型的政治经济学 [J]. 城市规划, 2014, 38 (11): 9-15.

[115] 张京祥，胡毅．基于社会空间正义的转型期中国城市更新批判［J］．规划师，2012，28（12）：5-9.

[116] 张京祥，夏天慈．治理现代化目标下国家空间规划体系的变迁与重构［J］．自然资源学报，2019，34（10）：2040-2050.

[117] 张磊．“新常态”下城市更新治理模式比较与转型路径［J］．城市发展研究，2015，22（12）：57-62.

[118] 张明，周志．现实中的理想主义实践：周子书与地瓜社区［J］．装饰，2018（5）：46-51.

[119] 赵宝静，朱剑豪，邹钧文．水岸让城市更美好——黄浦江两岸地区规划建设的思考［J］．建筑学报，2019（8）：1-6.

[120] 赵珂，杨越，李洁莲．赋权增能：老旧社区更新的“共享”规划路径——以成都市新都区新桂东社区为例［J］．城市规划，2022，46（8）：51-57.

[121] 赵民，孙忆敏，杜宁，等．我国城市旧住区渐进式更新研究——理论、实践与策略［J］．国际城市规划，2010，25（1）：24-32.

[122] 赵若焱，胡章．片区控规层面“协商式”更新规划方法探索——以“深圳华为片区发展单元规划”为例［C］// 中国城市规划学会．城市时代，协同规划——2013中国城市规划年会论文集．青岛：青岛出版社，2013：712-720.

[123] 赵燕菁，宋涛．城市更新的财务平衡分析——模式与实践［J］．城市规划，2021，45（9）：53-61.

[124] 赵燕菁．土地财政与政治制度［J］．北京规划建设，2013（4）：167-168.

[125] 周俭，阎树鑫，万智英．关于完善上海城市更新体系的思考［J］．城市规划学刊，2019（1）：20-26.

[126] 周岚，丁志刚．新发展阶段中国城市空间治理的策略思考——兼议城市规划设计行业的变革［J］．城市规划，2021，45（11）：9-14.

[127] 周显坤．城市更新区规划制度之研究［D］．北京：清华大学，2017.

[128] 周向频，唐静云．历史街区的商业开发模式及其规划方法研究——以成都锦里、文殊坊、宽窄巷子为例［J］．城市规划学刊，2009（5）：107-113.

[129] 周新宏．城中村问题：形成、存续与改造的经济学分析［D］．上海：复旦大学，2007.

[130] 朱超，王鹏．城市更新片区统筹规划：存量开发时期协同控规管控的技术应对［C］//中国城市规划学会．面向高质量发展的空间治理——2020中国城市规划年会论文集．北京：中国建筑工业出版社，2021：764-772.

[131] 朱琳．增长机器理论视角下的深圳湖贝村更新历程研究［D］．深圳：深圳大学，2018.

[132] 朱晓君．从“新天地”到“思南公馆”谈上海特色街区的发展与未来［J］．中国园林，2019，35（S2）：24-27.

[133] BOOTH P. From Property Rights to Public Control: the Quest for Public Interest in the Control of Urban Development [J]. Town Planning Review，2002，73: 153-170.

[134] LOFTMAN P，NEVIN B. Prestige Projects and Urban Regeneration in the 1980s and 1990s: a Review of Benefits and Limitations [J]. Planning Practice & Research. 1995，10 (3-4): 299-316.

[135] PETER R. The Evolution，Definition and Purpose of Urban Regeneration [M] // PETER R，HUGH S，RACHEL G. Urban Regeneration: the Evolution，Definition and Purpose of Urban Regeneration. London: SAGE Publications Ltd，2016: 9-43.

[136] SASSEN S. The Mobility of Labor and Capital: A Study in International Investment and Labor Flow [M]. Cambridge: Cambridge University Press，1988.